菜根谭全集

卷三

[明] 洪应明 著

吉林出版集团有限责任公司

第六编　处世应酬篇

观物外之物，思身后之身

栖守道德[①]者，寂寞一时；依附权势者，凄凉万古。达人[②]观物外之物，思身后之身，宁受一时之寂寞，毋取万古之凄凉。

【注释】 ①道德：社会意识形态的一种，多用来形容具有品学修养的人，其在不同阶级、不同时代而有所不同。

②达人：豁达知命的人或通晓事理的人。

【译文】 入世处事坚守道德，可能会有感到寂寞的时候；然而那些攀附权贵的人，得到的却是永久的孤独。处世明理的人，由于考虑到死后的名誉，所以为人处世循规蹈矩、与人为善，宁可忍受一时的寂寞，也不会去趋炎附势，以免遭受万古之冷遇。

【解评】 伟大的爱国诗人屈原因坚持对祖国的那份赤诚而不被权贵所容。并被排挤。他被放逐后，在江边吟唱道："举世皆浊我独清，众人皆醉我独醒。"自古圣贤皆寂寞，只因他们洞穿了世间的丑恶与陋俗，仍然坚持自己的傲气与良心，不愿与世俗同流合污。一代文豪韩愈因直谏被贬到潮州，小女儿惨死在驿道旁，境况之凄惨从他的诗句中可见一斑："云横秦岭家何在？雪拥蓝关马不前。知汝远来当有意，好收吾骨瘴江边。"小人虽然在现世得势，但逃不过后人的评判，千百年来，西湖畔岳飞庙前，秦桧夫妇的塑像永远跪拜着，遭受唾骂；坚持良知的人却会为世人永远传唱，韩公祠后有山名为韩山，祠前的江水名为韩江，均是后人为纪念韩愈所取，因此，可见是后人对韩愈的敬仰之情。

韩愈像，图出自明·天然撰《历代古人像赞》。

事无圆满，处处留余

事事留个有余不尽的意思，便造物[1]不能忌我，鬼神不能损我。若业必求满，功必求盈[2]者，不生内变，必召外忧。

【注释】 ①造物：指创造万事万物的神，又可称为造物主或造物者。

②求盈：追求完满。盈，满。

【译文】 无论做什么事都要留有余地，不要做得太过分，那么上天就不会忌恨我，鬼神也不会来伤害我。如果过分追求完满，追求功绩盖世，那么即使没有内患，也必将召来外忧。

【解评】 明代思想家吕坤曾这么说“气忌盛，心忌满，才忌露”。世间的事物没有十全十美的，但也正因此这个世界才得以不断发展。月有阴晴圆缺，就是因为有残缺，才会激起我们对完美的追求，虽然永远无法达到完美的境界，但恰恰是这种追求完美的过程让人生充满了意义。万事万物都在不停地发展，如果有什么东西达到了极致，也就意味着停滞，甚至是死亡，所以我们经营事业也好，享受生活也好，都要掌握一个“度”，给事物留下发展的余地。清初著名学者朱舜水先生就说过：“满盈者，不损何为？慎之！慎之！”

居高怀山林，处远思廊庙

范仲淹像，图出自《群英杰》。

居轩冕[1]之中，不可无山林的气味；处林泉之下，须要怀廊庙[2]的经纶。

【注释】 ①轩冕：古代大夫以上的官员，在出门时要穿冕，即穿礼服；乘轩，即坐马车。喻高官。

②廊庙：指在朝为官。

【译文】 身居高位，不能缺少隐居山林的闲情逸致；栖身山林，应该胸怀治国安邦的雄心。

【解评】 中国古代文人一直有出世入世的概念，范仲淹在《岳阳楼记》中说过：“居庙堂之高，则忧其民；处江湖之远，则忧其君。是进亦忧，退亦忧。”即使居庙堂之高，但不可疏离平民生活，否则身居高位就失去了意义，否则做官就变成了获取功名利禄的途径。正所谓“当官不为民做主，不如回家卖红薯”。在现代社会也是一样，领导是人民的公仆，是为了广大人民谋福利而工作的，如果心中没有百姓，就很容易变质，最终成为人民的蛀虫。处江湖之远，也不可只囿于个人的小天地，自己的家是小家，国家是我们的大家，只有我们这个大家好了，小家才有希望，我们生活在这个大家之中怎可不关心家中之事呢？应该如《岳阳楼记》中所说：“先天下之忧而忧，后天下之乐而乐。”

功过不容混，恩仇勿太明

功过不容少混，混则人怀惰堕[①]之心；恩仇不可太明，明则人起携贰[②]之志。

【注释】 ①惰堕：即懈怠而堕落。

②携贰：有二心，离心离德。见《左传·襄公四年》：“诸侯新服，陈新来和，将观于我，我德则睦，否则携贰。”

【译文】 如果上级对下级的功过得失不能够加以明察，心里有数，那么人们就会沉于消极，不思进取；上级对下级的过失和错误不要过于在意，否则便会人人自危，离心离德。

【解评】 上级对下级的功过，如果没有做到心里有数的话，就无以评判人的行为，也不能褒奖有功之臣或者惩罚作恶小人，这样人们做事就没有积极性。只有赏罚分明才能够让受到奖赏褒扬的人更有上进心，也能激起旁人的进取心。但是，同样对待旁人的感激与厌恶不可太明显，因为对人的怨恨太过明显，不能包容别人的最后会众叛亲离，众叛亲离者则自绝于人。而表现出对某人的特别青睐就会造成旁人的嫉妒和不满，不利于相互之间的团结，亦会招惹别人的怨恨。时间久了，就会造成分崩离析、离心离德的局面。

韬光养晦，功成身退

爵位不宜太盛，太盛则危；能事[①]不宜尽毕，尽毕则衰；行谊[②]不宜过高，过高则谤兴而毁来。

【注释】 ①能事：即所擅长的事，所专长的事。

②行谊：指品行和道义。

【译文】 官位爵禄不宜做得太高，否则就容易出现危险；擅长之事不宜全部表现出来，否则必然会江郎才尽；品行不要过于清高，否则便会与外界格格不入，从而惹来他人诽谤。

【解评】 “位高则危至，宠极则谤生，君臣莫保于初终，分义难防于毁誉。”名声显赫招惹的议论就多，固然赞美的多一些，非议的同样也会多，所谓“树大招风”就是这个道理。在这里急流勇退之理就显得尤为重要，明朝冯梦龙在《警世通言》中也说：

"官人宜急流勇退,为山林娱老之计。"功成身退、韬光养晦是中国传统知识分子的理想追求,以此来塑造一个完美的结局,如李白在诗中所写:"终与安社稷,功成去五湖。""待吾尽节报明主,然后相携卧白云。"

醒人痴迷,救人急难

士君子贫不能济物①者,遇人痴迷②处,出一言提醒之;遇人急难处,出一言解救之,亦是无量功德。

【注释】 ①济物:指用东西帮助他人。济,救,救济。物,财物。

②痴迷:沉迷,执迷不悟。

【译文】 作为一个有品行的读书人,如果因为生活窘迫对别人不能在财物上进行资助时,那么当别人思想处于迷茫时,说句话来帮他醒悟;或在别人遇到麻烦时,说句话来帮助他摆脱困境,也都算得上做了功德无量的好事。

【解评】 古语云:"穷则独善其身,达则兼济天下。"这种说法表达了一种理想主义的精神:如果得志,就应造福于天下;若不得志,也应洁身自好,不与世俗同流合污。其实换个角度看,此种说法亦有值得商榷之处。穷不失义。则仍当存善天下之心,善天下之心尚存,更何况是善身旁之人?帮助人有多种方式和形式,并不单单是物质上的,即使无力在物质上帮助别人,但仍可给予精神上的援手,比赠送钱财礼物更有价值和意义,如荀子所言:"君子赠人以言,庶人赠人以财。"

真恳作人,圆活涉世

作人无点真恳①念头,便成个花子②,事事皆虚;涉世无段圆活机趣,便是个木人,处理有碍。

【注释】 ①恳:诚恳,恳切。

②花子:古时的女子用来贴或画在脸颊上的装饰,也有乞丐的意思,在文中指华而不实,虚伪狡诈的人。

【译文】 做人如果连一点真诚也不具备,就完全是一个奸猾的人,无论做什么事都是虚假的;处世如果没有一点灵活的方法,就会成为一个呆板的人,无论做什么事都会有困难。

【解评】 一个真诚的人是真正有力量的人,真诚是一个人踏入这个世界的通行证,他对人对事皆出于真心,不会为了牟取私利而虚伪做作,自然能赢得大家的尊敬,因为只有"爱人者人恒爱之,敬人者人恒敬之。"真心地对待每个人每件事,同样也不能过于拘泥于条框限制。处理事情应当根据实际情况,有弹性地分别对待,才能把事情做好。如古语所说:"君子如水,随圆就方,无处不自在。"

顺其自然,水落石出

事有急之不白者[①],宽之或自明,毋躁急以速其忿;人有操之不从者,纵之或自化[②],毋操切以益其顽。

【注释】 ①不白者:即不明白的人。不白,不清楚,搞不懂。

②自化:自己觉悟、自我开化。

【译文】 事情有时在急躁的状态下往往搞不明白,这时不妨暂时缓和回避一下,或许随着慢慢冷静就会不解自明,对此不要操之过急以免造成当事人紧张的情绪,有些人在你指派他做某项工作时他就是不听,这时姑且顺着他的意愿或许慢慢就会有所改变,对此不能操之过急而使他产生更加固执的情绪。

【解评】 做一些事情时,切记不能操之过急,要成就大事首先要有宽广冷静的心态,否则碰到一点小事就变得手足无措,哪里还能冷静地分析考虑问题?在生活中同样应持宽松的心态,世间的事情自有其内在的联系与规律,有时候不是人的愿望所能决定的。好像水落石出再自然不过,但是人力所不及。就像四季的轮回一样,万事万物都有它自己的节奏,不要强求于人,强求于事,随着时间的变动,一切事情都会有转机和发展。

急流勇退,独善其身

谢事当谢于正盛[①]之时,居身宜居于独后[②]之地。

【注释】 ①盛:兴旺,兴盛。

②独后:不争而居后。

【译文】 辞官隐退最好在事业正处在事业巅峰时;修身应该在与世无争之地。

【解评】 急流勇退是一种勇气,更是一种睿智的生活态度,君子最看重的不在成功后的辉煌与光环,而在过程中的尽力而为。凡事发展到顶峰,随后而来的就是停滞和减退,聪明的人不会贪图虚荣放不下功名利禄这些身外之物,因为这些只能羁绊住自己。中国传统知识分子有出世入世的精神追求,所以最好的解决之道就是奋力而为,功成身退。退出世俗纠缠之后最好的归宿就是隐居山林,在没有纷争的地方与自然为友,体味天地之道,追求道德修为。

奉我衣冠,我胡喜怒

我贵而人奉之,奉此峨冠大带[①]也;我贱而人侮之,侮此布衣草履也。然则原非奉我,我胡为喜;原非侮我,我胡[②]为怒。

【注释】 ①峨冠大带:即高高的帽子,宽大的衣带,是古时士大夫和通晓儒家经书之人的一种装束。

②胡：为什么，何故。

【译文】 我当官别人就来奉承迎和我，其实是奉承穿在我身上的官服；我没有地位人们就瞧不起我，其实是鄙视我的寒酸衣着。既然本来就不是奉承我，为什么要高兴？本来就不是瞧不起我，为什么要生气呢？

【解评】 势利小人，在这个世界上是很多的，见贵人则厚颜无耻地百般奉承，而对待贫穷卑微的人就趾高气扬不屑一顾，当然在人家有困难时伸出援手，更是不可能的。“范进中举”的故事中说到范进的邻居乡里对他从来都是冷嘲热讽，没有人把他当回儿事。一旦范进中了举人，所有人的态度都一下子发生了大转变，邻居们争相上门道贺，称他“老爷”。他们哪里是奉承范进？他们奉承的是“举人老爷”。君子“不为轩冕肆志，不为穷约趋俗”，更没必要在意这种势利小人的态度，本来双方判断人事的准则就不同。

不近恶事，不立善名

标节义[①]者，必以节义受谤；榜道学[②]者，常因道学招尤[③]。故君子不近恶事，亦不立善名，只要和气浑然，才是居身之宝。

【注释】 ①节义：指节操义气。

②道学：即理学，以周敦颐、程颐、朱熹为代表的以儒家为主体的思想体系。

③尤：怨恨。

【译文】 标榜自己节操高尚的人，必然会被人在节操上挑出问题而受到毁谤；鼓吹自己学识渊博的人，常常会在学问上遇到别人的非难。因此，君子既不要做邪恶事，也不求好名声，他们认为只有和气才能至祥，才是处世法宝。

【解评】 鼓吹自己节操高尚讲究道义的人，一定会在节义上让人挑出毛病。其实标榜自己本身就不是君子处世之道，只有功利之人才鼓吹自己道德高尚，目的只是为了给自己脸上贴金，以在其他事情上达到自己的目的；标榜自己学识渊博的人往往是无知的人，因为他们的视野狭小，总认为自己什么都知道，其实这是极为可笑的。这两种人都是为了追逐声名利益，真正君子的处世之道是既不去做伤天害理之举，也不会鼓吹自己的名节。他们追求天地之道，磨炼自己的道德修养，如同天地之间的空气一样自然，这才是真正的处世之道。

高绝褊急，君子谨戒

山之高峻[①]处无木，而溪谷回环[②]，则草木丛生；水之湍急[③]处无鱼，而渊潭停蓄，则鱼鳖聚集。此高绝之行，褊急[④]之衷，君子重有戒焉。

【注释】 ①高峻：指山势或地势高而陡。

②回环：曲折环绕。

③湍急：水势急。

④褊急：指气量小而性格急躁。

【译文】 山的高峭险峻处往往不生花草树木，而山谷中则溪水环绕，草木茂盛；湍急的河流中往往不会有鱼类生存，而平静的深潭中，却能栖息着很多水族。如此表明，过分高洁便缺少生气，行为激进就缺少仁爱，君子对此一定要相当重视。

【解评】 人在处世之中当有自己的准则，对待事物有自己的见解，这样才称得上有自己独立的思考，但是一定要切记“过犹不及”的古训，什么事情做过了头，效果甚至比没有做还要差劲，为人处世也是这样。坚持自己的准则是对的，但对于与自己的观点不符的事物也不能一概排斥，这个世界上的事物本就千变万化，即使你所持的观点是正确的，也要包容其他人的一些想法，因为很多事物从理性上理解没有问题，但还要顾及人们的感受。水至清则无鱼，君子处世不是轻蔑平庸的事物，而应积极地以自己的人格力量去感化、说服世人。

居官杜幸端，居乡敦旧好

士大夫[①]居官，不可竿牍[②]无节，要使人难见，以杜幸端；居乡不可崖岸太高，要使人易见，以敦旧好。

【注释】 ①士大夫：古时对学问渊博、地位较高的知识分子或官吏的称呼。

②竿牍：简牍，即书信。

【译文】 读书人在朝做官时，不能总是上书举荐别人，以防引惹不合适之人，从而杜绝他们的进身之路；当回乡之后，不要摆着官架子，要和乡亲父老多来往以便加深感情。

【解评】 身居官位，一言一行都要注意，因为你的形象不单单是代表自己，而且代表政府。假如你有什么不恰当的行为，不仅会招致对你个人的人身攻击，也会被人所利用，作为攻击政府的借口。为官时候的交流尤其要谨慎，不要不分对象、与什么人都往来。对于那些不太了解的人不要轻易结交，否则难免被投机的小人钻了空子。不仅影响个人的名声，也会影响政府的声誉。告老还乡以后，你就只是你自己，自然当率性做人，应当和邻居乡亲多加来往。若还像当官时摆官架，只能让人觉得你沾染了官场的腐败气息，看不起平民百姓。

无过便是功，无怨即是德

处世不必邀功[①]，无过[②]便是功；与人不求感德，无怨便是德。

【注释】 ①邀功：千方百计地获取功劳。邀，求，谋取。

②过：过错，犯错误。

【译文】 为人处世，没有必要自己为自己邀功请赏，只要没有过失就是功劳；与人交往不要指望别人对你感激涕零，只要别人不怨恨便是德。

【解评】 西藏有句俗语:“你有什么东西,请你布施给水里的动物,牛羊和狗吧!奉劝你千万不要布施给周围的人。”这句话看起来很唐突不礼貌,实际上是用来告诫那些帮助别人但满心希望得到回报的人。帮助他人本应真心付出,自己也从中获得了满足感和快乐,如果仅仅是为了得到回报,那你所做的一切就变成了交易,失去了其本身的价值。旁人也只会把你当作一个斤斤计较的人。只要没有人抱怨你,就说明你已经做得很好了。同样,做了好事没必要到处宣扬,否则你做好事只是换取功名的一种手段,旁人非但不会赞赏,还会鄙夷你。总之,做很多事情都不要时时存在功利之心,否则世间的事物大多要变了模样,我们也会迷失生活的本质。

居高思危,当局莫迷

居卑而后知登高之为危,处晦[①]而后知向明之太露[②]。宁静而后知好动之过劳,养默而后知多言之为躁。

【注释】 ①处晦:位于昏暗的地方。

②露:露水,在文中是暴露、显露,明亮耀眼的意思。

【译文】 职位低下才知道居于高位的危险;处境处在人所不知的地方,才明白追求显耀太过外露。宁静才让人体会到好动十分累人;在养成静默慎言的性情后,才会意识到轻易发表议论是浮躁的表现。

【解评】 走过夜路的人都知道,与其打着手电筒还不如什么光亮都不要走得更平稳。手电筒的照亮范围是很有限的,而手电的光会让你的眼睛对黑暗的分辨能力降低,反而走得更加磕磕绊绊。你在光亮中看不见黑暗里的东西,在黑暗里却能看清光亮中的事物。同样的道理,你站在高处很可能只看见很多东西,而低处的人却看见你正在悬崖的边上,这就是“当局者迷,旁观者清”。生活中的诱惑是很多的,你一旦沉溺其中,就很难看清自己的处境,那些贪官污吏不就是这样吗?旁人看着他贪污公款都为他的行为或捏着一把汗,或幸灾乐祸,他享受着美食女色却还浑然不觉。因此,需要时刻保持清醒的头脑,当我们“入局”的时候也不能为“局”所迷,而要时刻记住我们在入局前所看到的危险和陷阱。

不行处退一步,功成时让三分

人情反覆[①],世路崎岖[②],行不去处,须知退一步之法。行得去处,务加让三分之功。

【注释】 ①反覆:即一次又一次,翻来覆去的样子。比喻事情变化无常。

②崎岖:形容山路高低不平,坎坷难走。

【译文】 人情变化总是没有常理的,世间的道路布满坎坷。当遇到困难难以逾越时,必须学会暂时退避。当一帆风顺时,也要谨慎行事,遇到事情都要有让三分的气度。

【解评】 能屈能伸才是大丈夫。为人处世需有自己的主见，才不会随波逐流。但有自己的原则并不是要机械地把自己局限在条条框框内，而是要能屈能伸，做事有弹性。这不是见风使舵，而是在当时的环境对自己不利的时候，要能冷静地等候时机；在春风得意的时候切不要得意忘形。春秋时期越国的文种和范蠡同为勾践器重的大臣，帮助勾践洗雪国耻，成就霸业，但两人的结局却相去甚远。范蠡洞察了勾践的心思，知道只可与其共患难，不可与其共欢乐，于是急流勇退，带着家人避开了，后来在齐国成了富翁。文种未能醒悟离去，最后被勾践赐死。

范蠡像，图出自清·任熊绘《于越先贤像传赞》。

无罪于冥冥，无罪于昭昭

肝受病则目不能视，肾受病则耳不能听。病受于人所不见，必发于人所共见。故君子欲无得罪于昭昭①，先无得罪于冥冥②。

【注释】 ①昭昭：明亮，这里指明显可见的意思。昭，光明。

②冥冥：昏暗，昏昧。

【译文】 肝脏有了病变，那么眼睛就开始模糊；肾脏有了病变，那么耳朵就听不清楚。由此可见，疾病发生在人看不见的部位，却显现在人能看得见的地方。所以说，君子要想不被上天怪罪，先得保证不在别人看不到的地方做伤天害理的事情。

【解评】 中医上讲，人体的各个器官之间是相互联系和影响的，“牵一发而动全身”，表面上显现出来的症状，其实有内在的根源。这是中国古代朴素的整体观和系统观，同样世间万物各个组成部分是相互联系的，任何一部分的变化都会造成另一部分的变动，任何变动都可以最终找到它的源头，所有事情的发生都有个起因。所以不要存侥幸之心，认为自己做了坏事可能会被人发现，若要人不知，除非己莫为。即使没有旁人知道，也还有你自己知道，天地知道。即使免于众人的责难和法律制裁，也无法逃脱自己良心的谴责和冥冥天地中的因果轮回。

君子之道，能屈能伸

处治世宜方[1]，处乱世宜圆[2]，处叔季[3]之世当方圆并用；待善人宜宽，待恶人宜严，待庸众之人当宽严互存。

【注释】 ①方：指品行端正。

②圆：指处世圆通。

③叔季：古代用伯、仲、叔、季作为兄弟排行的顺序。伯为长，仲次之，叔、季再次之。

【译文】 在天下大治的时候，做人应该要正直。在天下大乱的年代，做人应当善于变通。而在风雨飘摇的时代，就应该既讲求原则、又要随机应变；对待善良的人应该宽松，对待恶毒的人应该严厉，对待普通人则应宽严结合。

【解评】 人常说的"君子"的标准，应当是指胸怀坦荡、一身正气、是非分明、不肯随波逐流的人。但是，耿直并不意味着不懂变通，不愿虚与委蛇也不代表迂腐。大丈夫的标准是能屈能伸。世间的事物千变万化，判断事物如果只拘泥于一个标准，那不是有原则，而是死脑筋。判断事物不仅要考虑对象本身，还要考虑其所处的条件、环境的潜在影响，有针对性地对待不同的事物，从而制订不同的方案，才是正确解决问题的思路。只认死理儿的人只会像无头苍蝇一样到处乱撞，无原则的人只能像墙头草一样随风倒，有智慧的君子却懂得屈伸之道、变通之理。

韩信能屈能伸，忍得胯下之辱，后来成为一代名将。

相观对治，方便法门

我之际遇[1]，有齐[2]有不齐，而能使己独齐乎？己之情理，有顺有不顺，而能使人皆顺乎？以此相观对治，亦是一方便法门[3]。

【注释】 ①际遇：机遇。

②齐：顺畅，成功。

③方便法门：佛教术语。为指引人入佛的门径，这里指行之有效的方法。

【译文】 人生际遇，有时好有时坏，难道真的希望自己永远一帆风顺吗？自己的心情，有时显得顺畅，有时显得乖张，难道能够要求别人永远都顺着我吗？照这道理将心比心，确实应该是非常有效的处世诀窍。

【解评】 人生际遇是个人无法掌握的，每个人都希望自己永远吉星高照，而事实上谁都会遇上或多或少的波折，但是磨难未必总是件坏事，“祸兮福所倚，福兮祸所伏”，世上的事情很难说得清楚。有的人幼时贫寒，但却因为这一点，反而锻炼了他的毅力及勇气，也许这是日后成就大事的必要条件，那遭受的贫穷困苦到底是件好事还是坏事呢？人的情绪会随着外界及自身的变化而变化。如果别人对你态度恶劣，你自然不会高兴，但是将心比心，自己也不能时时刻刻都礼待他人，心中也就会心安理得了。换个角度想问题，能帮助自己解脱很多桎梏，的确是个放松心情的好方法。

小人[1]之心，君子之腹

淡泊[2]之士，必为浓艳者所疑；检饬[3]之人，多为放肆者所忌。君子处此，固不可少变其操履，亦不可太露其锋芒。

【注释】 ①小人：古代指地位低的人，后来引申为人格卑鄙的人。

②淡泊：指恬淡寡欲。

③饬：谨慎。

【译文】 清心寡欲的人，必定会受到急功近利之徒的无端攻击；行为检点的人，常被行为毫无顾忌的人所忌恨。对此，君子既不能改变自己的品行，同样也不要锋芒毕露。

【解评】 人往往因为缺乏自信，需要靠别人的肯定来证明自己。但这种肯定其实是一种假象，不可能让人产生真正的信心。真正自信的人，并不太在意别人的看法，他会信赖别人，而不是经常怀疑和猜忌。反之，常怀疑别人却是没有自信的表现，他们会把自己的动机、欲望投射到别人身上，减轻自己的内疚，并借此维护自己的尊严与安全。“以小人之心，度君子之腹”就是这个道理。“小人之心”是人之本能，而“清者自清”，亦无须顾虑太多。

不犯公道，不着权门

公道正论，不可犯手[1]，一犯则贻羞万世[2]；权门私窦[3]，不可著脚[4]，一著则玷污终身。

【注释】 ①犯手：触犯。

②万世：即很多世代，用来形容年代非常久远。万，形容很多。

③私窦：指个人营私的地方。

④著脚：踏进去。

【译文】 对于正义的呼声不能去压制和打击，否则就会留下千古骂名；遇到手握重权的人结党营私，千万不要加入，否则就会留下污点而影响自身清正的名声。

【解评】 为人所公认的标准准则千万不要触犯，冒天下之大不韪绝对不明智，这意味着要以天下公众为敌，俗话说：“双拳难敌四手。”更何况是千千万万？玩弄权术

韩信像，图出自清·顾沅《古圣贤像传略》。

的地方万万不可涉足。即使是正人君子，一旦与徇私舞弊之徒交往，就好像沾染了墨迹的白绢，怎么可能还会洗得干净？鸟儿尚且爱惜羽毛，人更应当爱惜自己的名声，不要因一时的糊涂而毁坏了一世的清名。

爱重反为仇，薄极反成喜

千金难结一时之欢，一饭[1]竟致终身之感。盖爱重[2]反为仇，薄极[3]反成喜也。

【注释】 ①一饭：一顿饭。据《史记·淮阴侯列传》载，韩信年轻时曾受到漂絮老妇的一饭之恩，以后便倾心相报。

②爱重：即非常地爱护，表示这种爱已到达了顶点。

③薄极：即恩惠少到了极点。

【译文】 把千两黄金赠给别人，也未必能够买一时之喜悦；当人家饥饿时给人吃顿饱饭，却能使他终生铭记。可见过分地爱护反而会生怨气，当穷困时所得到的帮助能让人终生难忘。

【解评】 锦上添花固然是件美事，但雪中送炭更显得尤为珍贵。沙漠里的一壶水，比一袋黄金要贵重得多，一个事物处在最需要的时候，才最能体现出它的宝贵。所以人们说“贫贱之交不可忘”，因为患难之时的朋友，互相之间所给予的，是最为珍贵的友情；而等到富贵之时再与人论交，相互之间所看重的，是相互利用罢了。人说“滴水之恩，当以涌泉相报”，这里所说的滴水之恩，大概也是指沙漠里的水，冰雪里的炭吧。这才是最珍贵的，是绝对无价的。

不偏不废，识得大体

毋因群疑而阻[1]独见，毋任己意而废人言；毋私小惠而伤大体[2]，毋借公论以快私情。

【注释】 ①阻：阻碍，受阻，受影响，也含有怀疑的意思。

②大体：大局，即多数情形或主要的方面。

【译文】 不要因大家对此都有怀疑而放弃自己的意见，也不要不听众人的意见而一意孤行；不能施用小恩小惠来影响大局，也不要利用公众舆论来为自己牟取私利。

【解评】 真理有时候掌握在少数人手中,在这种情况下只要自己的见解是符合科学规律的,就无须过多考虑旁人的说法。这并不是固执己见,而是坚持真理。同样,自以为是而听不进旁人的意见,这只能离真理越来越远。《鹖冠子·泰鸿》中有言:"圣人之道与神明相得,故曰道德。"圣人治国处世的法则与天地的法则相符合,这样才叫做道德。君子应当以天地之道为行事准则,当然不能以公众的事业来为自己牟取私利。

趋炎之祸来,守逸之味美

趋炎附势[1]之祸来,甚惨亦甚速;守逸栖恬[2]之味美,最淡亦最长。

【注释】 ①趋炎附势:指奉承依附于那些有权有势的人。

②恬:恬淡,淡泊。

【译文】 巴结有势的人虽然能暂时获取好处,但是,由此所引来的灾祸却既大又快;能够安贫乐道、坚持原则的人尽管寂寞,但是,从生活里所得到的乐趣却十分持久和悠长。

【解评】 有一些蔓藤植物,必须要缠绕在大树身上,依靠它们的高度接受阳光,吸取大树的养分维持生存。而一旦它们寄生的大树死亡倒塌的时候,这些蔓藤植物也一起为之殉葬。但是,同样是小小的蒲公英,长不了多高,没有香艳的花朵,也活不过一个春秋,却能怡然自得。每天在阳光下绽放着自己的花朵,虽不鲜艳,但全部是生命的体现;在微风中膜拜,感谢天地赐予它阳光雨水;然后结出无数的种子,随风播向各地,将自己的生命的价值在更多更宽阔的空间延续下去,生生不息。这份恬淡与满足大概是整日钻营如何吸取寄主养分的寄生植物无法体会的。

退后自宽平,清淡自悠长

争先的径路窄[1],退后一步,自宽平一步;浓艳[2]的滋味短,清淡一分,自悠长一分。

【注释】 ①径路:小路,近路,也泛指道路,经常用来比喻处世行事的途径。

②浓艳:指色彩浓重而艳丽。

【译文】 与人相争道路就显得狭窄,如果能暂时退一步让别人先走,道路自然就会显得宽阔;太浓太重的食品容易使人胃口不佳,如果能使它们清淡一些,就会使味道变得悠长而耐人回味。

【解评】 在一个生物实验中,在一间屋顶布满灯的房间中,把一只苍蝇与一只蜜蜂分别放在一个杯口朝下的玻璃杯里,蜜蜂怎么也无法从杯中逃脱,而苍蝇却几次碰壁之后,然后就会从向下的杯口中逃了出来。为什么呢? 因为蜜蜂是一种趋光性的昆虫,总是向有亮光的地方飞,所以在倒放着的玻璃杯里,蜜蜂总是拼命地撞击透明的杯底。苍蝇刚开始也是四处乱撞，但碰了壁就换一个方向，所以很快就能找到出口。人生之中这样的情况很多，如果人们总是过于执著而忽略了其他的选择和机会，其实有时候换个角度和方向，也许就有意想不到的收获甚至成功。

多藏者厚亡，高步者疾颠

多藏者厚亡[①]，故知富不如贫之无虑；高步者疾颠[②]，故知贵不如贱之常安。

【注释】 ①多藏者厚亡：语出《老子》：“是故甚爱必大费，多藏必厚亡。”多藏者，指聚敛众多之人。

②疾颠：即跌倒迅速。

【译文】 财富积累得越多，丢失的可能性也就越大，从而富人不像穷人那么无忧无虑；爬得越高，就越怕摔倒，以至于地位高的人不像普通人那样自在安详。

【解评】 什么都没有的人，从来就都不用担心会失去什么。守财奴藏了满屋子的金银，整天担心被人偷走，不数一下就睡不着觉，即便是睡了也睡不踏实。所以说身外之物不必看得太重，生不带来，死不带走，够用既可，多了反倒成为心灵的负担和折磨。爬得越高，跌得越重，走在平地上才是最安稳的。那些一心只往上爬的人，不能不考虑将来失势的那天。所以千万不要一味往上爬，而不留后路，以免摔个粉身碎骨。柳宗元在《蝜蝂传》里，写了一种爱背东西的小虫，见了东西就背上，一直压得爬不动为止；它还爱爬高，背着重重的东西往上爬，结果力气用尽，掉下来摔死了。恋财贪位的人，千万要引以为戒。

柳宗元像，图出自清·上官周绘《晚笑堂画传》。

世法不染，其臭如兰

山肴[①]不经世人灌溉，野禽[②]不受世人豢养，其味皆香而且冽。吾人能不为世法所点染[③]，其臭[④]味不迥然别乎。

【注释】 ①山肴：指山间的野味。肴，用鱼肉等做的荤菜，也指精美的菜。

②野禽：家禽外的鸟类。禽，鸟类。

③点染：感染，影响。

④臭：气味。

【译文】 山里长的野菜没有经过世人的灌溉，飞禽走兽也没有经过世人的喂养，但它们吃起来却既鲜美又爽口。同样，我们不能为世俗的习惯所左右，以便使自己身上散发的气味与市井小人迥然有别。

【解评】 山肴野禽，之所以味道鲜美，是因为它们完全出自天然，生长过程没有受到人为的干扰。如果是养殖场的鸡鸭，大棚里施化肥的蔬菜，滋味可就没法比了。人也是一样，越是天性未泯、纯真无邪，就越良善可亲；而在社会上滚打多年后，功利之心越来越重，就会变得俗不可耐，不值得再深交了。如今教育越来越发达，一个人从小到大十几年，要被灌输无数的知识，本应该成为知书达理的人，然而若不注重保持和开发人性本真的美好，那就很可能会培养出智力很高，性格却有缺陷的人。知识固然很重要，但它是后天获得的，若为了灌输知识而使孩子的心灵发生扭曲，这样的教育就出现了重大的误差了。

人生本傀儡，根蒂在谁手

人生原是一个傀儡[①]，只要根蒂[②]在手，一线不乱，卷舒自由，行止在我，一毫不受他人提掇[③]，便超出此场中矣。

【注释】 ①傀儡：指木偶戏里中的木头人，后用来比喻受人操纵的人或组织。

②根蒂：指植物的根或瓜果的把儿，后用来比喻事物的基础。

③提掇：提起，比喻控制。

【译文】 人本来就像是一个木偶，只要有原则，就像抓住了操控木偶的线绳那样，掌握了自己的行动方向。只要线绳不乱，那么就能伸屈自如，控制自己的行为，不受别人的操纵。如果为人能够做到这一点，就很了不得。

【解评】 “饱而则思淫”最贫穷的人，首先要求温饱；一旦温饱问题解决了，又想活得富足；进入小康了，却又开始追求名利……所以人生就像一个木偶，总是被无数根线操纵着，不能过随心所欲的日子。要想随心所欲，首先就得无欲，人无欲乃刚，才不会被那些身外之物所束缚。老子说：“夫唯不争，故天下莫能与之争。”追求财富，就会受金钱的束缚；追求功名，就会受功名的束缚。只有抛开名利，才能超脱于各种束缚之外。但人在处世之中，又不可能完全抛开名利，所以必须把握一个度，要适可而止，留几分自由给自己，而不能完全被名利所操纵。

操履严明，心气和易

士君子处权门要路[①]，操履[②]要严明，心气要和易。毋诡随而陷腥膻[③]之党，亦毋矫激而忘蜂虿[④]之危。

【注释】 ①要路：即重要的道路，通常比喻处于显要的地位。

②操履：操守。

③腥膻：难闻的腥味，常用来比喻丑恶的事物。

④蜂虿:为蝎子一类的有毒的虫。比喻阴险小人。

【译文】 读书人身居高位后,品行要端正,待人应该平和。不要趋炎附势而与奸邪之辈勾结,也不要过于偏激以防遭到小人的阴谋算计。

【解评】 修身、齐家、治国、平天下,是中国古代知识分子的理想,"十年寒窗苦"读书为的就是造福天下百姓,实现自己的人生抱负。但官场上总是鱼龙混杂,有心怀坦荡的君子,也有唯利是图的小人。君子不可能以自己的标准要求所有的人,但可以保证自己品行的端正和高尚。最要紧的是要坚持自己的理想与道德标准,不与小人同流合污。同时也不要避免太偏激,否则树敌太多,说不准什么时候就会遭到小人的暗算。逞一时之气只是匹夫之勇,智者的做法是平和地处理任何事情,不动声色。一方面可以以自身的人格力量团结尚在观望的人,另一方面则耐心等待时机,在合适的时候揭露小人的奸邪,才能达到铲奸除恶的目的。

以退为进,利人利己

处世让一步为高,退步即进步的张本[①];待人宽一分是福,利人实利己的根基[②]。

【注释】 ①张本:指为事态的发展提前做好准备和安排。张,看,望。

②根基:基础。

【译文】 遇事让人一步为高明的做法,暂时的退让只是再度进步的必要前提;待人宽厚是绝对有好处的,善待别人实际上为自己受到善待打下了基础。

【解评】 在生活中,我们常常因为各持己见而相持不下,或者自己钻进了牛角尖,这时候,如果退让一步,则会海阔天空。这并不是消极的妥协,而是在宽容的心态下一种主动的退让。后退一步,把更多的时间和空间,留给自己冷静下来换个角度看问题,没准就发现了新的解决方法。有一首古诗这样说:手把青秧插满田,低头便见水中天。身心清静方为道,退步原来是向前。中国自古就有"君子宽以待人,严于责己"的说法,宽以待人并不是一味的妥协,而是不强求别人,不苛责别人,以宽容的胸襟创造一个宽松的氛围,"和气可以致祥",你自然会得到旁人的爱戴和尊敬,其实这也是一种"以退为进"。

至人无己,圣人无名

市私恩[①],不如扶公议[②];结新知,不如敦[③]旧好;立荣名,不如种隐德;尚奇节,不如谨庸行。

【注释】 ①市私恩:指收买人心。

②扶公议:指用光明正大的方式争取大众的利益。

③敦:诚恳。

【译文】 用恩惠争取人心,不如主持公道;结交新朋友,不如重温老朋友的情谊,要想赢得好听的名声，不如悄悄做一些好事；崇尚伟大的壮举，不如认真做好每件小事。

【解评】 什么为"大人"？庄子在《庄子·徐无鬼》中说道："生无爵，死无谥，实不聚，名不立，此之谓大人。"也就是说生前没有爵位，死后亦没有谥号，不聚敛财富，不标榜名声，这就是人们所谓的大人；大凡珍惜名声的人一定要廉洁，但廉洁就会贫困；珍惜名声的人一定谦让，谦让地位就不高；高贵的人必定用低贱的名号，高大的东西必定以低下的东西为基础。这才是真君子，凡是有所求的，其付出的皆蒙上了功利的色彩，只能算是交易，根本谈不上什么德行道义可言。

一念慈祥，寸心洁白

一念慈祥①，可以酝酿两间和气；寸心洁白，可以昭垂②百世清芬③。

【注释】 ①慈祥：和蔼，安详。

②昭垂：昭示。

③清芬：清香，比喻品德纯洁高尚。清，单纯。芬，香气。

【译文】 假如每个人都能用慈爱之心来对待他人，就可以营造人与人之间相互和睦的氛围；如果能够使自己的心灵保持纯洁正直，就可以名垂千古万世流芳。

【解评】 《老子》中有言："天之道利而不害，圣人之道为而不争。"意思是说自然规律是对万物有利而不是有害，圣人之所以为圣人，是因为他们做任何事情都不与人争夺。君子法天地自然为道，为人处世靠的是天地之间的浩然正气，待人接物亦怀有仁爱之心。如果人人都能做到这样，那么人间哪里还有什么猜疑、嫉妒呢？心地纯洁，为人行事就不会产生作恶的念头。一个正直公正忠诚的人，不仅能赢得人们的尊重，还能以自己的人格魅力感化他人，同样能名垂千古，成为后世学习的榜样。

畏大人之德，敬小民之辛

大人①不可不畏，畏大人则无放逸之心；小民亦不可不畏，畏小民则无豪横②之习。

【注释】 ①大人：指地位尊贵的人，如王公贵族。这里指道德声望很高的人。

②豪横：蛮横无理。

【译文】 对品德高尚的人不能不存敬畏之心，有了这份敬畏之心，就不会形成放任自流的性格；对寻常平民百姓也不能不存敬畏之心，有了这份敬畏之心，就不会形成蛮横无理的恶习。

【解评】 敬畏品德高尚的人，其实是敬畏其高尚的道德修为与他的人格力量。对道德心存敬畏，自然也就会产生追求道德完善之心。自觉追求自我完善的人不会放任自己，与世俗同流合污。德高望重的人不仅是我们学习的榜样，也是在我们松懈忽略的时候给我们警示的榜样，君子注重的是道德的修为，并不以世俗的眼光待人。

无论是达官贵人，还是平民百姓，在他们眼里都一视同仁，只有道德人格之分，却无高低贵贱之分。对待百姓也应心存敬畏，敬畏他们的辛勤劳作，坚贞忍耐。若因其贫穷卑微而轻视他们，就是道德上的缺陷，说明你还没有超越功名心、富贵心。

处患难而不忧，对茕独而惊心

君子处患难而不忧[①]，当宴游而益加惕[②]厉；遇权豪而不惧，对茕独[③]而反若惊心。

【注释】 ①患难：指困难和危险的处境。忧：忧愁。

②惕：谨慎小心。

③茕独：指孤独、无依靠的人。

【译文】 君子并不因为患难而担忧，但对歌舞欢宴却要倍加警惕；当遇到有权势的人时毫不畏惧，当看到孤苦伶仃的人时却内心感到极度不安。

【解评】 塑造完整、独立人格的首要前提是加强道德修养。一个君子必须具备坚毅、正直、廉洁、善良等品质，其实这些也是做一个真正的人的基本条件。孟子说过：“富贵不能淫，贫贱不能移，威武不能屈，此之谓大丈夫。”意思是不因金钱和地位的引诱而迷乱，不因家境贫穷、地位低下而变节，不因胁迫而屈服。这是中国人千百年来心中一个基本的道德标准，符合这样标准的人就是人们心目中所谓的君子，是被人们所钦佩、所向往的。

不为法缠，不为空缠

竞逐[①]听人，而不嫌尽醉；恬淡[②]适己，而不夸独醒。此释氏所谓不为法缠，不为空缠，身心两自在者。

【注释】 ①竞逐：即竞争追逐，在此指对功名利禄的竞争与追求。

②恬淡：即恬静与淡泊。

【译文】 别人争名夺利就由他们去，但不要因为这个就讨厌疏远他们；保持淡泊的心性完全是自己的事，但不要因此夸耀自身清高。这就是佛家所表达的不为事理所羁绊，不为虚幻所束缚，以达到身心自由的境界。

【解评】 别人争取名利，你可以不与他们同流合污，但不要疏远嫌弃他们。如果有机会，每个人都想过自由真实的生活，但很多人被欲望与情感所蒙蔽，所以不能悟到自然之“道”。但只要他们有机会让他们顿悟，也许今天的小人就是明日的智者。自己保持淡泊的心性，但切勿以此为资本骄傲，《庄子·外物》篇中说：“言者所以在意也，得意而妄言。”因为“大象无形”，这才是“万古长空，一朝风月”——真正悟道的境界。

【解悟】

人生苦短，何争名利

人生在世，如果能以宇宙和历史的角度看待人生，就会发现人生是那么的渺小，才会发现生命原来如此之短暂。就这么短短几十年，苦苦地斗胜争强，苦苦地被名利所操纵，一切又有什么价值呢？

历史长河中的那些英雄豪杰呢？纵然豪气直贯当时之天下，而现在又怎么样呢？还不是成为过去。

惠子当梁国的宰相时，有一次庄子去看他，因为二人一向友情很深。庄子来了以后，有人在背后对惠子说："庄子这次来，是想取代你宰相的位置，您小心点！"

惠子一听便担心了。决定先下手为强，捉拿庄子，以除后患。可是在全国搜捕了三天，始终没发现庄子的影子。当惠子放下心来依旧当他的宰相时，庄子却来求见。原来庄子并没逃走，只是藏起来了。

庄子对惠子说："南方有一种鸟名叫鸩，您听说过吧。那鸩，是凤凰一类的鸟。它从南海飞到北海，不是梧桐不栖身，不是竹子的果实不吃，不是甘美的泉水不喝。就在这时，一只老鹰抓到了一只腐烂的死老鼠，鸩从它的身边走过，老鹰便紧张起来，抬头对鸩说：'想拿走梁国相位来吓唬我吧？'老鹰把死老鼠抓得更紧了。"

听庄子讲完，惠子面红耳赤，不知说什么好。

还有一次，庄子在濮河上钓鱼，楚威王派两个大夫前来，带着楚威王的亲笔信，要请庄子去当楚国的宰相。两个大夫客气地转达楚威王的问候："大王想拿我们国家的事麻烦您，请不要推却！"

庄子只自顾自地钓鱼，手里拿着钓竿，眼睛盯着水面，对两位大夫的恭敬与楚王的盛情，一点也不理睬。最后庄子说：

"我听说楚国有一只神龟，死了已经三千年。楚王把它的遗体，用竹箱子装着，用手巾盖着，珍藏在庙堂里。您二位说说，这只龟，是愿意死了以后，留下骨头让人珍惜呢，还是宁愿活着，在沼泽中摇头摆尾呢？"

二位楚大夫答道："那当然是愿意活着，在沼泽里摇头摆尾了。"

庄子大笑道："那好，你们回去吧。我愿意活着，在沼泽里摇头摆尾，自由自在。"

出世涉世，了心尽心

不要以为穿上袈裟就能成佛，不要以为披上道袍就能成仙。同理，披上件蓑衣，戴上顶斗笠未必是渔夫，支根山藤坐在松竹边饮酒吟诗也未必一定是隐士高人，这一切都是外在的形式罢了。追求形式的本身只能是在沽名钓誉。所以人生的要诀在于，既要超凡脱俗的出世，又要主动入世。这一切都是一种形势，最主要的是自己内心的感受。不要拘泥于任何形式，应当学以致用，把自己的才学完全发挥出来，做想做的，做该做的，这才是重中之重。

明朝人王澄，仁和人，字天碧，号雪村，虽然他是农民，但从小专攻写诗作书，他的书法中透露出赵孟頫书法的气势。里甲把他的名字呈报为吏员，布政使却很生气，让王澄到修建阁楼库房处服役。这是冷僻边远的差使，王澄不得已只能接受。一天，他写一首咏马诗："一日行千里，曾施汗马劳。不知天厩外，谁是九方皋。"他把诗写在府门屏风间。太守见到便问是谁所写，大家答道："小吏王澄所写。"于是王澄被召见，王澄回答说："不是，我只是一个农民。"太守十分惊讶，出"南山晴雪"的题目考他，王澄提笔马上写好呈上。诗曰："雪霁南山正坐衙，莹然相对两无瑕，瑞光晓布三千里，和气春生百万家。未可拥炉倾竹叶，且须呵笔咏梅花。丰年有象皆侯德，五挎歌谣遍海涯。"太守看了他写的诗，心中十分高兴，也十分欣赏王澄的学识和才能，于是便召集官员子弟拜王澄为老师，王澄的差役由别人代替。由此，王澄的名声更大了。等到王澄服役期满回杭州后，有官员请他当幕僚代笔，王澄坚决推辞，无心为官了，只愿在湖山间吟咏诗篇，最后终老湖山之中。

王澄写咏马的诗，本身就是渴望自己是匹千里马，希望能得到伯乐慧眼所识，说到底是入世的；同样，他作南山晴雪的诗，同样是充满人间烟火气息的，恰恰因为他入世，最后他出世避仕，是深有体味的，倒也合乎自然。

得意回首，拂心莫停

"得意时及早回头"这句话体现在政治上，意义就非常深刻了。在封建社会，有"功成身退"的说法，因为"功高震主者身危，名满天下者不赏"，"凡名利之地退一步便安稳，只管向前便危险。"权力最能腐化人心，而人们由于贪恋名利，往往会招致身败名裂的悲剧下场。"失败时莫灰心"，所谓失败乃成功之母，一个人不受挫折是不可能的，关键是受了挫折不要气馁。

《东周列国志》版画之孙武像。孙武即孙子，为春秋末年著名的军事家。

春秋时期著名的军事家孙武到达吴国之时，吴国正值多事之秋。吴王阖闾是位胸有大志，意欲有所作为的君主。他想使吴国崛起，首要的打击目标就是近邻也是强邻楚国。只有击败楚国，吴国才有出头之日。

就这样，伍子胥先后七次向吴王阖闾推荐孙武，盛赞孙武之文韬武略，认为若不攻楚便罢；若要兴师灭楚，孙武首当其选。

就这样，吴王决定召见孙武。晤谈之下，孙武将他的兵法十三篇娓娓道来。吴王阖闾一听之下连声道好。两人越谈越投机，不知不觉十三篇兵法都讲完了。

公元前506年，楚国派兵包围了蔡国都城上蔡。蔡人一面拼命抵抗，一面联合唐国，向吴国求救。

于是，这年冬天，吴王以孙武、伍子胥为将，其弟夫概为先锋，亲率大军进攻楚国。按照孙武事先的布置，大军6万乘船从水路直抵蔡都，楚将囊瓦见吴军势大，不敢迎敌，慌忙退守汉水之南岸，蔡围遂解。蔡、唐遂与吴军合兵一处，向楚国进发。

吴军迅速地通过大隧、直辕、冥陇这三个险要的关隘，如神兵自天而降，突然出现在汉水北岸。楚军统帅囊瓦乱成一团，攻守不定。先听人献计分兵去烧吴师舟楫，主力坚守不出，尔后又下令渡江决战。于是率三军渡过汉水，于大别山列阵以待吴军。孙武令先锋队勇士300余人，一概用坚木做成的大棒装备起来，一声令下，先锋队杀入楚阵挥棒乱打，这种非常规的战法一下子打得楚军措手不急，阵式全乱，吴军大队掩杀过来，楚军大败。

初战得胜，众将皆来相贺。孙武却说：

"囊瓦乃斗屑小人，一向贪功侥幸，今日受小挫，可能会来劫营。"乃令吴军一部埋伏于大别山楚军进军必经之路，又令伍子胥引兵5000，反劫囊瓦营寨，并令蔡、唐军队分两路接应。

再说囊瓦那边，果然派出精兵万人，人衔枚、马去铃，从间道杀出大别山，来劫吴军大营。不用说，楚军此番劫营反遭了孙武的埋伏，被杀得丢盔弃甲，三停人马去了两停。好容易脱难逃回，营寨又让吴军劫了，只好引着败兵，一路狂奔到柏举，方才松了一口气。这时楚王又派来援兵，可援兵将领与囊瓦不和，两人各怀二心，结果被吴军先锋夫概一阵冲杀，囊瓦军四散逃命，囊瓦本人也逃到郑国去了。

春秋时期著名军事家伍子胥像，图出自清·孔继尧绘《吴郡名贤图传赞》。

这时吴军已进逼楚都郢城。楚昭王倾都城之兵出战。两军最后决战，又被孙武设计用奇兵大败。吴军直捣郢都。郢都为楚国多年营建，城高沟深，易守难攻，又有纪南城和麦城为掎角之势，要想占领楚都，夺取最后胜利，并不是一件容易的事。孙武也深知攻城之难，在他的兵法里将之归为下之下策，搞得不好，旷日持久暴兵于坚城之下，纵使有天大的本领也难逃覆灭的下场。但是孙武艺高人胆大，居然把全军一分为三，一部引兵攻麦城，一部攻郢都，自领一军攻纪南。伍子胥不负众望，率先使计让吴军混在楚败军之中，混入麦城，打开城门，破了麦城。而孙武在攻城之前先看了看地形，见漳江水势颇大，而纪南城地势较低，于是令军士开掘漳水，引漳水入赤湖，却又筑起长堤围住江水，使江水从赤湖直灌纪南城。水势浩大，直冲郢都，纪南不攻自破，孙武率军乘筏直攻郢下，楚昭王领着妹妹连夜登舟弃城逃命去了。文武百官霎时如鸟兽散，连家眷都顾不得了。孙武伐楚至此大获全胜。

破楚凯旋，论功当然孙武第一，但是孙武非但不愿受赏，而且执意不肯再在吴国掌兵为将。下决心归隐山林。吴王心有不甘，再三挽留，孙武仍然执意要走。吴王派伍子胥去劝说，孙武见伍子胥来了，遂屏退左右，推心置腹地告诉伍子胥。说：

"你知道自然规律吗？夏天去了则冬天要来的，吴王从此会仗着吴国之强盛，四处攻伐，当然会战无不胜，不过恐怕骄奢淫逸之心也会不断高涨。要知道功成身不退，将有后患无穷。我不但要自己隐退，还要劝你也一道归隐。"

可惜伍子胥并不认同孙武的话。孙武见话不投机，于是飘然隐去，不知所终。

后来，果如孙武所料，吴王阖闾与夫差两代，穷兵黩武，不恤国力，最后养虎遗患，败在越王勾践手下，身死国灭。而那个不听孙武劝告的伍子胥却早在吴国灭亡之前就被吴王夫差摘下头颅，挂在了城门上。

身处林泉，心怀廊庙

《菜根谭》的"居轩冕之中，不可无山林之气味"、"处林泉之下，须要怀廊庙之经纶"就是佛教中所说的"世间法"。当今许多身居高位的贪官自毁前程，主要就是因为他们缺少这种修养，这种智慧。可以说，《菜根谭》积极智慧之道也在此体现出来。

范仲淹一生中，曾任过地方长官和边防将领，也曾受到过朝廷的重用任参知政事等职。他无论在中央还是在地方，都以天下为己任。以"先天下之忧而忧，后天下之乐而乐"的豪言壮语来鞭策自己，"出将则安边却敌，入相则尊主庇民"（见郑元祐《文正书院记》），时刻关心国家大事和百姓疾苦。

有一年，中国发生了严重的蝗虫和干旱灾害，江南、淮南、京东等路的情况最严重。范仲淹对此非常着急，便上书请求皇帝派遣使臣到各地去巡视，皇帝没有答复。于是他又单独求见皇帝说："如果皇宫中半天没有东西吃，将会怎么样呢？"这句话引起了皇帝的重视，于是就任命范仲淹去安抚江南、淮南等地。范仲淹每到一地，就立即打开官仓救济灾民，还蠲免了庐、舒二州的折役茶（向国家缴纳一定数量的茶叶）和江东路的丁口盐钱（按丁口缴纳的盐税钱），并归纳了能救治当时社会弊病的十项措施上呈皇帝。

明道三年（1033年），宋仁宗命范仲淹出任苏州知州。范仲淹到苏州后，正遇上苏州涨大水，农田被淹，无法耕种，他立即领导疏通五河，准备将太湖水引出灌注入海。但是，当他招募许多民夫开始动工还未完工时，又被调任到明州。苏州转运使得知情况后，便奏请宋仁宗，请求留下范仲淹来完成这一工程，得到了宋仁宗的同意。完工后不久，范仲淹就被召回朝廷，提升他为吏部员外郎、权知开封府。

范仲淹任参知政事时，向宋仁宗提出了厚农桑、减徭役、修武备、择长官等十项改革方案，当时宋仁宗一心想治理出一个太平盛世，全部采纳了范仲淹的意见。可惜这些意见因保守派的反对而未能得以贯彻实施，然而对以后的改革变法却有一定影响。

范仲淹一生食无重肉，生活俭朴，以治理好国家大事为自己终生的职责，忧天下之忧，所以深受当时百姓和后人的敬重。

让步为高，宽人是福

为人处世，当以忍让为本。因为律己宽人同样是为自己修福积德的必要条件。为人在世，谁也难免不犯错误，谁也可能得罪人，但能得到人家的宽容，你自然会感激不尽。当然，人家也会冲撞于你，冒犯于你，若你能宽容待之，人家就会被你的胸襟广阔和人格高尚所感动，于是你的身边会挚友云集，为你赴汤蹈火。

齐国相国田婴门下，有个食客叫齐貌辩，他生活不拘细节，我行我素，常常犯些小毛病。门客中有个士尉劝田婴不要与这样的人打交道，田婴不听，那士尉便辞别田婴另投他处了。为这事门客们愤愤不平，田婴却不以为然。田婴的儿子孟尝君便私下里劝父亲说："齐貌辩实在讨厌，你不赶他走，倒让士尉走了，大家对此都议论纷纷。"

田婴一听，大发雷霆，吼道："我看我们家里没有谁比得上齐貌辩。"这一吼，吓得孟尝君和门客们再也不敢吱声了。而田婴对他却更客气了，住处吃用都是上等的，并派长子伺奉他，给他以特别的款待。

过了几年，齐威王去世了，齐宣王即位。宣王喜欢事必躬亲，觉得田婴管得太多，权势太重，怕他对自己的王位有威胁，因而不喜欢他。田婴被迫离开国都，回到了自己的封地薛（今山东滕州）。其他的门客见田婴没有了权势，都离开他，各自寻找自己的新主人去了，只有齐貌辩跟他一起回到了薛地。回来后没过多久，齐貌辩便要到国都去拜见宣王。田婴劝阻他说："现在宣王很不喜欢我，你这一去，不是去找死吗？"

齐貌辩说："我本来就没想要活着回来，您就让我去吧！"

田婴无可奈何，只好由他去了。

宣王听说齐貌辩要见他，憋了一肚子怒气等着他。一见齐貌辩就说："你不就是田婴很信从、很喜欢的齐貌辩吗？"

"我是齐貌辩。"齐貌辩回答说，"靖郭君（田婴）喜欢我倒是真的，说他信从我的话，可没这回事。当大王您还是太子的时候，我曾劝过靖郭君，说：'太子的长相不好，脸颊那么长，眼睛又没有神采，不是什么尊贵高雅的面目。像这种脸相的人是不讲情义，不讲道理的，不如废掉太子，另外立卫姬的儿子郊师为太子。'可靖郭君听了，哭哭啼啼地说：'这不

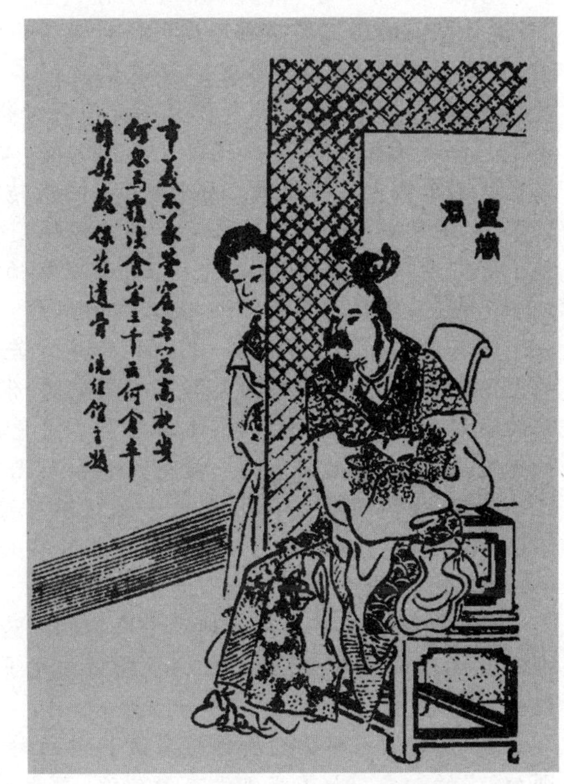

《东周列国志》版画之孟尝君像

行，我不忍心这么做。’如果他当时听了我的话，就不会像今天这样被赶出国都了。

“还有，靖郭君回到薛地以后，楚国的相国昭阳要求用大几倍的地盘来换薛这块地方。我劝靖郭君答应，而他却说：‘我接受了先王的封地，虽然现在大王对我不好，可我这样做对不起先王呀！更何况，先王的宗庙就在薛地，我怎能为了多得些地方而把先王的宗庙给楚国呢？’他始终不肯听从我的劝告而拒绝了昭阳，至今守着那一小块地方。就凭这些，大王您看靖郭君是不是信从我呢？”

宣王听了这番话，很受感动，叹了口气说：“靖郭君待我如此忠诚，我年轻，丝毫不了解这些情况。你愿意替我去把他请来吗？我马上任命田婴为相国。”

田婴待人宽和，终因此而复相位。

做人凭良心，做事凭原则

做人、做事都要凭良心，这是做人与做事的基本原则。我们在做每件事时都感到问心无愧才是最重要的。每当我们为别人付出了，心里认为这种付出是应该的，是不用回报的。那么我们心里就会坦然多了。只有这样，真正的功名才会自然得到，别人的感激才会自然到来。

我们常常因别人的评论左右自己，也因别人的言语而使自己苦恼，其实，大可不必。每个人都有自己的生活方式，我们不必为没有得到理解而遗憾叹惜。

有这么一个故事：白云手端禅师有一次和他的师父杨岐方会禅师对坐，杨岐问：“听说你从前的师父茶陵郁和尚大悟时说了一首偈，你还记得吗？”

“记得，记得。”白云答道：“那首偈是：‘我有明珠一颗，久被尘劳关锁，一朝尘尽光生，照破山河星朵。’”语气中免不了有几分得意。杨岐一听，大笑数声，一言不发地走了。白云怔在当场，不知道师父为什么笑，心里很愁烦，整天都在思索师父的笑，怎么也找不出他大笑的原因。那天晚上，他辗转反侧，怎么也睡不着，第二天实在忍不住了，大清早去问师父为什么笑。杨岐禅师笑得更开心了，对着因失眠而眼眶发黑的弟子说：“原来你还比不上一个小丑，小丑不怕人笑，你却怕人笑。”白云听了，豁然开朗。是啊，只要自己没有错误，笑又何妨呢？

还有这样一个故事，有一个小和尚非常苦恼沮丧，禅师问他何故，他回答：“东街的大伯称我为大师；西巷的大婶骂我是秃驴；张家的阿哥赞我清心寡欲，四大皆空；李家的小姐却指责我色胆包天，凡心未了。究竟我算什么呢？”禅师笑而不语，指指身边的一块石头，又拿起面前的一盆花。小和尚恍然大悟。

其实，禅师的笑而不语，正是一语道破了生命的本义。他的意思是说，石块就是石块，花朵就是花朵，自己就是自己，根本不必因为别人的说三道四而烦恼，别人说的，由得别人去说，那只是别人的看法而已。

很多时候我们就是陷于别人给我们的评论之中。别人的语气、眼神、手势……都可能搅扰我们的心，削弱了我们往前迈进的勇气，白白损失了做个自由快乐的人的权利。

可见，当别人对你的所作所为说长道短时，最好的方法，就是抱着“有则改之，无则加勉”的心态。如果我们没有做错事，那么就挺起胸膛，勇敢地面对众人挑剔的目光吧。用我们的所作所为慢慢破解先前的传言，从而在别人心中塑造出自己真正的形象。

任何事情都是以矛盾的对立而出现的,有人说我们好也就一定有人说我们坏,有人感谢我们就会有人怨恨我们,只是他们的观察角度不同罢了。所以,在生活中,我们不要太计较别人对自己的评价,只要自己凭良心去做事,符合大多数人的利益,做到自己问心无愧就可以了,不能局限于少数人的说长道短中。

立足现实,着眼未来

人的一生之中有过去、现在和未来。怎么样去协调它们之间的关系呢?

首先,过去的事情有好有坏,有喜有悲。对于成功的事情不值得再夸耀,对于失败的事情要认真吸取教训。在不断总结中积累经验。

当前是最重要的,要把握好每次机会,踏踏实实走下去。

对于未来,充满希望是成功的最重要保障。

总结过去,立足现在,着眼未来,才是真正的成功之道。

有这么一个故事:在深山里躺着一块平凡的石头,它有一个梦想:有一天能够像鸟儿一样飞翔。当它把自己的理想告诉同伴时,立刻招来同伴们的嘲笑:“瞧瞧,什么叫心比天高,这就是啊!”“真是异想天开!”……这块石头不去理会同伴们的闲言碎语,仍然怀抱理想等待时机。

有一天,一个叫庄子的人路过这里,石头知道这个人有非凡的智慧,就把自己的梦想告诉了他,庄子说:“我可以帮你实现,但你必须先长成一座大山,这可是要吃不少苦的。”石头说:“我不怕。”

于是石头拼命地吸取天地灵气,承接雨露惠泽,不知经过多少年,受了多少风雨的洗礼,它终于长成了一座大山。于是,庄子招来大鹏以翅膀击山,一时间天摇地动,一声巨响后,山炸开了,无数块石头飞向天空,就在飞的一刹那,石头会心地笑了。

但是,不久它就从空中摔下来,仍旧变成当初的模样,落在原来的地方。庄子问:“你后悔吗?”“不,我不后悔,我长成过一座山,而且体会过飞翔的快乐!”石头说。

人生也是这样,最初的开始和最终的结局都是一样的,但过程却各不相同。一个人的目标定得高,他就必须付出更多的辛劳和汗水,即使经过全力打拼仍不得实现,但至少也比他人走得远、实现得多。

只有朝着确实的目标行动,才有成功的希望。

宝剑锋从磨砺出,梅花香自苦寒来

有这么一个真实的故事,故事的主角只是一只小山龟。

一支在山里施工的工程队,在工程总指挥屋内放置办公桌时,工人们发现右边的桌子腿矮了一点,怎么也放不平。这时,一个工人发现工棚角落里有一只鸡蛋大小的山龟,便顺手拿来垫到了桌子下。

桌子垫平了,工人们散去。

脾气暴躁的总指挥,每每打电话、开会、训人都要拍桌子,而拍的地方正是小山龟垫腿的右下方。慢慢地,桌面竟给总指挥有力的大手拍裂了几道缝。

三年后，当工程完工。人们搬起办公桌后，突然被一个奇迹惊呆了：小山龟缓缓地伸出了头和四肢，爬动了起来。

这是一个真实的故事。

三年中，从没有人注意过它，以为那是块石头或死龟壳儿。但就是这个不被人注意的小龟，用生命演绎了一个传奇。

就算总指挥经常拍桌子震不死它，也总得有吃有喝吧？它是怎么存活下来的？每一个知道这件事的人，都不得不认为它是一个奇迹。

在这个顽强小生命的面前，我们没有理由不感到震撼。

小山龟到底是怎么存活下去的，我们不得而知。但我们可以确信的是，它没有被绝望彻底打败。虽然它绝对无法挣脱一张装了东西的办公桌的重压，更不知这种日子要持续多久，但它并没有放弃生存的信念。它以惊人的毅力耐心地等待着。也许山中雾气大，能给它提供少许的养分和水分，也许偶尔会等到一只蚊子或苍蝇让它果腹，甚至它根本就没吃没喝，仅凭一种求生的意念维持生命，使它度过了漫长的1000多个日日夜夜。

一个在信念力量驱动下的生命即可创造人间奇迹。

天汉元年（公元前100年），苏武拿着汉武帝亲手交给他的“旄节”，与副使张胜以及助手常惠和百余名士兵，出使匈奴，当苏武在匈奴完成任务准备返汉时，一件意外的事情发生了。前些时候投降匈奴的汉使卫律有个部下叫虞常，想要谋杀卫律归汉。这个虞常在汉朝时与张胜私交甚好，就把整个计划跟张胜说了，张胜赠送礼物以示支持，没想到虞常的计划还没实施就泄露了。苏武因张胜而受牵连，他怕受审公堂给汉朝丢脸，想拔刀自杀，被张胜、虞常制止。虞常受审，经受不住酷刑供出了张胜，因为张胜是苏武的副使，单于命令卫律去叫苏武来受审，苏武不愿受辱，又一次拔刀自杀，被卫律抱住夺下刀来，但苏武已受重伤，血流如注晕死过去。苏武视死如归，单于佩服他的勇气，希望苏武能够投降。但苏武就是不肯屈服。

《昭君传》版画之苏武像

苏武的身体好了以后，单于命令卫律提审虞常和张胜，让苏武旁听，在审讯过程中，卫律当场杀死虞常以此威胁张胜。张胜胆怯跪下投降，卫律又威胁苏武并举起宝剑向苏武砍来，苏武面不改色地迎上前去，卫律看软化威胁都不能使苏武屈服，就报告单于。单于听说苏武这样坚强，就更加希望苏武投降。他下命令把苏武囚禁在一个大窖里,不给一点吃喝。这时天上正下着大雪,苏武就躺在那里,嚼着雪团和毡毛一起咽进肚里,几天以后,仍顽强地活着。单于一计不成,又命令人把苏武迁移到北海没有人烟的地方,让他独自放牧公羊,说是等公羊生子才让他归汉,在荒无人烟的北海,苏武白天拿着汉朝的旄节放羊,晚上握着它睡觉。没有口粮,他就挖掘野鼠洞里藏的草籽充饥。当单于又派人劝降,并告知他母亲已死,兄弟自杀,妻子改嫁,儿女下落不明、死活不知的消息,想以此达到动摇他的信念的目的,但又一次被他斩钉截铁地拒绝了。苏武在北海受尽苦难,用坚强的毅力坚持着。

一直到19年以后,经几度交涉,苏武、常惠等9人才终于回到了久别的首都长安。苏武出使的时候,是个40岁左右的壮汉,他在匈奴过了19年非人的生活,归汉时已是个须发皆白的老人。苏武坚忍不屈、不怕磨难、永不失节的事迹轰动了朝野上下,苏武的事迹被千古传颂。

坚定的信念创造了奇迹。他在不可能的条件下生存了19年并最终夙愿得偿。

人生道路上,荆棘满布,苦累和逆境是具有普遍意义的。忍苦耐劳,忍辱负重耐寒,便是人生中一种经常性的忍,也是有志者必须做到的第一忍。假如连苦累、饥寒、失败和侮辱都忍不了,那就没有什么能忍受的。可是,越是经常性的忍,越需要精神和毅力来支撑。相反,如果一点苦也受不了,那就休想干成什么大事。要想有所成就,就必须经受住重大的人生挫折和非常的磨难。这就是"梅花香自苦寒来"的生动诠释。

做人亦方亦圆

方为做人之本,圆为处世之道。

方与圆都是做人必不可少的条件。"方"固然是堂堂正正做人的脊梁。但是,人仅仅依靠"方"是不够的,还需要有"圆"的包裹,无论是在商界、官场,还是交友、情爱、谋职等,都需要掌握"方圆"兼用,才能事事通达。

"圆"是处世之道,是妥妥当当处世的锦囊。现实生活中,有的人在学校时学习成绩很好,进入社会却一无是处;在学校学习成绩不好的,进入社会却当了老板。为什么呢?就是因为学习成绩好的同学过分专心于专业知识,忽略了做人的"圆";而学习成绩不好的同学却在与人交往中掌握了处世的原则。

一个人,如果原则性问题也要让步等于失去了做人的方向。尊严是做人的主要原则,它是绝对不容别人侵犯的。

有一位小保姆,由于性情实在,干活利索,但是,生性猜疑的女主人还是担心这位姑娘手脚不干净,于是想出个办法来试一试她。

这天早晨,在房门口小保姆捡到十元钱,她想肯定是女主人掉下的,就随手放到了客厅的茶几上。谁知第二天早晨,小保姆又在房门口捡到了一张五十元钱,这让她感到很奇怪。"莫非是在试探我吗?"小保姆产生了这样的疑问。但她又很快打消了这个念头,因为女主人是一位大学教授,是很有身份的人,怎么会做出这样侮辱人的事情呢?这样想着,她就把钱放进了茶几底下,但还是决定查个仔细。

到了晚上,小保姆假装睡下,从卧室的窗户窥看客厅中的动静。正当她困意袭来，准备放弃这一念头时，女主人竟真的悄悄到茶几前取钱来了。小保姆彻底惊呆了，怒火冲上了她的心头：怎么可以这样小看人！心里有了个主意。

理所当然，第二天小保姆又在房门口发现了一张钞票，这次是一百元钱。她笑了笑，把钱装进了自己的口袋。她在女主人出去之前把这一百元钱悄悄地放在了楼梯上，准备也测试女主人一次。果不出小保姆所料，女主人之所以怀疑别人手脚不干净，正是因为她自己是一个自私而贪心的人，她在下楼时看见了那一百元钱，当时就眼睛一亮，然后趁着左右没人把钱塞在了口袋里。小保姆把这一切都看在眼里。

当晚，女主人就像找学生谈话一样，严肃而又婉转地批评她为人还不够诚实，如果能痛改前非，还是可以留用的。小保姆故作懵懂地问："你是不是说我捡了一百元钱？""是呀！难道你不觉得自己有错吗？"小保姆摇了摇头："不，我不认为我做错了什么，因为我已经将那一百元钱还给您了。"女主人一脸诧异："咦，你啥时还我钱了？"小保姆大声回答："今天傍晚，公共楼梯……"女主人一听到"楼梯"两个字，就脸红得再也说不出一句话来。

小保姆的聪明之处在于知道做人要方，处世要圆的道理。她知道那钱不是自己的就不应该占为己有，她还利用了一些"圆滑"的手法为自己找回了面子，女主人当然不会再侵犯她的人格了。

所以说做人要方圆有道，一劳永逸。

处事中的圆绝不是圆滑世故，更不是平庸无能，这种圆是圆通，是一种宽厚、融通，是大智若愚，是与人为善，是居高临下、明察秋毫之后，心智的高度健全和成熟。不因洞察别人的弱点而咄咄逼人，不因自己比别人高明而盛气凌人，任何时候也不会因坚持自己的个性和主张让人感到压迫和惧怕，任何情况都不会随波逐流，要潜移默化，绝不让人感到是强加于人……这需要极高的素质，很高的悟性和技巧，这是为人处世极高境界。

圆的压力最小，圆的张力最大，圆的可塑性最强。

可方可圆，能够把圆和方的智慧结合起来，做到该方就方，该圆就圆，方到什么程度，圆到什么程度，都恰到好处，左右逢源，就是古人说的"中和"、"中庸"。

方中有圆，能让你带着锁链跳舞；圆内有方，能让你绵里藏针地办事，方是以争而制胜的硬件，而圆则是无争而胜的软件。

做人做到可进可退，可方可圆。这样，你的人生就达到了最高境界，不论在何时、何地，你都游刃有余。

人无远虑，必有近忧

身无分文的人，并不是这个世界上最贫困的人。最贫困的人，是没有远见的人。只有看到别人看不到的事物，才能做到别人做不到的事情。

有个故事，一个富人看见一个穷人特别可怜，就起了善心，想帮他致富。富人送给他一头牛，嘱咐他好好开荒，等春天来了撒上种子，秋天就会摆脱贫困了。

穷人为这个目标开始努力了。可是没过几天，牛要吃草，人要吃饭，日子比过去还难。穷人就想，不如把牛卖了，买几只羊，先杀一只吃，剩下的还可以生小羊，长大了拿去卖，可以赚更多的钱。

穷人的愿望付诸实施了,只是吃了一只羊之后,小羊迟迟没有生下来,日子又艰难了,忍不住又吃了一只。穷人想,这样下去不得了,不如把羊卖了。换成鸡,鸡生蛋的速度要快一些,鸡蛋立刻可以赚钱,日子立刻可以好转。

他又开始实际行动了,但是日子并没有改变,又艰难了,又忍不住杀鸡。终于杀到只剩一只鸡时,他彻底失望了。他想,致富是无望了,还不如把鸡卖了,打一壶酒,三杯下肚,万事不愁。

很快春天来了,发善心的富人兴致勃勃送种子来了,赫然发现穷人正就着咸菜喝酒,牛早就没有了,房子里依然一贫如洗。富人叹息着走了。

眼前的东西毕竟有限,它的利益更是有限的。但我们的生命中总会碰到一些没有远见的人,而由于特殊的原因,我们又不得不与之发生各种各样的纠葛。如果我们因为自己的远见而要求对方也能具有远见的头脑,要求对方轻松地理解自己的想法和追求,那我们大多不会成功。正确的做法有以下几个:

(1)把自己的想法用简单的方式坦白地讲出来,直到对方理解为止。即使对方不能马上理解自己的意图,但对自己要达到的目标要非常清晰。

(2)把对方短时间内能够得到的好处告诉对方,要十分具体,不能含含糊糊,不能让对方有半点的怀疑。

(3)没有远见的人做事情很容易放弃。所以,要不时地、分阶段地让对方看到成果,让他永远保持坚持下来的信心。

有时候,我们认为眼前的利益就是最大和最好的,而等到我们把事情做完后才发现原来还要耗费那么多的精力和时间。而如果用同等的精力和时间去做别的事情,虽然一下子不可能得到太多的利益,但是做的事情却多得多,总利益也比做一件事情来得要多得多。一个人要想有大的发展,就要有战略的眼光,要学会放弃,只有放弃暂时的小利,才能获得更大的利益。

太在乎微小利益的人,就无法成就大事业。

明智的人,绝不会把视野局限在眼前的小利上,而是用极有远见的目光关注未来。想成就大事业,就不该拘泥于蝇头小利,不该贪婪无度。只有懂得用长远的目光对待和考虑问题,才能有广阔的发展前途。

心底无私天地宽,利欲熏心行路难

俗话说得好:“心底无私天地宽,利欲熏心行路难。”即使是在方寸之间,存善积德,存天理、灭人欲,也能畅通无阻。与此防范,一个自私自利的人,一个欲壑难填的人,在物质享受的引诱下,必定损人利己,一旦恶性暴露无遗,事业就很难成功,甚至性命难保。

金钱和幸福、快乐并没有直接关联,有钱的人内心不一定感到幸福,贫穷的人也不一定就痛苦,他们也能自得其乐。

过上享乐的日子是每个人的企望,但是,如果不注意适度或者适可而止,那么,就会失去生存的机会。犹太人有一则寓言,是关于道德与享乐关系的,深刻地表达了他们的生存智慧。

大海中航行的一艘船,由于暴风雨,结果偏离了原来的航向。到次日早晨,风平浪静了，人们才发现船的位置不对。同时，大家发现了前面不远处有一座美丽的岛屿。船便驶进海湾，抛下锚，作暂时的休息。

从船上向岸边看去，树上挂满了令人垂涎的果子，而且全岛开满了鲜花，一大片美丽的绿阴，小鸟的歌声在岛上飘荡。

于是，船上的旅客自然地分成了五组。

第一组旅客认为，如果自己上岛游玩儿时也许会错过起航的时机。尽管岛上如此美丽诱人，但是他们还是放弃了登陆，守候在船上；

第二组的旅客急急忙忙地登上小岛，走马观花地闻闻花香，在绿阴下尝过了水果，恢复精神之后，便立刻回到船上来；

第三组旅客也登陆游玩儿，但由于停留的时间过长，在刚好吹起顺风之时，以为船要开走而慌忙往船上跑，结果，有的丢了东西，有的失去了好不容易才占下的理想位置；

第四组的旅客虽然看到船员在起锚，但没看到船帆也在扬起，而且内心总是认为不可能扔下他们把船开走，所以，一直停留在岛上；

直到船要起航之时，他们才心急慌忙地游到船边爬上船来。其中有些人为此受了伤，直到航行结束，也没有痊愈；

第五组旅客由于在岛上陶醉过度，没有听到起航的钟声，被留在了岛上。结果，有的被树林中的猛兽吞吃了，有的食物中毒，最后全部死在岛上。

在拉比的解说中，故事中的船，象征着人生旅途中的善行；岛则象征快乐，各组的旅客象征对善行和快乐持不同态度的世人。

第一组的人对人生的快乐一点儿不去体会。

第二组的人既享受了少许快乐，又没有忘记此行的义务，这是最聪明的一组。第三组的人虽然享受了快乐并赶回了船上，但经受了许多苦头。

第四组也勉强赶回船上，但留下了创伤。

人类最容易陷入的还是第五组，往往一生为了虚荣而活着，忘记将来的事而不知不觉吃下有毒的甜蜜果实。

事实上，对于金钱的追求也是如此。如果沉迷于对金钱无止境的追求，有一天你也会陷入茫然。可以说，人要是成了赚钱的机器，也就成了拉磨的驴，只能终日盘桓于磨道，忘却了周围美好的事物，从而会觉得生活黯淡无光，失去生活的乐趣。

我们在今天这个改革开放的年代里，人人都希望拥有财富。那么，拥有多少财富才能够满足人的欲望呢？

过去，我们曾经认为，做一个万元户就应该满足了，可是后来，有了一万，就又想有十万，有了十万就会想百万，总之，是没有尽头的。如果欲望没有尽头，那么，也就永远无法享受生活的快乐，也就是一个缺乏生存智慧的人。

欲望是没有穷尽的，如果不加以收敛，不思进取，后果必定会走上极端。一个人的道德修养、思想境界十分重要，尤其是有了一定物质基础的人，更应注意培养自己的高尚情操，树立正确的人生观。

交谈知深浅，论辩见性情

三国时期魏国的刘劭认为：遵循常理的人，不会迷失自我，人情有偏失，只有避免偏失才能成功;论辩可见真性情,只有善于观察才能识别偏才与兼才;交谈可以知深微,只有恪守一些心理原则才能征服对方。切记:言谈是人的直接的表现,听其言谈是辨识人才的简捷的途径;只有上才才能说服人,也只有上才才能以言识人。

做成某些事或树立名声,没有一样不是根据一定的道理进行的,到了辩论诘难的时候,很少能够根据上述的道理来确定。什么原因呢?因为事理多端而人的情况也不同啊!事理多种,难以相通,人的禀性不同,则性情也不一样。情况相互矛盾,事理难通,道理就往往失去约束力,事物也常常相互违逆。道理有四类,明达有四家,性情有九种偏失,似是而非的流别有七种,辩论有三方面失误,攻讦辩难会构成六种后果,具备八项才能达到聪明通达。

万物的自然变化,日月盈虚,祸福损益,是大道运行的常理。设法立制,端正事理,是政事运转的常理。礼仪教化,进退得宜,是施行道义的常理。人的自然欲求和各种自然的情绪,是人情变化的常理。

这四种道理是不同的,对于各种人才来说,要求内心明达而使道理彰显,还要靠本人的气质特点,才能做到这一点。

以上四家之理既有差异,又有九种褊狭的性情,以各自的性格情绪干扰思维,使之各有得失。一是刚强粗犷的人,不能够深入细致,因此把握整体方面,就显得广博高远,如果分辨纤微深细的道理,往往就失于粗疏迂阔。二是高亢愤激的人,不能够屈就退让,谈论法制职守,则善于约束并秉持公正,至于变通,往往会格格不入。三是坚定强劲的人,喜欢端正求实,在揭示细微道理时更有说服力,但在涉及重大的理论的时候就显得直露而没有深度。四是能言善辩的人,善于辞令,反应敏捷,推究人事,见识精当深刻,但如果触及问题的大义本质,就显得恢弘而不周全。五是随波逐流的人,不能够深思熟虑,区分亲疏关系,则显得胸怀豁达,如果归纳事物的纲领,就散漫流荡,不得要领。六是见解浅薄的人,不能够深入提问,听人谈论辩说,因思虑有限而容易满足,如果审核精微的道理,区分不清轻重,从而不知道怎么办了。七是宽容抒缓的人,思虑虽然不够敏捷,但谈论仁义,却能够详备而文雅,如果趋奉时务,就行动迟缓而不及了。八是温顺的人,缺乏强盛的气势,但在体会道理时却能够平顺而通畅,如果以之分析疑难问题,就会显得黏滞而无决断。九是喜新求异的人,纵逸不群而标新立异,但如果讲论清静无为之道,却违背常理而迂阔不切实际。这就是所谓的性情有九种偏失,每种偏失又是依据各自不同的心性而表现出不同的状态。

如果性情不纯一通畅,它的流别便有七种似是而非的表现。一是夸夸其谈,爱陈词滥调,似乎可以流布广远。二是道不足而又头绪杂乱,似乎意义广博。三是曲意迎合,不懂装懂,显得解悟深刻。四是甘居人后,人云亦云,似乎是在征询别人的意见再行判断。五是回避疑难,不与回答,好像博学多知,实是一无所知。六是仰慕达人而学其道理,显得心领神会,其实一塌糊涂。七是争强好胜而不顾人之常情,理屈词穷却又强词夺理,以至牵强附会,自恃有理而不愿屈服。这七种似是而非的表现,一般会迷惑住人。

辩论有的是靠道理取胜的,有以辞取胜的。以理取胜的,要先区别是非,然后才能论述下去,解释细微深奥的部分而疏通道理。以辞取胜的,往往先破坏正理以追求新异,追新好奇也就失去了正理。九种偏才,有的才能相同,有的才能相反,也有的才能相互间杂。才能相同的就相互融合,才能相反的就相互排斥,才能相杂就相互包容。所以善于与对方论辩的人,估量对方的才能再和他辩论。如果论述不能说服对方,就不再说了。周围没有通晓之人,就不再诘难对方了。不善于辩论的,却用相反相杂的内容来争论。内容相反相杂,对方就不能接受自己的观点。善于说服人的人,一句话就可以说明很多道理;不善于说服人的人,一百句话都表达不了一个意思。话语虽多而不能够表达自己的意思,别人就不听。这是辩说中的三种偏失。

善于辩难的人,一定要解释清楚事物的根本。不善于辩难的人,往往舍本逐末。舍本逐末,双方就会在言辞上争强斗胜。善于驳议强手的人,往往善于避其锐气,弄清对方的主要论点,然后展开攻势。不善于攻驳敌手的人,引用对方言语失误以挫败对方的锐气,即使让对方锐气尽失,但对方并不服气。不善于抓住对方过失的人,只是利用对方理屈而挫败对方,对方并不服气。所以彼此就会产生怨恨。

有的人对于一件想要得到的东西,要考虑很长时间。一旦得手,就马上去告诉别人,别人不能够马上领会他的意思,他就认为别人不能够理解。因此,双方便产生愤争。在争论激烈的时候,要想迫使对方承认错误是很难的。所以,善于辩难的人,先让对方回心转意。不善于辩难的人,就容易顶撞对方,这样一来,只会使对方更加偏激。在这种情况下,即使对方想承认自己的错误,但因没有机会挽回面子而不愿承认错误。既然双方失去了交流的机会,对方就会说话随便,甚至胡说。凡是人们在思考问题的时候,往往听不进外界的意见,因此争论双方各想各的,各说各的,相互干扰,都想要别人听从自己的意见。对方因为正在思考,不明白自己的意思,就认为对方不能够理解。人们都忌讳别人说自己不理解对方,使双方就这样产生愤恨。之所以产生这六种结果,都是争论的缘故。

然而,争论虽然会引起种种怨怒和矛盾,但是还是会得到一些东西的。如果只有一方陈述而没有驳难的一方,不能各抒己见,那就很难知道什么是对的。因此,只有一方谈论而不经争论就形成定论的情况是很少的。一定要善于聆听别人的见解,把握次序,善于思考,善于发明创造,善于看出事物变化的原因。善于以言辞表达自己的情意;反应也要迅捷,能够发现对方的失误所在,要善于防守,能够抵御对方的攻击,要善于进攻,能够摧毁对方的堡垒,要善于驳倒对方,还要善于给予对方一些东西。兼有以上八种能力,才能通晓天下的道理。只有通晓了道理,才能说服别人。

不兼有上述的这八种才能,只具备其中一种能力,那么就无法取得全面的成就,仅能创立一方面的名号。因此,其聪敏的程度足以辨别事物发展的顺序规律,称为能够识别事物的人才;思维方面可以有所发明创造,称作能够创设的人才;其明智的程度足以把握事物变化的关键,称为通达有见识人才;言辞便利,称作能言善辩的人才;反应迅捷并能够避免失误,称为机敏善变的人才;坚于防守以抵拒对方,可以成为善于讨论的人才;善于出击而能够取得胜利,可以称作善于进取的人才;能够驳倒善于防守的人、称为能够使双方易位的人才。兼有这八种才能的人称做通才,通才按照规律在现实中推行。

与学识渊博智慧通达的人交谈,因意见统一而心有灵犀。与一般人交谈,就要认真观察而符合众人的意见。即使自己明白许多道理、也并不以此凌驾于他人之上。聪明睿智而又资质丰厚的人,不以自己的才能而抢先。要善于说好话,但又要讲出道理。要认真吸取别人的错误,自己用来警示自己,不要重蹈覆辙。言语上要善于表述别人所关心的事,要善于肯定他人的长处与才能。不要因为某些事端而触犯他人的隐私和忌讳。不要经常自夸自己的优点好处。发表正直的意见,驳斥怪诞的言论,要无所畏惧。要善于听取普通人的意见,称赞普通人万虑一得。争夺和退让,都要适度有节;或去或留,绝不要姑息迁就。当自己处于优势的时候,不必自矜。心情平和开朗,没有偏颇与厚薄,只期望能够符合道义罢了。如果能够这样的话,就可以和他谈论管理社会与治理自然的道理了。

忍辱负重,卧薪尝胆可以获得成功,所以甘居人下而不加怀疑。及至最终,就忍辱含垢而会转祸为福,让对方佩服自己而成为朋友,使怨恨仇隙不延至后代,美名传扬以至无穷。君子的道德难道不是宽宏富足吗?况且君子能够承受小的嫌隙,所以不会将小的争斗变成大的争讼,见闻浅薄的人由于不能够容忍小怨恨的缘故,最终会招致大的失败和侮辱。在仇怨处于刚刚兴起的阶段时,以谦逊的态度来对待,仍然不失有谦逊的美德;如果矛盾尚在萌芽状态时就尽力相争,就会造成巨大的灾祸。

因此,对待祸福变化的关键,实在是不可不慎重呵!因此,君子之求取胜利,是以推辞礼让作为克敌制胜的锐利武器,以修身自勉作为蔽身远害的方式。静止时静默不言是高深境界,行动时遵循谦敬的通达之路,所以,战胜对方而不用有形的争斗方式,制伏敌人也不构成仇怨。如果这样的话,怨恨不表现出来,还会产生什么大的争端呢?

经常和别人有大的争论的人,必定以为自己是贤人,而别人却视之为不正。如果他确实不是邪恶的人,别人就没有诋毁的理由;如果他确实有邪恶的德性,又何必一定要与他进行争辩呢。知道其邪恶又与之争辩,这等于是关押犀牛而又触犯老虎,难道可以这么做吗?老虎因发怒而害人,也是必然的。

所以,君子超越一般的人,与三等人相比,要显得特立独行。什么叫做三等?没有功绩,却偏偏认为自己功劳大是一等;虽有一点功劳却骄傲自满,属于二等;功绩虽大却不自夸,就是三等。愚蠢而且好胜的,是一等;贤明但是自傲的,是二等;贤明而能够谦让,属于三等。宽以求己,严以待人的,是一等;对人既严,对己亦不宽的,是二等;宽以待人,严于律己的,属三等。以上这几种,都是不同于一般的特殊现象,是事物的变异,三变然后获得正理,因此,是常人所不能及的。人只有掌握了客观规律,了解了通变道理,然后才能处于上等而保持他的位置。因此,孟子反因不自夸而获得圣人的称誉;管叔以推让财物而受到了重奖。难道这些是靠机诈的投合而求得的吗?这是出自纯粹的禀德自然与常理相合。君子都知道"吃亏是福"的道理,所以功效虽然一样而美誉加倍。见闻浅薄的人不知道自己占了便宜实际上是损失,所以一经自夸,功劳名誉便随之丧失。由此论之,不自夸有功的,实际上却能得到功的好处;不争名夺利的,实际上会成就自己的名声;忍让敌手的,最终会战胜对方;甘居人下的,最后会居于人上。君子如果能够目睹争执之途有那样的坏名声,就会独自登高达到玄远的境界,荣耀的光辉也会焕发而日日更新,仁德的名声就会和古代的圣贤们相媲美了。

范仲淹像。范仲淹为北宋名臣，著名的政治家、文学家，谥文正。

交友要近忠远奸

明朝时期的沈烁认为：范仲淹还没做官之前，就把天下的忧乐兴亡作为自己的人生准则。况且现在南北边境不断传来警报，旱灾连年不断，天灾人祸，四面八方多次出现，在这种时候，不可说天下无事啊！你们不能为朝廷国家献出一言，说出一个救世的良策，只知道在书本中寻章摘句，从容不迫地讲求烦琐礼节，认为国家弄到这个地步，责任不在自己。照这样年复一年月复一月，就是时机到了也不能有所作为，大事完成不了却陷于疏忽沉迷，那么你们平生所学的东西，又有什么益处呢！南方的风气好，难道没有英雄俊士才人杰士吗？我希望你们亲近他们，敬仰他们。对于那些阿谀奉承平庸和没有见识的人，所以希望你们尽快离开他们。

天降大祸，使宫殿廷堂变成灰烬，十日之内，宫殿相继烧毁。这固然是奸贼大臣专权肆恶，使阴阳失去了平衡。而祸害起源应该归于朝廷。重新兴建又要大兴土木，受害的还是老百姓。宣府、大同一带的地方官僚，竟与敌人暗中勾结，接受贿赂，没有一点做人的道理。我因心中郁郁不欢，有事就向当道者直言不讳，他们也渐渐有所畏惧。但现在朝廷之中，欺骗皇上的事竟然能安全行得通，卖官的事情到处流传，不能不使我感到忧虑啊！

近墨者黑

晋朝的傅云认为：近朱者赤，近墨者黑。靠近品质好的人，可以让人变得好，接近坏人可使人变坏。与品行端正的人交朋友，就像炭块放入熏炉，虽然化成灰烬，余香犹在；与不正派的人为伍，就像白雪掉进墨池，虽然融化为水，其颜色变得污浊；与品行不好的人一起生活，就像进入卖盐渍鱼的市场一样，久而久之也就闻不到它的臭味了。

能真正选择到好朋友是非常困难的，须得有知人之明才行。人有能直言规劝的朋友，就能正身自好从而保持好名声。

镜子明亮，灰尘就不会垢集在上面；尘垢集留，镜子就不会明亮。长期与贤德的人相处，正如对镜除垢一般，因而就不会有过失。品行端正使人敬畏的朋友给人的教益更胜于严师督教;群人围在一起胡侃,反而不如一个人坐下来静静的思考。

三种朋友有益处,三种朋友有害处。同正直的人交朋友,同诚实的人交朋友,同见闻广博的人交朋友,这是有益的;同逢迎谄媚的人交朋友,同当面奉承背后诽谤的人交朋友,同惯于花言巧语的人交朋友,这是有害的。在作风习性相互影响、熏染的作用方面,老师的影响力不如朋友。正因为这样,青少年在成长过程中交朋结友问题,应当得到家庭、学校乃至社会的关注。

不要信远疑近

南北朝时期北齐的颜之推认为:许多人存在一个错误的想法,相信听到的远处的东西,轻视见到的近处的事物。从小一起长大的人中如果有贤人,也不知加以礼敬,还常常很随便甚至侮慢他。而外地的人,稍有一点名气,就很相信很仰慕他,非常想结识他,但实际比较起来,那远地的人还比不上近处的人呢。所以鲁人不尊敬地称孔子为"东家丘"。从前,虞国宫之奇,他从小和国君一起长大并成为贤人,而国君不知尊重他,不肯听取他的正确意见,最后导致虞国灭亡。这一点不可不留心啊!

有人问道:人死之后,名声只不过像是蛇、蝉蜕的皮壳,像走兽飞鸟留下的蹄痕爪印罢了,和死去的人已经没有什么关系了,而圣人还把这作为教育的内容吗?我的回答是:这是为了劝,对愿立名的人实行勉励,可以得到更好的效果。而且勉励表彰一个伯夷,就给千万人树立一个清的榜样;赞扬一个季札,就给千万人树立一个仁的榜样;赞扬一个柳下惠,就给千万人树立一个贞的榜样;赞扬一个史鱼,就给千万人树立一个直的榜样了。所以圣人要这些立名的人,各种各样的典型,在各地不断出现,岂不很好吗?天下众生,都希望自己能有好名声,圣人以此为名教,也是根据人们的心理来引导他们达到善的境界。祖辈父辈的好名声,对于子孙来说就像漂亮的衣服豪华的房子一样,从古至今,受到祖上善名庇荫的人也很多。

所以,修善果,树立名声,也像造房子种果树那样,自己先获得好处,死后还会惠及子孙。世上积极追求名誉的人,不了解这些精神,以为一个人的名声将随生命一起飘逝,将和松柏一起繁茂,这也太糊涂了。

缓事急办,急事缓办

清朝的王庭奎解悟《菜根谭》时认为:既来之,则安之。这是《论语》里的一句话。

原文为"故远人不服,则修文德以来之。既来之,则安之",原意指招来远方的人并加以安抚,后引申为承认既成事实,安下心从容应对。

这是人们面对新情况、新问题时迅速调节心理波动和失衡的正确途径。

做大事的人,必须深思、沉着、审慎、明察。办事要抓住重大、关键之所在,舍弃细小、次要的枝节,分出轻重缓急,先急后缓逐一慢慢处理。

形态要庄重,心意要平静,神色要斯文,气度要安然,言淡要简明扼要,心地要善良,意志要果断,考虑要周密。

处理世间所有的事情,都要讲"安详"二字。即使兵贵神速,也必须以安详处之。然而安详并非迟缓,而是从容不迫、审慎从事,将奋发努力包蕴于专注坚定之中。

如果为人处世碰到一点小事就如同如临大敌般紧张，在私下场合也搞得正襟危坐，成天保持着庄重拘谨的神态，那一定会迟早弄得自己神经错乱。生活中总是既有衣冠楚楚以出席正规隆重场合之时，也有衣衫随意不拘一格的自便之时，有紧张也有松弛，才能怡然自得。

在不少情况下，静以观变，无为而治是最好的办法，此时静胜于动。然而动与静的优劣得失不可一概而论，应当根据千差万别的具体情况决定行为取向。

在社会上发生的一些事儿，如果大家都认为不对，而自己一个人认为是对的，就需要慢慢说服，以改变形势，而不能径直按照自己的想法去做。对不了解的事不随便怀疑，不同于自己的意见也不要随便反驳。

遇到事情，先不要急，要慢慢想清楚。一旦考虑成熟，就一定不要拖延，而要迅速行动。不急的事应抓紧干，快则早见成效；紧急之事应慢点办，错误就常出在慌乱之中。

对待自己要超脱，与人相处要和蔼。无事之时要安定，有事的时候需果断；得意之时要冷静，失意的时候要沉着。别人还不了解你的时候，不要急于求得别人的了解；别人尚未同意你的意见之时，不要过于急切强求一致。

人世间的道路任由它如何险恶，自己都要稳定心神，平静对待。

鲁仲连像，图出自清·顾沅辑《古圣贤像传略》。鲁仲连是战国时名士，善于出谋划策，常周游各国，为其排难解纷。

马，善跑就行

西汉时期的张敞认为：俗语说："沐浴不一定要去江海中，只要能去污就行；马不一定非要骐骥，只要它善跑就行；用人无须他多么贤德，只要他懂得道就行；娶妻不必出身高贵，只要她贞节就行。"淳于髡对齐宣王说："从前的人喜欢马，大王也喜欢马；从前的人喜欢美味，大王也喜欢美味；从前的人喜欢美女，大王也喜欢美女；从前的人喜欢贤能的人，大王却不喜欢。"齐宣王说："国家没有士人啊，如果有，我就会喜欢他们。"淳于髡说："从前有骅骝、骐骥，现在没有，大王从众多的马中挑选好马，这说明大王是喜欢马的；从前的人好吃豹子、大象的胎盘，现在没有，大王从众多佳肴中挑选美味，这说明大王是喜欢美味的；从前有毛嫱、西施，现在没有，大王就从众多美女中挑选丽人，这说明美女也是大王所喜欢的。

大王一定要等尧舜禹汤时的贤士出现，才去爱惜，那么尧舜禹汤的贤士，也就不会喜欢大王了。”

鲁仲连对孟尝君说：“你说你重视人才，其实不是。”孟尝君说：“那是因为我没能得到人才的缘故。”鲁仲连说：“你马厩中有上百匹好马，没有一匹不是身披绣衣、吃精料的，难道都是千里驹？后宫中的十个妃子，没有不身穿绫罗绸缎，吃美味佳肴的，难道其中有毛嫱、西施？美女、骏马要用现在的，而人才为什么一定要用古代的呢？所以说，你说你重视人才，其实不是。”

饥饿的人把糠当做美味佳肴，饱人美味都厌食，什么原因呢？原因就在于有还是没有。从前陈平虽然很贤德，有才能，但必须通过魏无知才能进入朝廷；韩信虽然有奇才，也必须依靠萧何而后才被发现和任用。所以每个有才能的人的发达都有个时机问题。如等到有像伊尹、吕望一样的人才推荐他，那么这些人就无须通过你而获得进身的途径了。

等有腰袅、飞兔这样的骏马才驾车，那世上就没有可以乘坐的车了；等有西施、洛神这样的美女才纳妃，那终身别想成家。只有不等古时的英才出现而能获取的人，才会凭借现有的人才去使用他们。

俗语说：“美玉做的船和桨，没有渡江的功用；金玉雕成的弓弦，没有发射箭矢的功能。”因此，单纯是清高而不实际工作的人，不是拨乱匡时的人才。温文尔雅而无治理才能的人，不是诚信、聪慧的辅佐良才。魏无知把陈平推荐给汉王，汉王任用了陈平。周勃和灌婴说：“陈平和他嫂子私通，还接受过贿赂。”汉王责备魏无知，魏无知说：“我所说的是才能，陛下您听说的是品行。现在即使有尾生一样坚守信约的好人，却对胜负的命运一无所益，陛下能靠这样的人打江山吗？现在楚汉相争，我举荐人，只考虑到他的计谋是否确实对国家有好处而已。陈平与嫂子私通，接受贿赂，但于他的才能无碍，又何因此而怀疑他的才能呢？”汉王说：“说得好。”

动听的话不一定真实

春秋时期的老子认为：真实的话不漂亮动听，漂亮动听的话不真实。善良的人不伶牙俐齿，巧牙利舌的人不一定善良。真正有知识的人不博杂，博杂的人不是真正有知识的人。圣人不积累身外之物，他们总是能够尽全力帮助别人，想方设法给予别人，结果他自己反而更丰富与充足。自然的规律，是使万物得到好处而不加任何伤害；圣人的行为准则，是只为他人帮忙但不去与别人争夺。

真知真觉的人不空谈，喜欢空谈的人不是真知。堵塞嗜欲的孔窍，关闭嗜欲的大门，藏匿起锋芒，化解掉纷扰，蕴涵着光彩，混同着尘垢，这就是精微玄妙的理想境界。所以，对于那些达到精微玄妙境界的人来说，不可对他亲近，也不可过于疏远；不可能使他获得利益，也不可能使他受到伤害；不可能使他显得尊贵，也不可能使他变得卑贱。这才让全天下的人敬重他。

善于建树的，不可动摇；善于抱持的，不会滑脱。如果能按这个原则行事，子子孙孙都能香火延续，宗庙长存。将善建、善于抱持的道理贯彻到个人身上，他的美德就能够纯真；将这个道理贯彻到家庭，他的美德就能够有余；将这个道理贯彻到乡里，他的美德就能够光大；将这个道理贯彻到邦国，他的美德就能够丰盛；将这个道理贯彻

不用利口图，出自明·张居正《帝鉴图说》，讲述张释之与汉文帝同游上林苑，劝谏汉文帝要有识人的慧眼，不要只凭口舌之利就拔擢人才之事。

到天下，他的美德就能普及。所以要根据个人的修治来观察其人，根据家庭的修治来观察其家，根据乡里的修治来观察乡里，根据国家的修治来观察国家，根据天下的修治来观察天下。我是怎么知道天下情况的呢？用的就是以上那些方法。

知人知面更要知心

春秋时期的孔子认为：山川不如人心险恶，知人比知天还难。天还有春秋冬夏和早晚，可人呢，表面看上去一个个好像都很老实，但内心世界却包得严严实实，深藏不露，谁又可能明白他的心思呢？有的外貌温厚和善，行为却骄横傲慢，非利不干；有的貌似长者，其实是小人；有的外貌圆滑，但内心刚直；有的看似坚贞，实际上拖沓散漫；有的表面上泰然自若，有条不紊，可他的内心却处在焦躁不安之中。

有的人实际极为不正派，但从外表上看很庄重；有看似温良敦厚却做盗贼的；有外表对你恭恭敬敬，可心里却在诅咒你、对你十分蔑视的；有貌似专心致志其实心猿意马的；有表面风风火火，好像是忙得不可开交，实际上一事无成的；有看上去果敢明断而实际上犹豫不决的；有貌似稀里糊涂、懵懵懂懂，反倒忠诚老实的；有看上去拖拖拉拉，但办事却有实效的；有貌似狠辣而内心怯懦的；有自己迷迷糊糊，反而看不起别人的。有的人无所不能，无所不通，天下人却看不起他，只有圣人非常看重他；一般人不能真正了解他，只有非常有见识的人，才会看清其真相。凡此种种，都是表里不一的缘故。

随便给人承诺的人，看起来很爽快，实际上这种人却少有信用；什么事都要插一手的人好像多才多艺，一旦要他拿出真本事，就会露馅；锐意进取的人似乎精诚专一，可是这种人的热情不会持久；吹毛求疵的人好像是很精明，实际上只会添麻烦；动不动答应给人这样那样的好处的人好像乐于施惠，但是这种人常常说了不算；百依百顺的人看起来很忠诚，然而这种人大多是阳奉阴违之辈。这都是一些似是而非的典型形象。也有似非而是的情况，大政治家看似奸诈，却是能成就大事的人；有大智慧的人看似痴愚，然而其内心却一片至诚。人世间诸如此类真真假假、虚虚实实的现象，如果不是天下最精明的人，谁能分辨得清呢？

如果贤惠和愚劣的不同，像葵花和苋菜那样容易区别，那还有什么不好辨认的呢？可是贤惠和愚劣却像莠草与禾苗一样，常常似是而非，那就难办了。

如果人与人的区别像泰山与蚂蚁、海洋与陆地一样，那太容易分辨了！然而实际上，要想区分忠贞和奸诈是相当不容易的。

为人的八戒与十德

战国时期的庄子认为：追逐财富的人，不会把金钱送给别人；羡慕显达的人，不会把名誉让给别人；醉心于权势的人，更不会轻易将印把子给予他人。

有权势的人，印把子在握的时候，他害怕失去，一旦失去他便非常悲伤。他从来不思前想后，老是一双眼盯着自己不能善罢甘休的权势。这种人，人不打败他，上天必定让他走上毁灭。

正，就是正好，知足常乐亦常安。那种心里总没有满足，就是贪。贪，天道必不容。无为不是无所作为，只是说智者能以不变应万变，不浮躁，不冲动，冷静驾驭事情的变化发展。什么事情过分了都不好，达不到正常要求也不好。重要的是要正好。什么是正好？想得到一个什么东西，得到了就是正好。得到了一个根本不是自己想要的东西，这是懦弱；得到了，当时认为满足了，转过身来又渴求更多更好，这就是贪心。二者都是一种做人的失败。

要防止人的懦弱与贪心，重要的是切记"八戒"与"十德"。"八戒"就是恩、怨、获取、给予、劝说、教诲、生和杀。

恩：受人恩惠，得到命运的好报答，尽管是自己努力得来的，也应当知道感激。感激自己，感激命运，感激他人，不可麻木不仁。

怨：得意了，办事顺利，应当见好就收，不要欺凌弱者，不要掠夺他人以至于产生怨恨。

获取：获取应当是自己本分的，不属于自己的不要，见利忘义绝对不可取，须知善恶到头终有报。

给予：使劳者有所收获，使有恩于民众的得到奖赏，富有同情心，但不要随便施舍，因为有靠欺骗过日子的人。

劝说：金无足赤，人无完人。说话很难做到天衣无缝，做事很难尽善尽美，多听听别人的意见，对你是很有益处的，这叫集思广益。

教诲：好为人师不是优点，而是人的大缺点。为了完善自己，使事情办得更好，要随时准备听取别人的意见，不管他是贤能的人，还是一般人。

生：得饶人处且饶人，看人要看他的好处。君子成人之美，让人得到更多的生机，自己也会生路宽广。

杀：恶有恶报，有其自然结果。不要随便说人坏话，不要违背良知与事实置人于死地，否则自己也要遭到报应的。

如从这八个方面都能很好地警戒自己，做人做事就会像要求的那样子恰如其分。

上面所述的是"八戒"，做人还需重视"十德"。

1. 以无私的态度去做，这是天的行为。
2. 以无偏见的语言去说，这就是公德。
3. 生来有爱惜他人的品性，行为有体察万物的感情，这就是仁。

4. 求同存异,乃是大度。
5. 不出风头,不刻意冒尖,这就是宽厚。
6. 万众的特点都集中在我身,这就是富有。
7. 保持天然德性,这就是规范。
8. 保持自然德性有所成,这就是功业。
9. 循实顺理去做,这就是完备。
10. 胜不骄,败不馁,这就是完美。

人们明白这十个方面,他的心胸便无所不包了。

睁大双眼,识别真假美丑

小人,都有着非常迷惑人的假象,这种人的欺骗性更大,因为人们往往看到的只是表面现象,没有识破他们的罪恶意图。世事复杂,真真假假,应有尽有,为谨慎上当受骗,我们一定要睁大眼睛,辨认美丑。

"看人"是一种艺术,也是一种智慧与能力,有的人看人只看外表,看她长得很美,我好羡慕,看他长得好帅,我好喜欢。有的人看人只看一时的,看他这个动作很斯文,看他这一句话说得很合我的意。其实,会看人的人,不会只看一时,也不会只看其外表。

宋高宗和秦桧是臭名昭著的一对昏君奸臣,宋高宗因秦桧办事得力,赋予他以极大的权力,由他独任宰相十八九年,并加封他为太师、建康郡王,举凡朝廷的内政外交,全由秦桧做主。秦桧的儿子秦熺、孙子秦埙也因一人得道而鸡犬升天,被封以高官。

宋高宗赵构像,图出自明·天然撰《历代古人像赞》。

在朝臣看来,宋高宗对秦桧真是宠信无比、恩礼有加了,对他一定不会怀有什么猜忌了。其实完全不是这样。秦桧由于长期专擅朝政,朝廷各个要害部门,都由他的心腹、党羽把持,连高宗身边的贴身侍从和御医都是秦桧的人,宋高宗的一举一动他们都要随时向秦桧报告。宋高宗虽然在政治上昏聩,在对敌斗争上软弱,但是他并不傻,他明白自己现在所处的环境,知道自己被秦桧的势力所包围和控制。可是他不能对秦桧采取行动,因为秦桧有金人做后台,得罪不起,他只有把对秦桧的猜忌与不满深深藏在心底。为了防止遭到秦桧的暗害,他每次上朝时,都在靴子中藏着一把短刀,以做防身之用。

公元1155年,66岁的秦桧重病交加,眼看将要命归西天了。

宋高宗表现出对秦桧十分关怀的样子,在秦桧咽气的前一天,他大驾亲临秦桧的宰相府,探视病情。此时秦桧虽然还有一口气在喘,却已经说不出话了,宋高宗解下自己的红手帕亲自为秦桧擦拭眼泪,仿佛恋恋不舍。

离开秦府当晚,宋高宗立即令人起草了一份诏书,解除秦桧祖孙三人的一切职务。第二天一早,便将这道诏书颁布于朝堂,可谓迅雷不及掩耳。当天夜里,秦桧便一命呜呼了。消息传来,宋高宗长出一口气,拔出了靴中的短刀说:"从今以后,我再也不用靴中藏刀了。"

宋高宗作为一个皇帝,其实挺窝囊的,外受迫于强敌,内受制于权臣,一辈子也没有能抖一抖帝王的威风,发发雷霆之怒,只是在秦桧死了之后,才长出了一口气。

中国古代有这样一个故事:传说猫曾做虎的师父,教它诸如发威、怒吼、卷尾、颠扑之技,但猫考虑到虎比自己庞大几十倍,若是日后它欲加害自己该怎么办,于是就保留了一手爬树的技巧,没有把这个绝活教给老虎。果然刚学到本事的老虎就想对猫师父下手了,猫"嗖"地蹿上树顶,老虎没想到猫竟然还留了这样一手绝活,它抬头望着树上得意扬扬的猫无计可施。

为人处世中,睁开你的慧眼,看清众多的名不副实。许多恶性者披着行善的外衣,追逐名利之徒穿着袈裟,不要被他们欺骗了双眼。

投我以木瓜,报之以琼琚

与人合作共事时要彼此宽容,待人过于苛求刻薄就难免会强人所难,时间久了免不了分道扬镳。《诗经》有言:"投我以木瓜,报之以琼琚",即使对方犯了过错也不要计较,对方自然会对你的恩惠进行报答。

人的交往就是一种相互关系,你对别人怎样,别人就会怎样对你。你帮助我,我就会帮助你。正所谓"投之以桃,报之以李",一个人只有大方而热情地帮助和关怀他人,他人才会给你以帮助。要想别人帮你,首先你要先付出,先帮助别人。

主动向他人伸出援助之手,是会交际者常用的一种姿态。俗话讲,患难见真情。当我们伸出援助之手的时候,尤其是对方急需要一只手的时候,就更能让人感受到交往的力量。当我们向别人伸出一只手,别人也会向我们伸出另一只手。

有一个人在离开人世的时候,请求上帝允许他提前参观一下天堂和地狱,以便做出比较,从而能聪明地选择他的归宿。他首先来到魔鬼掌管的地狱。乍一看,令他十分吃惊,简直不敢相信自己的眼睛。因为地狱并非他想象中的那么可怕,他看到的是,所有的人都坐在酒桌旁,桌上摆满了各色美味佳肴,包括肉类、水果、蔬菜。

可是当他走到这些人的面前时,竟然发现没有一张笑脸,也没有伴随盛宴的音乐或狂欢的迹象。坐在桌子旁边的人看起来都闷闷不乐,无精打采,而且瘦的只剩皮包骨了。原来在每人的左臂都捆着一把叉,右臂捆着一把刀,刀叉都有四尺长的把手,不能用它们来吃食物,所以即使每一样食物都有,并且就在他们手边,结果他们一直吃不到。

他到了天堂后,没想到景象其实跟地狱完全一样——同样的食物、刀、叉和那些四尺长的把手。然而,天堂里的居民却都在唱歌、欢笑,个个像天使般地满面春风,神

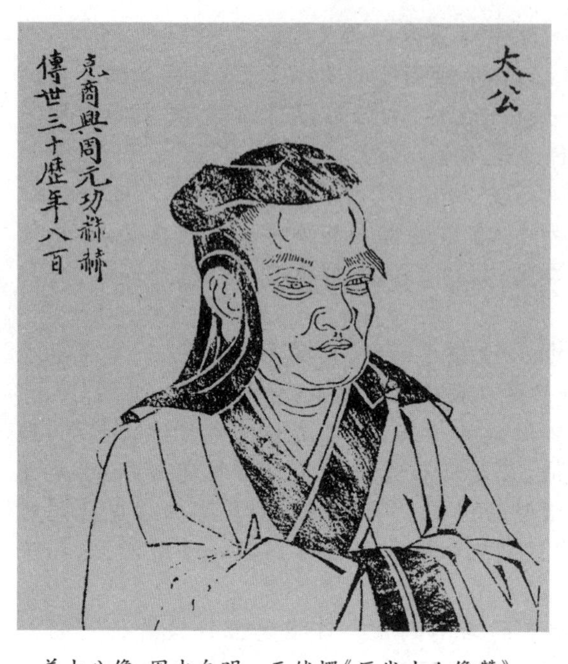

姜太公像，图出自明·天然撰《历代古人像赞》。

采飞扬。这位参观者不知道为什么这样。他奇怪为什么情况相同，结果却如此不同呢？地狱里的人都在挨饿而且可怜兮兮，可天堂的人却酒足饭饱而且很快乐。带着一脸疑惑，他走近观察，最后终于找到答案了。原来，地狱里的每个人都是试图喂自己，可是一刀一叉，以及四尺长的把手是根本不可能把食物送到自己嘴里的。而天堂的每一个人却都在喂对面的人，同时也津津有味地吃着对面的人喂来的食物。正是因为他们的相互给予，让每个人都快乐着。

你帮我，我帮你，互相帮助，人与人的来往，环环相扣，帮助别人其实就是帮助自己。这就是所谓助人助己的道理。

历史上帮周王朝夺得天下的姜太公，就曾经对周文王说："天下不是一个人的天下，而是天下人的天下。同享天下利益的人得天下，私夺天下利益的失天下。"又说："与人同病象救，同情相成，同恶相助，同好相趋。所以没有用兵而能取胜，没有冲锋而能进攻，没有战壕而能防守；不想获得民心的人，却能获得民心。不想取得利益的人，却能得到利益。"

不论生活还是工作，对人友好，才能换来别人的善待，尊重他人才能换得他人的尊重。助人为乐乃快乐之本，所以，爱人就是爱己，利人就是利己，助人就是助己。反之，刻薄他人就是刻薄自己，毁谤他人就是毁谤自己，损害他人就是损害自己。

操履严明，不犯蜂虿

阴险的人，每个地方都有，并且常常形成一个集团，他们的造谣生事、挑拨离间、兴风作浪很令人讨厌，所以有些人对这种人不但敬而远之，甚至还抱着仇视的态度。仇视小人固然能表现出你的正义，但这并不是保身之道，有时并不是正确的途径。

汉元帝时，宠信宦官石显，一切唯石显是听。朝中有个郎官，名京房，字君明，东郡顿丘人。他精通易学，擅长以自然灾变附会人事兴衰。鉴于石显专权，吏治腐败，京房制定了一套考课吏法，以约束各级官吏。元帝对这套方法很欣赏，下令群臣与京房讨论施行办法。但京房心里明白，不除掉石显，腐败的吏治不能改变。于是他借一次元帝宴见的机会，向元帝一连提出七个问题，列举史实，提醒元帝认清石显的面目。除掉身边的奸贼。可事与愿违，语重心长地劝谏并没有使元帝醒悟，也根本没有让元帝失去对石显的信任。

后来，京房推荐了中郎任良、姚平二人去任刺史，自己要求留在朝中坐镇，代为奏事，以防石显从中作梗。石显早就把京房视为眼中钉，寻找机会将他赶出朝廷。于是，趁机提出让京房做郡守，以便推行考核吏法。元帝不知石显用心，任京房为魏郡太守，在那里试行考核吏法。郡守的官阶虽然高于刺史，但没有回朝奏事的权力，还要接受刺史监察。京房请求魏郡太守不隶属刺史监察之下和享受回京奏事的特权，元帝应允。京房还是不放心，在赴任途中三上密章，提醒元帝辨明忠奸，揭露石显等人阴谋诡计，又一再请求回朝奏事。元帝还是听不进京房的苦心忠谏。一个多月后，石显诬告京房与其岳父张博通谋，诽谤朝政，归恶天子，并牵连诸侯王，就这样，一个忠臣京房就被诬陷下狱，不久被处死了。

石显就是靠着遍布朝野的党羽在铲除着异己，朝中与他直接对抗者都被除去了。

坚守操履，不露锋芒

妒贤嫉能，几乎是人的本能。愿意别人比自己强的人并不多。所以有才能的人会遭受更多的不幸和磨难。很多位居高官的人或者尸位素餐，或者“告老还乡”，主要是尽早不把锋芒外露，以免被别人嫉恨。

荀攸是曹操的一个谋士，他自谦避祸，很注意掩蔽锋芒。

荀攸跟随曹操征战疆场，筹划军机，克敌制胜，立下了汗马功劳。平定河北后，曹操即进表汉献帝，对他的贡献给予很高的评价。在曹营众多的谋臣之中，荀攸的地位仅次于荀彧，足见曹操对他的器重了。后来，荀攸转任中军师。曹操做魏公后，任命他为尚书令。

荀彧像，图出自《图像三国志》。

荀攸的谋略，不仅表现在战争中，也表现在安身立业、处理人际关系等方面。他在朝二十余年，能够从容自如地处理政治旋涡中上下左右的复杂关系，在极其残酷的人事倾轧中，始终地位稳定，立于不破之地。荀彧身为第一号谋臣，因为死保汉室而不支持曹操做魏公，一样被逼迫自杀，别人又当如何呢？

那么，荀攸是如何处世安身的呢？荀攸平时十分注意周围的环境，对内对外，对敌对己，迥然不同，判若两人。参与谋划军机，他智慧过人，迭出妙策，迎战敌军，他奋勇当先，不屈不挠。但他对曹操、对同僚，却注意不露锋芒、不争高下，把才能、智慧、功劳尽量掩藏起来，表现得总是很谦卑、文弱、愚钝、怯懦。

荀攸，故意装“愚”卖“傻”的做法，效果却极佳。他与曹操相处二十年，关系融洽，深受宠信。建安十九年(214年)，荀攸在从征孙权的途中善终而死。曹操知道后痛哭流涕，对他的品行，推崇备至，被曹操赞誉为谦虚的君子和完美的贤人，这都是荀攸以不露锋芒明哲保身的结果。

一念一言，切勿犯忌

在处世之中，说一些场面话是必需的。但是，这话并不是人人都会说的，一不小心，也许你就踏进了言语的“雷区”，触到了对方的隐私和短处，犯了对方的忌，对听话者造成一定的伤害。其实，每个人都有所长，亦有所短，为人处世的成功，一个很重要的因素就是善于发现对方身上的优点，夸奖对方的长处，而不要抓住别人的隐私、痛处和缺点，进行讨论，这是极为不可取的。

明朝开国皇帝朱元璋年轻时因为家里穷，当过和尚，做了皇帝后自然少不了有昔日的穷哥们儿到京城找他。这些人满以为朱元璋会念在昔日共同受罪的情分上，给他们封个一官半职，谁知朱元璋最忌讳别人揭他的老底，以为那样会有损自己的威信，因此对来访者大都拒而不见。

有个和他一块光屁股长大的好友，千里迢迢从老家凤阳赶到南京，几经周折总算进了皇宫。一见面，这位老兄便当着文武百官大叫大嚷起来：“哎呀，朱老四，你当了皇帝可真威风呀！还认得我吗？当年咱俩可是一块儿光着屁股玩耍，你干了坏事总是让我替你挨打。记得有一次咱俩一块偷豆子吃，背着大人用破瓦罐煮。豆还没煮熟你就先抢起来，结果把瓦罐都打烂了，豆子撒了一地。你吃得太急，豆子卡在嗓子眼儿还是我帮你弄出来的。怎么，不记得啦！”

这位老兄还在那喋喋不休唠叨个没完，宝座上的朱元璋再也坐不住了，心想此人太不知趣，居然当着文武百官的面揭我的短处，让我这个当皇帝的脸往哪儿搁。龙颜盛怒之下，穷哥们当然成了刀下之鬼了。

行云流水处世事

有这么一个故事。有个和尚叫坦山，他是一个有道行的禅僧。

有一天，天下着雨，坦山和另一个和尚因事外出。途中，见到一位漂亮的姑娘手足无措地站在一段泥泞路前发呆。原来，她因怕弄脏身穿的丽服，所以正在犹豫。

看到这个情形后，坦山在征得了她的同意后，就将她抱过了那段泥泞路。然后，再继续上路。

在途中，与坦山同行的和尚半天都不说话，脸上却总挂着困惑不解的神情。到夜晚投宿时，他终于按捺不住地问坦山：“依照戒律，我们出家人不能近女色，否则，将会危及我们的修行。我不明白，你白天为什么要那样做？”

坦山答道：“哦，那个女子吗？我早就把她放下了，你还抱着吗？”

从这个故事中，可见坦山对于助人济人的事情，采取了一种十分随缘自然的应对策略，他甚至不因成文的戒律而抱避嫌、旁而远之的态度。事情过去之后，他既没有因自己的济人助人而沾沾自喜，也没有因想到什么戒律而心颤心悸，他依然是一个没有心理负担、磊磊落落的自由自在人。

因为，他是以一种行云流水般的意念来处世的。

在《菜根谭》中，洪应明对于持身涉世的这种行云流水般的意念，有一些绝妙但也很著名的形容。

他认为如行云流水般地涉世，就如用彩笔在虚空中描画，笔有色，而虚空却不受笔染；如用利刃切割水，刀刃不受损，水也不留有什么痕迹；如疾风吹过了稀疏的竹林，风过后，不曾在竹林里留下一丝声息；如飞雁飞跃寒潭，飞过后，潭水中也就不再留有雁影；如一片孤云飘出山岩，自然而然，不被或去或留的犹豫所束缚……

定云止水，处变不惊

南北朝时，前秦的苻坚率军攻打东晋，号称百万，而且认为一举可以攻下东晋。

在这股强大军事势力的打击下，东晋的许多将领相继败退，大家多心存畏惧。

此时，唯有宰相谢安毫不惊恐，稳如泰山，他派侄儿谢玄率八万晋军去迎敌。当谢玄向谢安问计时，谢安镇定自如地说了一句："一切均已作了安排。"

谢玄没有敢再详细问，可是回到军队中，还是不放心，只有派张玄再次前往谢安处问计。

谢安见到张玄，对于军事闭口不谈，却要张玄和他下围棋，并以一幢别墅作为赌注。平日里下棋，是谢安输给张玄的多，但当时的张玄为军情而忧惧，心神不定，很快就输给了谢安。

下完棋，谢安就出外游玩，至夜方归。然后召集众将领，分派任务，面授机宜。

正因为谢安的镇定自若与从容应对，极大地稳住了东晋的军心，再加上军力布置得当，用计正确。于是，在其后的淝水大战中，晋军以寡胜众，创造了一个战争奇迹。

前线胜利的捷报很快就送到了谢安的手上。此时，谢安正与宾客下棋，他看了捷报后，并没有露出任何的喜色，只是继续下棋。宾客问他发生了何事，他才慢慢地答道："小子们已经打败了贼军（指前秦军队）。"

谢安两次下棋中出奇的镇定，不

《东西晋演义》版画之谢安弈棋。淝水之战中，东晋主帅谢安对战事镇定自若，胸有成竹，弈棋以待捷报。

难看到他有一种过人的胆识，从而能临危不惧，处变不惊，喜怒不形于色，而同时又能审时度势，运筹帷幄，泰然自若地处理好所面临的所有棘手问题。

在历史上，建立伟业者，在具体谋划时，多是悠然闲适、镇定从容。理由很简单，悠闲镇定而又泰然自若者，能对人对事作出冷静的判断及不失时而又敏捷的反应。相反，惊慌失指者则只能自己给自己增加心理压力，埋下了自我崩溃的伏笔。

无疑，谢安堪称这种悠闲镇定之士的榜样。

悠闲镇定的定力，并不是由先天遗传得来的，而是修养的结晶，是一种心性上的定力，是面临大事变故时所自然产生出的静气。在洪应明看来，这也就是把握生存与发展关键的主心骨(真宰)。缺了这种主心骨，遇生死存亡之事，就只会一败涂地，不可能培植出顶天立地的精神砥柱；有了这种主心骨，则会镇定从容地处事应变，即使是遇到大的变故或头绪纷乱之事，也能妥善地处理好，而不会手足无措。

在这里，有两点十分重要：

(1)辩证地处理好有事与无事的矛盾。在无变故大事发生时，也要有防备之念和具体措施，居安思危，如此，才能防止意外变故的发生；当变故大事发生后，则要有类似无事时的那种镇定，如此，才能化险为夷。

(2)镇定的操行，不仅内化在心智不散佚、念念守得定的方面上，还需经受众多场合的实地考验，一如林则徐所言："观镇定，在震惊时。"就如看自称甘淡泊、守清贫者能否抵御种种浓艳的诱惑一样。否则，一个人的操守不坚定，应用又不灵活，那么，在需要他处变不惊时，他就可能显出优柔寡断的软弱状态，如一个平日享有一流誉称的禅师在关键时刻所表现出来的言行，有可能只表明他是一个俗不可耐的俗人一样。

当然，要想做到这些是非常不容易的。就说念念守得定，有人是单纯地守住某一意念，类似谢安则是以围棋作为寄托物，对战局布置作了胸有成竹的安排后，他就借助下围棋而进入了一种身闲意定的自如境界。既然围棋仅是导人入定的中介物之一，那么，这种中介物就会因人而异，不一而足。谢安可以在下围棋时表现出处变不惊的将帅风度，别的人则可能在或下象棋，或奏乐，或看书，或书法，或作画，或踢足球，或骑车等状态中，同样有着处变不惊的具体体现。

处世让一步为高

我们在用词时，经常把"忍"与"让"相连接。洪应明在《菜根谭》的遣词造句中，却是明确地将忍与让分开来陈述的。

琢磨之下，忍与让之间的确是有区别的。

忍，主要是就个人的精神心理承受度来说的，忍与不忍，忍得住与忍不住，往往就是一念之间的事，是一种内心的活动。如韩信忍得胯下之辱，就是如此。

让，则更多地表现在个人的具体行为上，总会有相应的行为表现，如讲某人很会谦让。则这种谦让就必定体现在他的微笑的面庞、文雅得体的礼貌语言与谦恭的礼让动作等方面。

所以，"忍"是"让"的思想基础，让则可视为忍的具体表现。由此一斑，不难看到《菜根谭》作者思考写作时所特有的缜密。

让，作为一种谦虚的美德，适用的范围很广泛，不仅限于交际中，还可涉及众多的领域，在多方面多层次上表现出智者的胸怀。

孔融让梨的故事被人所熟知。

东汉的孔融，天资聪颖，在四岁时，面对大人摆出的一筐梨子，能让自己的哥哥先拿，最后，他才去挑最小的梨子留给自己吃。之所以如此，他的逻辑是，我作为家里最小的孩子，当然只应该吃最小的梨子。

孔融像，图出自清·顾沅辑《古圣贤像传略》。

这是一个发生在家庭内部、兄弟之间的礼让故事，并不涉及不休的争端。这里还有一个“六尺巷”的故事，在一起涉及争执对峙的局面时，当事者的谦让，则反映出了他们的通情达理。

据说，在清朝康熙年间，礼部尚书张英，某日忽接到母亲自安徽桐城老家写来的家信，信中诉说家里正在准备扩建院宅，却因地皮问题而与毗邻而居的叶家产生了矛盾。因为叶家也欲建房造屋，故此两家相持不下，形近水火，意思就是说要张英用名位官威来压服叶家之意。

张英阅毕家信，沉吟再三，急就了一诗篇来劝导母亲，诗言：

千里家书只为墙，让他三尺又何妨？
万里长城今犹在，不见当年秦始皇。

张英的母亲及家人见诗后，深明义理，马上主动地把将要砌建的院墙让后三尺。叶家的家人目睹此情此景，愧疚之余，也立即把正欲修建的院墙退后三尺。因此，张叶两家的院墙之间，就形成了一条六尺宽的街巷。

“六尺巷”的故事广为流传，它更是成为桐城一景。

类似孔融的让梨，会增加家庭之内的和睦气氛。类似张叶两家的谦让，则不仅是给自己和别人留出了更多的生存活动空间，也是给自己和别人的心理留下了更多的回旋余地，给邻里人际关系带来了更多的祥和之气。

让有层次的不同，它有很多种，而具有普遍意义的，还是日常交际应酬中的退让。如在购物与乘车中，男士们讲究“女士优先”，是一种基本的让；在发生危难时，让妇女与儿童们优先撤离，就更是一种反映出人类的良知的让。再如在单位分房中，在职称评定中，乃至在家庭成员中对内部事务的处理等方面，多一些退让与谦让，就会防止出现同窗反目、兄弟结仇的结局，可防止结怨双方出现那种不正常的一辈子“老死不相往来”的局面，从而有利于每个人的学习、生活与工作。

这种忍让还可以引申到生活中的诸多方面，读者诸君当会结合自己的生活，逐渐发现退让之举，原是可应用在日常交际应酬的更多场合，会带来更多意料不到的良好效果。这里关键之处，在于从小事做起，从一点一滴开始培养。

还有必要具体分析一下让的两种不同的对立面。

一个是值得提倡的“当仁不让”，这就是在集体、国家和民族利益需要个人的奉献时，在面临着棘手的工作、困难的局面时，每个人都应当仁不让，有毛遂自荐般的勇气、胆识与行为，在自己熟习的领域，以自己的微薄之力来尽到自己的义务，完成自己的职责使命，这绝对是值得鼓励的。

另一种是要防止和杜绝可能结下仇恨的不退让，罗密欧与朱丽叶的爱情悲剧，之所以能产生，主要原因就在于这两个青年男女所分属的两大家族，没有解开历史的结怨，彼此互不相让，彼此攻击角斗不止，终致用仇恨来扼杀了罗密欧与朱丽叶所培植起来的美丽的爱情之花，其中的悲剧意义，警世作用却是明确的，也是深刻的。对于意气之争，尤其不应意气用事，避免图一时之快而遗恨千古。

另外，洪应明的《菜根谭》中，提到了世间还有一种虚情假意的让，其中往往潜藏着不可告人的心机，对此，对此我们要保持着高度的警惕。

凡事预则立

春秋时期的孔子认为，学习是得到智慧的前提，努力行善就接近仁爱了，知道廉耻就接近勇敢了。知道这三点，就知道应该如何修身养性；知道如何修养自身品德，就知道如何治理人民，知道如何治理人民，就知道如何治理天下国家。

要想让天下大治，必须具备以下九条，这就是：修养自身品德，尊敬贤人，亲爱亲人，敬重大臣，体贴群臣，爱民如子，鼓励百工，安抚边远民族，安抚四方诸侯。

修养品性就能树立道德楷模，尊敬贤人就能不被假象迷惑，亲爱亲人就能使长辈兄弟不相怨恨，敬重大臣就能处事不迷乱，对君臣体贴，才能让他们对你死心回报，爱民如子则百姓都会勤勉效力，鼓励百工就能财用充足，安抚边远民族则四方归顺朝廷，安抚诸侯就能使天下人畏服。

清心寡欲，仪表端庄自然，不符合常礼规范的事不做，以此来修养品德；疏远小人，远离美色，轻视财物重视德行，以此来劝勉贤人；使亲人地位尊贵，俸禄优厚，与亲人好恶保持一致，以此来劝勉人们亲爱亲人；为大臣多设置属官，足以使他们任用指使，以此来劝勉大臣；对士臣忠诚守信，给予他们丰厚俸禄，以此来勉励士臣；役使百姓而不误农时，减轻百姓的租赋，以此来劝勉百姓；天天察看月月考核，授予的薪资俸禄与他们的劳动付出相当，以此来劝勉百工；回去相送来时相迎，鼓励其长处而同情其短处，以此来安抚边远民族；延续已经中断俸禄的世家大族，复兴已经衰落的邦国，整治混乱，解救危难，定期接受诸侯朝聘，厚礼相送薄收贡物，以此来安抚诸侯。

治理国家的九条原则，实行它们的道理是一样的，就是要有诚心。凡事有所预先谋划就能成功，没有预先谋划就会失败。说话预先考虑好就不会语塞不畅，做事预先考虑好就不会遭遇困阻，行动之前预先考虑好就不会出差错，执行规则之前预先考虑好就不会陷入绝境。处在下位的人得不到上级的信任，百姓就不可能治理好；处下位的人要得到上级的信任是有途径的，他先要获得朋友的信任，不能获得朋友的信任，就不能获得上级的信任;要获得朋友的信任是有方法的,他先要孝顺父母亲人,不孝顺父母亲人是不会获得朋友的信任;孝顺父母亲人是有途径的,他先要自身真诚,自己不诚心就不能孝顺父母亲人;使自身真诚是有途径的,他先要明白善道,不明白善道就不能使自身真诚。

真诚,是天赋的品德;使自己真诚,就是所获得的品德。天赋真诚的人,不必勉为其难就能符合善道,不必苦心思虑就能获得善道,从容不迫而达到中庸之道,这种人就是圣人。使自身真诚的人,他必须选择至善的道德并为之坚持下去。广泛地学习,审慎地提问,慎重地思考,明确地辨别,坚定地执行。要么不学习,没有学会的一定不能放弃,要么不问,问了没有明白就不放弃;要么不思考,思考了没有收获就不放弃;要么不辨别,辨别了还不明确就不放弃;要么不实行,实行了不坚定就不放弃。别人一次就能做的事,我付出百倍努力;别人十次就能做的事,我付出千倍努力。假如做到这分上,即使愚蠢的人也会变得聪明起来,即使柔弱的人也会变得刚强起来。

成事于自然

战国时期的庄子认为:天地虽然大,它们的运动和变化却是均匀平衡的;万物虽然多,它们的条理却是一致的;百姓虽然多,但他们的主宰者却是国君。国君管理天下要以顺应事物为根本而成功于自然,所以说,远古的君主治理天下,一切都出自无为,顺其自然就是了。

以道的观点来看待言论,天下的名称都合理;以道的观点来看待职分,君臣各自承担的道义就非常明确了;以道的观点来看待才能,天下的官员都尽职尽责;以道的观点广泛地观察,万物的对应都齐备。所以,通达于天的是道;顺应于地的是德;周行于万物的是义;上位的治理人民是各任其事;才能可得到充分发挥的是技巧。技巧合于事,事合于义理。义理合于记,德合于道,道合于天。所以说:古时候养育百姓的君主不贪欲,天下就可以富足;自然无为,万物便将自行发展变化;清静不扰,百姓便能安定。

庄子说:"道,是覆盖和托载万物的,多么广阔而盛大啊!君子不可以不剔去成心去效法。以无为的态度去做就叫自然,以无为的态度去说就叫顺应,爱人利物就叫做仁爱,让各不相同的事物回归同一的本性就叫做大,行为不与众不同叫宽容,心里包容着万种差异就叫做富有。所以执持自然赋予的禀性就是纲纪,德行实践就是建立,遵循于道就是全备,不受外物挫折心志就是完全。君子明白了这十个方面,就是包容万物心地宽大广阔,而且像滔滔的流水汇集一处成为万物的归往。像这样,藏金于深山,沉珠于深渊,不贪图财物,也不追求富贵,不把长寿当成是快乐,不把夭折看成是哀伤,不把通达看成是荣耀,不把穷困看成是羞耻,不把谋求举世之利作为自己的追求,不把统治天下看成是自己处于显赫的地位。显赫就是炫耀。万物最终必定自于同一,死和生也并没有区别。"

庄子还说:"道,深渊是它的居处,是清澈明澄的。钟磬不敲就无法鸣响。所以,钟磬有声,不敲不鸣。万物的感应谁能确定它的性质。"

"盛德的人,应该是持守素朴的真情往来行事而以通晓琐细事务为羞耻,立足于固有的真性而智慧通达于不测的境地。因而,他的德行广远,他心思起作用,也是由于外物的交感。因而他的形体若不凭借行动就不可以产生,他的生命如果没有德行就不可明达。保全形体,充实生命,树立盛德、彰明大道,这岂不就是盛德吗!浩大啊!忽然显露,突然而动,万物都紧紧地跟随着呢!这就是具有盛德的人。"

"道,看上去是那么深远,听起来又是那么寂然无声。深远之中,却能看见明晓的真迹,无声之中,却可听到万窍唱和的乐音。深而又深之中却能产生万物,玄妙而又玄妙之中却能产生精神;所以道和万物相连接,道体虚寂却能供应万物的需求,时时驰骋不已却能成为万物的归宿。"

宇宙刚刚起源的时候,一切都存在于"无",没有"有",也没有名称;道的开始呈现混一的状态,混一的状态还没有成为形体。万物从混一的状态中产生,这便是"德";没有成形体时却有阴阳之分,不过阴阳的交合是十分吻合而没有缝隙的,这便称为"命";阴气静止阳气运动化生万物,万物生成便具有各种样态,这就称为"形";形体保有精神,各有轨迹与法则,这就称为"性"。性经过修养再返归"德","德"同于太初。同于太初心胸便会虚豁,虚豁就包容着广大。浑合无心之言,无心之言的浑合,这便与天地融合为一而共存。这种融合没有痕迹,好像蒙昧又好像昏暗,这就称之为深奥玄妙的大道,同于自然。

庄子问老子说:"有人修道却与大道相背道,将不可的说成可,将不是的说成是。善于辩论的人说:'分离石的质坚和色白好像高悬在天下宇宙那样容易看得清楚。'这样的人能称为圣人吗?"

庄子说:"这样的人如同聪明的小官工作时被技能所累,让身躯劳顿,心神迷乱。捕狸的狗被人拘系,猿猴因为灵敏才被人从山林里捕捉回来。孔丘,我告诉你,你所不能够听到和你所不能够说出的道理。凡是具体的人,无知无闻的多,有形的人和无形无状的道共同存在是绝对没有的。运动、静止、死亡、生存、衰废、兴盛,这六种情况全都出自自然,而却不知其所以然。若真的存在着什么治理,那也是人们遵循本性和真情的各自活动,忘掉外物,忘掉自然,那么就会忘掉自己。忘掉自己的人,称为与自然融为一体。"

孝子不奉承他的父母,忠臣不谄媚他的国君,这是忠臣、孝子的最好表现。父母所说的都给予肯定,父母所做的都加称赞,世俗便称他为不肖之子;君主所说的都加以应承,君主所做的事都加以奉迎,世俗便称他为不肖之臣。而不知道这样的行为真的是必然妥当的么?世俗上所认为是的就认为是,所以为对的就认为对,却不称他们为谄谀的人。然而,世俗的观念和看法难道比父母更可敬,比君主更可尊了吗?

有人说自己是个谄媚的人,定会勃然大怒、顿时变色,说自己是阿谀的人,便脸色大变产生愤恨。然而终身谀媚的人,比喻修辞以博取众人的欢心,却始终辨认不出过错。穿上华丽的衣裳,绣制斑斓的纹彩,打扮艳丽的容貌,来谄媚一世,自己却不认为是阿谀与世俗人为伍,符合是非观念,然而又不把自己看做是普通百姓,愚昧到了极点。

知道自己是愚昧的人,不是太愚昧;知道自己是迷惑的人,不是太迷惑的人。太迷惑的人,终身不解悟;大愚昧的人,终身不晓得自己的愚昧。

三个人一道行走而有一个人迷惑,所要去的地方还是可以到达的,因为迷惑的人少;要是三人中有两个人迷惑,就会徒劳而不能达到,因为迷惑的人多。现在天下人全都迷惑不解,我虽然祈求有向导,也不可能得到帮助。这不令人可悲么!

高雅的音乐,世俗的人是不可能欣赏的,民间小曲,世俗人听了便会高兴笑起来。

所以崇高的言论是不会被世俗的人内心接受的，而至理名言也不会从世俗人口中说出来，因为被流俗的言论所掩盖。要是让其中两个人迷惑而裹足不前，所要到达的地方也到达不了了，如今天下的人都迷惑，我虽然有祈求的向导，又怎么能达到呢！明知道达不到还要勉强去做，这又是一大迷惑呀，所以还不如弃置一旁不予推究。不予推究，谁和我同忧！丑陋的人半夜生孩子，赶快找人来照看，心里十分着急，唯恐生下的孩子像自己。

百年的大树，伐倒破开做成祭祀用的酒器，用青黄彩色来绘出花纹，余下的断木被弃置在沟中。青黄彩色的精美酒器与弃置沟中的断木比起来，美丑是有差别的，然而从失去原有的本性来看却又是一样的。夏桀盗跖和曾参史鱼，他们的行为好坏是有巨大差别的，然而从他们失去人所固有本性来看却是一样的。

失去本性可列为五种：一是五色扰乱视觉，使得眼睛不明；二是五声扰乱听觉，使得耳朵不灵敏；三是五种气味熏扰嗅觉，袭刺鼻腔直通于嗓；四是五味败坏味觉，使得口舌受到损伤；五是好恶迷乱心神，使得心情轻浮躁动。这五种情况都是生命的祸害。

然而杨朱、墨翟用尽心力想出人头地自以为有所得到，并不是我所说的自得。得到什么反被这所得所困扰，这可以说是有所得吗？那么大斑鸠小斑鸠在笼子里，也可以算是自得了。况且取舍于声色的欲念像柴草一样塞满内心，冠冕、朝服，拘束体外，内心塞满了栏栅，体外被绳索捆了一道又一道，眼看在绳索捆缚之中自以为有所得，那么罪犯反绑着双手。虎豹被关在兽槛里，也可以算做自得吗？

中庸之道

三国时期魏国的刘劭认为：对圣人最高的评价是中庸，无过无不及是处世的最高准则。然而，要想做到轻重适度、缓急适宜，又谈何容易，只有经过长期修炼的人才能达到这一境界。切记：要对各种偏才取长补短，以他们的才能来补充自己的才能，才是实现中庸的真正途径。

人的本质是出于情性，关于情性的道理，非常玄妙而深奥，如果没有圣人超常的洞察力，又有谁能够探究清楚呢？凡是有血气的生命，没有不包含天地混元之气为其本质的，没有不秉承阴阳两面的因素而树立根性的，没有不容纳金、木、水、火、土五种元素而成形的。如果具备了形貌气质，就可以探究其本性了。

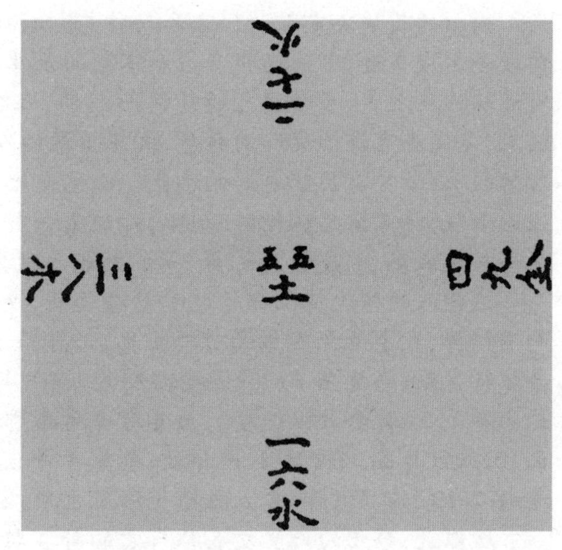

五行数图，出自宋代朱震《汉上易传·卦图》。

中正平和作为人的气质最为可贵，中正平和的气质必然平淡无味，但正是因为如此，才能够使人体内的金、木、水、火、土五行和谐，变化顺畅无碍而又能够适应客观规律。因此。观察一个人的气质，一定先看他是否平淡和缓，然后再看他是否聪明睿智。所谓聪明睿智，是天地阴阳的精华。阴阳之气协调清和，内能够睿智，外能够明察。圣人淳朴聪明，能够兼备平淡与聪明两种美质。了解事物显露的一面和隐藏的一面，不是圣人不能够做到两全其美。

洞悉明白一切的人，能够通晓进退应变的关键，而缺乏深思远虑；老谋深算的人，能够体味静默安处的玄机，但不知迅捷与机变的道理。这就像火日生辉，明焰外照，不能够看见内部的东西；金水相生，荧光内映，不能够照射外面的东西。这两者之间的不同，正是阴阳区别的象征。如果衡量一个人的才能资质，可用五行的道理去考核，五行的各种征象，也体现在人的身体和气质之中。

人生与五行是这么一个对应顺序，木为骨，金为筋，火为气，土为肌，水为血。人体所具备的金、木、水、火、土五种特征，各有各的特点和作用。因此，骨骼坚挺而柔韧，就叫宏大刚毅，宏大刚毅是“仁”的内质；气质清新而明朗，就叫文雅，文雅是“礼”的根本；体性端正而坚实，就叫坚贞不移，坚贞不移是“信”的基础；筋腱强劲而精壮，就叫果敢勇武，果敢勇武是“义”的先决条件；血色平和而通畅，就叫体察幽微，体察幽微是“智”的本源。由五种体质形成五种恒定的性分，所以称之为五常，即仁、礼、信、义、智。

五常的区别，可分列为五种品德。因此，温和直率而又坚毅果断，属于木德；刚健信实而宏大坚毅，属于金德；朴实恭谨而端肃有礼，属于水德；宽厚肃穆而又柔顺坚定，属于土德；简明顺畅而又明识砭割，属于火德。虽然人的才德类型众多，变化无穷，仍然本于这五种品质。

刚强柔和，明晰畅达，坚贞稳固的征象，在人的形貌容姿上能够显露出来，外现于人的言语声色，发自于人的内在情感，各与它们的表现相协调。因此，心性耿直忠诚，其仪容就显得坚定有力；心性简洁而善于决断的，其仪容就显得奋进勇猛；心性坦然平和，其仪容就显得安详闲适。仪容的变化，与各种不同的状貌举止相适应。姿容端直，就会勇武刚强；姿容美善，就会谨慎庄重；姿容肃穆，就会恭敬威严，气宇轩昂。

内心的气质决定人的仪容和动作，是心神气质的象征，又体现为声音的变化。气质相合形成声音，不同的声音应和不同的乐律。有平缓和顺之声。有清润舒畅之声，有连绵回旋之声，声音因气的贯通而顺畅，容貌神色应声律而显现。因此，真正仁爱的人，必定会有谦恭柔和的神色；真正勇敢的人，必定会有威严激奋的神色；真正富有智慧的人，必定有明智通达的神色。面色变化表现于形貌，是精神外显的表征。精神显为形貌，就像情感从你的眼睛向外流露一样。因此，“仁”就表现为眼的精气凝聚，显得目光诚实，端庄朴实；“勇”是胆的精气凝聚，目光有神，孔武有力。

这些人的体貌特征都超过了精神气质，所以他们都是偏至之才。所以气质过胜而不精粹，做事情就不易成功。因此，正直而不柔和就会显得呆滞；强劲而不精细就会显得鲁莽；固执而不端正就会显得愚暗；气势充沛而不清朗平和，就会超越限度；畅达而不平正，就会放纵失度。而具有中庸品质的人，与此不同。这样的人，金、木、水、火、土五行具备，并使之和谐相处，包容于平淡之中。仁、礼、信、义、智五种品质充实于内心，心、肺、肝、脾、肾五脏精气彰显于外，因此眼睛辉耀着五彩的光芒。

所以说，事物的产生发展都有它的外在特征，而形貌又相应体现于内在的精神。能够把握住精神，就能够穷究事物的义理、人物的本性。

总的来看,人之性的变化,有九个方面的征象。平正或偏颇的气质源于神明;聪慧或愚钝的气质源于精气;勇敢或怯懦的气质源于筋脉;强健或纤弱的体魄源于骨骼;急躁或沉静的气质源于气血;悲伤或愉悦的情绪源于面色;衰怠或肃穆的形象体现于仪表;造作或自然的举止体现于容貌;和缓或急切的状态体现于言语。为人宁静淡泊,内心敏慧,外表清朗,筋骨强健坚挺,声音和神色清润怡悦,仪表庄重,容貌端正。

如果这九种特征都具备的人,就是德才兼备的人才。如果九种征象相互违谬,就只能够称为偏杂之才。偏才、兼才、兼德的三种情况不同,它们相应的才德也就各不相同。所以,偏才的人,以某一专长立名;兼才的人,往往以某一品德见称;而兼有各种美德的人才,往往具有美好的称号。因此,有兼德又能达到完美的境界,就称为中庸。

和小人交往,如履薄冰

春秋时的参子认为:与君子来往交朋友,就像冬至过后的白昼越来越长,而自己不觉得;和小人交游,好像在薄冰上走路一般,每踏一步,冰层便下沉一点,哪会不掉到冰层里面呢?没见过好学而怠惰下去的人!没见过喜欢教学生像照料病人那么谨慎的人!没有看见过,天天自省而每月就能取悦于朋友的人!没见过辛勤学习而不能改正的人。

闵损像,图出自明·吕维祺《圣贤像赞》。闵损是孔子的弟子,又称闵子。

古人说过:一千年才会出现一位圣人,就像早晚之间那么短暂;五百年出一位贤者,就像一步连着一步那样快速。讲的是圣人贤明之士的难得,疏远相隔如此而已。一个人在年轻的时候,精神性格还没有固定下来,他所交往的人,很容易对他产生影响。言谈举止,用不着刻意模仿,潜移默化,自然地同对方相似了。更何况手势步履技能,较之更容易学习呢?所以和好的人生活在一起就像同芝草兰花相处一样,慢慢就会自己变得香;而和坏人在一起,就像受到臭鱼的熏陶,久而自臭。君子一定要十分慎重地交友。孔子说:“不要和不如自己的人交朋友。”并不是世世都会有颜渊、闵子等一类的人,只要对方比我优秀,我都要尊敬崇拜对方。

与别人交往交朋友,应该选择正派文明的人,如果胡乱交往,最终必定会后悔,而且时间一长,免不了被他同化,最终想做好人,也来不及了。交谈、议论不要深入地触及他人的是非,相互之间心领神会,明白谁对谁错就行了。下棋游戏,都没有妨碍,只是不要与女人没有节制地嬉笑,败坏自己的意志,这样最不可取。如果人不自重,必定为有识之士所轻视,每个人之所以不被人瞧得起,完全都是由自己一手造成的。

凤凰不与凡鸟同群

明朝时期的袁中道认为:凤凰不和其他普通的鸟在一块儿,骐骥不能住在普通的马厩。男子汉大丈夫既然不能成为举世闻名的巨人涤荡乾坤,就应当隐居在高山之巅,眼望云汉,手扪星辰,切忌不可放任自流,以至于让自己蒙羞。

在天地之中立身的男子汉们,不挺起翅膀奋发雄飞,让时光空过,贪求安逸,不求进德修业,这与鸟兽有何区别?将来怎么做人?千万不要让亲人痛惜而让仇人称快。兢兢业业,早晚都不要懈怠。遇事要外明道理,内有决断。钻木产生的火虽小,可以延续朝阳;鸟翼鼓动的风虽微,可以连接大风。事物虽在下等而用处很大,人岂有毫无用处的?学习要聚精会神,专心致志。探索到极高的境界,设想到很远的地方,深刻的思想源于善用心智,舒展辞藻如春天的花朵。处事精细,不怕不成形;造物用心,不担心自己成就不了大业。尽到自己最大的努力,听从天命的安排,才可无愧父母妻子。这样做下去就能够做到一生都不会沉沦。

交友是人生要事

清朝的纪昀解悟《菜根谭》时认为:刚刚步入社会时,结交朋友一定要慎重小心,结交那些正直、诚实、见多识广的朋友,将得益不小。假如是结交上真正的小人,危害还不大;误交伪君子,危害就严重了。这些人心性不一,有性情乖张的,有心黑如漆的,有心曲如钩的,有心如荆棘的,有心如刀剑的,有毒如蛇蝎的,有狠如虎狼的,有想升官的,有想发财的,你就是把阎王爷能照众生善恶的明镜高悬,也难以照透他们的心。因为他们包藏祸心,深不可测,看他们的外表,个个道貌岸然,不像那些真正的小人,一眼看上去,就能明白他的为人,而且,这些貌似方正善良而心怀鬼胎的人,最热衷于和人结交,所以一定要谨慎小心。

选择朋友,是人生中很重要的一部分,自从在私塾读书以后,成家立业,就逐渐远离父母的教诲,也离开了老师的严格要求。此时突然交到朋友,非常投机,朋友的话就如兰如芷,十分中听,甚至父母兄弟妻子的话都听不进去,唯朋友之言是信。如果一旦误交坏人,因为德性还未稳定,思想还未成熟,所以,很容易被带坏,像这样的事情屡见不鲜。那些官宦人家的子弟尤其如此。一入了圈套,就执迷不悟,受到有关长辈的劝诫,反生嫌隙,更加乖张。保住家庭,最重要的就是有针对性地选择朋友,就是因为对上述事情痛心疾首而说的。选择那些德性谨厚,爱好读书的两三个人作为朋友就足够了。况且家中还有兄弟,可以互相交流切磋,也不会太寂寞。从势利的角度讲,由于家境很好,来结交的人不一定都是来切磋文章道德的。平时则有招待朋友酒食的费用和应酬的烦扰。遇到朋友家婚嫁娶丧缺钱,就有资助借贷的事情发生。甚至有的朋友遭了官司受了欺侮,还会有托人说情和搭救援助之类的事情发生。平时既然与他关系密切,遇事退却,那些人必然产生怨恨以至反过来害你,所以必须从开始就应小心谨慎。和他们整天在一起吃喝玩乐,既把自己的正业给耽误了,又同时耗费了大量的心神。在一起畅言,言多必失,以致招惹是非。种种弊端,不胜枚举。古人曾经劝诫:"饭不嚼便咽,路不看便走,话不想便说,事不思便做,友不择便交,气不忍便动,财不审便取,衣不慎便脱。"

天之道,不争而善胜

三国时期魏国的刘劭认为:不自我炫耀的人,美善之名才能逐渐变大,贤名因自傲而受损。因此,舜让位于有德行的人,他的深明大义立即就被传播开来;商汤礼贤下士,行动迅速,他的圣明贤达的名声也就与日俱增。与此相反,郤至总是想压制别人,最终的结局更加悲惨;王叔喜好争执,最终逃难出奔。因而,谦卑退让而甘处下风,是成就美名嘉行的道路;自傲冒进,欺辱别人,是毁坏声名的途径。所以,君子的行为不能超越法度,思想不能违犯法规。对内要勤于修身自勉以己受益,对外要谦虚礼让以示敬畏。所以,怨恨非难就不会招到自己身上,而光荣、福贵福禄则会持久的保留。

小人们却不是这样,他们自恃有才能,有本事、功劳大,喜欢以此凌驾他人,所以当他们得势时,有人害他;居功自傲时,有人诋毁他;当他们失败时,有人感到庆幸。因此,他们互不相让,争先恐后,因此谁也不能够取得胜势,以致双方都遭摧折,后来者就会趁势超过他们。由此看来,争执和谦让是不相同的道路,它们的利弊判然有别。但是争强好胜的人却不把这当回事儿,他们以争先为迅捷,以居后为停滞,以礼让为卑下,以倾轧为特出,以忍让对方为屈辱,以犯上为刚强。因此,这样的人勇于激进而不知回顾。用傲慢的态度对待贤者,贤者会报以恭顺的态度,而以居傲的态度对待暴者,就必然构成敌视的情形。敌意既然已经形成,必然会把是非弄得混淆,这与自我毁灭又有何不同。

别的人因为私人的一点怨恨,就产生毁害自己的想法,然后再发展到争执,因此必然捏造借口,制造事端,听到流言的人虽然不完全相信,但仍然会受到影响。而自己采取同样的手段报复对方,也是如此。最终的结果是各信一半,远近都会听到这些事。因而,双方往往相互斗气,相互争执,事实上这是在借别人的嘴而进行自我伤害。竞相对骂,以致拳脚相向,不过是借别人的手来打自己罢了。如果是这样的话,其中的迷惑和谬误岂不是十分严重了吗?但是,追究其根本的原因,哪里有责备自己以至引发争端的呢?争端之所以产生,都是由于内心不够宽容,对别人过于苛刻的缘故。要么是怨恨对方轻视自己,要么是疾恶对方胜过自己,倘若我不厚道,对方轻视我,那就是因为我理亏而对方正确;我贤明而对方不知,那么我被轻视,就不应该算做我的过错。如果对方有贤德且在我之上,那就是我的德行还有欠缺;如果彼此的德操均等而略优于我,那只能证明我的修养还远远不够。这样说来,还有什么可怨恨的呢?

如果两个人的品质德行不相伯仲,那么其中谁更懂得谦虚,谁就要高一筹;争相突出自己,而又难分高下,就以用力多的为次。因此,蔺相如引车回避而比廉颇贤明,寇恂以不示争斗而比贯复贤明。观察并能选择形势的反面，就是有德行的表现，就是有修养的人所说的“道”。因此，君子知道受屈可以成功，所以不加躲避；知道谦卑礼让可以成就美名，所以勤于修身自勉。

君子忘名，小人窃名

南北朝北齐的颜之推认为：名声和个人的实际行为之间的关系，就像一个人的形体和影子的关系一样。德和才都好，那名一定好了，这正像相貌姝丽，镜中的影一定娇美一样。若不注意修身而要求好名在世，正如貌丑而要想从镜中得到美影一样。最好的人忘名，其次的人立名，最低等的人窃取别人的名声。

忘记名声的人在思想品质上和具体行动上，得到鬼神赐福保佑，不是靠这来求名的。立名的人，注意修身慎行，担心自己荣名不显也不是用这来夺名的。窃名的人貌似忠厚内心奸猾，追求浮华的虚名，实际上是不可能靠这个换取名声的。

我看世人，有清廉之名而金钱收入很多，信誉颇高而答应的事做不到，不知道这后者的矛是否会刺毁前者的盾。宓子贱说：“诚于此者形于彼。”人的虚实真假是在心中的，但在言行中总会表露出来，只不过是一时未被看穿，一旦被观察清楚，这巧伪就反不如拙诚，巧伪获得的羞耻就大了。伯石让卿，王莽辞政，在当时他们自以为做得巧妙周密，但后人看清楚他们是假的，把这些记录下来，这足以使人警觉了。

最近有一个以孝为名的大官，前后历次居丧，都显得过分悲哀影响身体，但有一件事被他家下人传出来：说他在守丧时，拿巴豆涂在脸上，使脸上生成小疮，使人看了以为是哭泣太过造成的。这件事被传出后，外人认为他的其他居处饮食，恐怕都有虚假，因为这么一件事做假，其他做的事也都被怀疑，都是贪名太过造成的。

邺下有一年轻人，担任襄国令，对自己严格要求，经手办事，总是很关心并且抚慰帮助下面的人，以此来求得声誉。凡是派遣兵丁、劳役时，总要去握手相送，并准备一些水果或饼送给他们，一个一个送别，以表关心。人们对他赞不绝口。后来升官做泗州别驾，这种花费越来越多，常常不能周全。虚情假意的行动很难持久下去，名声也就慢慢随之毁掉了。

以前我在文林馆任职时，山东的学士和关中太史争论了几年历法，内史发出公文让我们判定。我提出：“这诸人所争，其实只是‘四分’和‘减分’两家，历象的重要内容，可以用日晷之日影测出，现有观测的春分秋分夏至冬至和日缺月食，四分法较粗疏而减分法较准确。那疏的一方说这是因为政令有宽和猛会造成运行时间的增减，这不是计算的错误；密的一方则说日月运行的快慢，都可以用天文学术去计算而预先知道多少，和人间灾祥没有关系。用疏法则会掩盖问题而不正确，用密法则符合算法却违反经义，再说我们对这方面的知识不比他们高，以外行去裁定内行的问题，怎会服，这既然不是律令规定我们该管的事，还是不要去判断为好。”

我的提法受到全馆上下绝大部分人的认可。但有一礼官，他以这样推辞有损面子，一心要处理此案，勉为其难加以考核。本钱既不足，只好再去听他们双方争执的意见，来比较长短，朝也议晚也议，寒天暑天，春天秋天，还是得不到结论，各方的怨恨讥诮都滋生起来，只好含羞而退，最后被内史惩处，这就是好名多事所取之辱。

力戒争一胜之功而贻误大局

清朝时期的曾国藩解悟《菜根谭》时认为:神明就像太阳的升起,人的身体则如鼎一样立地不动。这两句话应当遵循。只是心到极静时,毫无喜怒哀乐,身体寂然不动,但毕竟还没体验出真正的意境,只有封闭潜藏到了极点,才曲曲折折地逗引出来一点生气,就像冬至时的太阳一般。

坚贞不移,是为了有始有终,等春雷一响再开启出土,谷类的坚实,是为了做始播的种子,不能为种子的谷,不能说是坚实的谷。此中并无满腔的生意,如果万物的循环终始都放在心中,就不能说到了至静的境界。然而,静极生阳,似乎是生物的一点仁心吧。气息静极,天地生物之心不息,这难道不是可与天地相比的至诚吗?颜子三个月不违仁,则可以说是洗心退藏到静极的境界中真正快乐的人了。

一天比一天更谨慎,由此来求办事情更加成功,如果只是忧心如焚,恐怕一事无成。总之,即使有不顺意的事,也要逆来顺受,千万忍耐。常常存着敬重的心,不仅仅是对朋友这样,无论什么事都应该这样。俗语说:“爬山要耐得住斜坡上的险径,走雪路要耐得起过桥梁的危险。”可见,这一个“耐”字具有极其深长的意义,正像是险诈奸邪的人情世故,坎坷不平的人生道路,假如没有这一个“耐”字苦撑下去,有几个人能不被沉沦下去呢?

长远考虑是办所有事的条件,有深刻认识。如果能坚忍一时,那么就会保全很多;如果一有不顺就不能忍耐,那么一生都不会顺畅。作为下级军官必须争胜立功,但作为统筹全局的将帅应该力戒争一胜之功而贻误大局。因为侥幸而谋一胜之功,不如按兵不动,以坚忍而规划全局的胜利。

沉溺安乐是人的习惯,当事情未发生之前,觉得没有什么可以忧虑的,耳目口体的欲求日益旺盛,而德还存在,术智却日渐削减,但人还没有察感,麻木不仁。遇不如意的事,见不如意的人,这正是检验一个人平时的制约能力。至于成败利害,对于我们而言必须明辨深思,因为上天不会给我们办法。

大事亦发端于细微

春秋时期的老子认为:安定容易让事物保持,问题未露征兆时容易对付,东西还脆弱时容易被化解,事物还微细时容易被消散。做事情要做在还没有发生问题之前,治变乱也要治在还没有酿成混乱之前。很粗的大树,是由细小的萌芽发展起来的,巍峨高大的土台,始起于堆积的泥土;千里漫长的远行,开始于脚底下的第一步。谁任意妄为,谁就会把事情搞坏;谁勉强把持,谁就会丧失一切。因此,大凡人们做事,经常是在接近成功之时而陷于失败的。如果在事情结束时能像刚开始时那样保持慎重,那么就不会弄糟事情。因此,圣人的欲望就是没有欲望,他从不重视、珍惜稀有罕见的物品;圣人的学问就是没有学问,用来设法弥补一般人所常犯的过失,以此去辅助万物的自然发展而不敢勉强去干预。

把无所作为当成是自己最大的成就,把无所事事当做最大的有事,把恬淡无味当做最大的味道。要善于以小为大,以少为多。用恩德去报答怨恨的人与事。解决困难问题要从容易处入手,实现远大事业要从小事情做起。天下的难事,必定开始于容易;天下的大事,必定发端于细微。因此,圣人永远不自以为大,所以才能真正成就他的伟大。那些随便对人许诺的人,一定很少能够守信用,他们总是把事情看得过于容易,势必经常遭遇困难。正因为圣人们往往高度重视自己遇到的困难,所以所有的困难对他来说都不是困难。

以德报怨

春秋时期的孔子认为:在君子手下干活儿,是件很容易的事儿,但是要想讨他喜欢很不容易。不用正道讨他喜欢,他是不会喜欢的。当他使用人的时候,他能够按照各人的才能加以合理的使用;在小人手下办事很难但容易讨他喜欢。即使用不正当的方法去讨他喜欢,他也会喜欢的。当他使用人的时候,他也严格要求这些。

君子对贤人和普通人都一样,称赞善良的人而且同情没有才能的人。君子讨厌那种不说自己贪婪而硬要寻找借口来掩饰的人。侍奉君子容易产生三种过失:君子的话还没有说出来你就抢着说,叫做急躁;君子已经说到了而你还不说,叫做隐瞒;不看君子的脸色就贸然讲话,叫做瞎子。

喜欢一个人,就希望他能活得长寿,恨一个人就希望他立即死掉。既希望他长寿,又希望他死掉,这就是不辨是非了。大家都讨厌的人,不一定坏,一定要去考察;大家都喜欢的人,也未必好,也一定要去考察。

应该用正直来报答怨恨,用恩德来报答恩德。

事先不要对别人有猜忌,不随便怀疑别人对自己不讲信用,但能及早察觉问题,这就是贤人啊!外表严厉而内心软弱的人,用坏人来比喻,大概像个挖洞翻墙的小偷吧。在路上听到传闻就到处去传播,这是非常不道德的。

三种朋友有益处,三种朋友有害处。同正直的人交朋友,同诚实的人交朋友,同见闻广博的人交朋友,这是有益的;同逢迎谄媚的人交朋友,同当面奉承背后诽谤的人交朋友,同惯于花言巧语的人交朋友,这是有害的。

三种快乐有益,三种快乐有害。以能用礼乐节制自己为快乐,以称道他人的好处为快乐,以多交贤良的朋友为快乐,这是有益的;以骄傲放纵为快乐,以舒心游玩为快乐,以吃喝寻乐为快乐,这是有害的。

大家在一起说话,从不涉及道义,只会神侃,只爱卖弄小聪明,这种人是很难有什么作为的。合乎正道的话,能够不听从吗?但听了后要改正错误才可贵。恭敬赞美的话,听了能不高兴吗?但要正确对待它才可贵。只高兴而不正确对待,只听从而不改正错误,对这种人我实在没有办法啊。

互相鼓励,相处和睦,这样的人可以叫做士了。朋友之间要互相勉励,兄弟之间要和睦相处。

国家政治清明,说话和行为都要正直;国家政治昏暗,行为正直但说话要随和谨慎。

正人先正己

战国时期的孟子认为:如果自己不按正道处世行事,即使正道在他妻子身上也不可能行得通,更何况别人;支配别人不按正道,连妻子也不能支配,更何况是别人。

上天赋予人真诚善良,考虑保持和发扬这种诚心善性是人类自身的努力。一个人若真诚至极而人们却不为所动的事是绝没有的,而缺乏诚意的人是不能感动别人的。

对于贤人仅仅是仰慕而不知道爱护,这跟养猪差不多;光知爱而不尊敬,那就等于把他当成牲畜一样。恭敬他人的心是在没有送礼物之前就应该具有的。如果恭敬只有形式而没有诚心,君子是不会拘泥于这种虚伪礼节的。

什么是正人,正人就要有同情欠缺人的心,有羞耻感,有谦让心,有是非心。同情心是仁爱的开端;羞耻心是道义的开端;谦让心是礼仪的开端;是非心是智慧的开端。一个人具备了这四种开端,就如同具备了人体健全的四肢一样。住在天下最广阔的住宅里,站在天下最正确的位置上,走在天下最宽广的大道上,能够实现志愿便与老百姓一道前进,不能实现志愿就独自坚持自己的信念。富贵不能使他放纵享乐,贫贱不能使他改变志向,威武不能使他卑躬屈膝,这才叫真正大丈夫。

经过许多失败和错误的人,人才能改过自新,成为正人;只有经过艰苦的思想斗争和深刻的思虑,才能有所作为;只有在磨难中,形色憔悴,发出慷慨悲歌的声音,才能使人们了解。

所以,正人先正己,自己要行得正。所以上天要把治国安民的任务交给这个人,一定先要使他遭受种种困难被弄得心烦意乱,筋骨劳累,肚肠饥饿,两手空空,想做什么都被干扰打乱,这就是为了要使他心意耸动,得到锻炼,性格坚忍,克服惰性,因而增长他平日不具有的才能。要是不合乎道和义,即使拿天下的财富给他做俸禄,他也毫不理睬;即使系四千匹马在他前面,他连看也不会看上一眼。要是不合乎道和义,一点小东西也不会拿给别人,当然他也不会向别人索取。

观察人的办法,最好是观察一个人的眼睛,眼睛是不能掩盖人内心的丑恶的。如果心中正直,他的眼睛看上去就明亮;如果心术不正,他的眼睛就显得混浊。听一个人讲话,观察他的眼神,这个人内心是善是恶又怎么会隐蔽得了呢。

遇事要量力而行

战国时期的庄子认为:流动不止的水是不可能照出人的影子,只能在静止不动的水面上照影子,只有自身的静止才能留住众人的静止。同样在大地上生存,只有松柏无论冬夏都保持长青不枯的本色;同样在天底下生存,只有舜品格高尚,正因为舜端正了自身的品德,所以才能端正其他人的品德。

鱼在水里则活,人在水里则死,是因为他们肯定有不同的地方,他们的好恶也就不同。所以,从前的圣人从不强求才能的统一,不追求事物的一律,名与实相符合,措施的设置不违背事物的本性,就叫做条理清晰福德永保了。

太明亮的镜子,尘埃是不能停留在上面的;尘埃如果留在上面,那么,镜子就不会明亮了。长久地和贤人相处在一起，就不会有过错。我与太阳和月亮一样光明，我和天地一样长久。向我而来，我没有什么反应；背我而去，我也没有什么反应。人将来都是要死去的，难道我能够长生吗？

不知道喜欢生存，也不知道讨厌死亡；来到世界上并不感到兴奋，离开世界也无丝毫反抗；自由自在地离开世界，又怡然自得地来到世界。没有忘记他的产生，也不追求他的归宿，遇到事情便高兴地接受下来，忘掉了生死，把死看做是自然的回归。这就叫做不用心智来损害道，用人为的力量帮助自然。

所看到的野猫和黄鼠狼们低弯着身子匍匐在暗处，等候那些来往的小动物；四处跳跃着，不避高处和低处，结果被猎人所设的捕捉机关打中，死在网内。

还有螳螂？它用力地抬起臂膀阻挡行驰的车子。不知道自己力所不能，还自认为很了不起。警戒啊，小心啊，总是夸耀自己的力量而妄想去做力不能及的事，那就危险了。如今，我凭借着精神来感觉，而不是凭借眼睛来看。视觉感官停止了，但精神意念仍在活动。依照牛的天然结构，将刀子伸入到牛体的骨缝之中，顺着自然空隙，按照它的自然结构。连经脉相交筋骨相连的地方都没有碰上，更何况大骨头呢。

不悖于自然本性的道德才可能是最纯正的。所以，两个指头连在一起不是骈拇，旁生的手指也不是歧指。长的不算多余，短的并非不足。所以说野鸭腿虽然很短，如果给它接上一段，它便会忧伤；鹤的腿虽然很长，如果给它截断一段，它便会悲哀。所以，本来是长的不应截短，本来是短的也不要续长，这样就没有什么忧虑了。

本来是多的，不能让它少，本来是少的，不能使之多；本来是长的，不能使之短；本来是短的，不能使之长。随其自然，顺其固然，不要任意妄为，才能不失掉其“性命之情”，才是“至正”——最纯正的道德。

君子处世当以义为绳

战国时期的吕不韦认为：君子要求别人应当按常人的标准，要求自己就应以义为标准了。要求别人按普通人的标准就容易得到满足，容易满足就能受到人们的拥护；要求自己以义为标准就不易做错事，不易做错事就能行为正派。具有如此德操的人，让他承担天地间的大事也绰绰有余。不贤的人就不是这样，他们要求别人总是以义为标准，要求自己却按普通人的标准。要求别人以义为标准就很难达到要求，难以达到要求就会使最亲近的人也要失去；要求自己按普通人的标准就很容易做到，容易做到就会任意而行。这样的人，到头来，天下之大无处容身，给自己招来危险，甚至会给国家招来灾难，甚至是灭国。

比如像登山的人，已经登到了很高的地方，可是左右看一看，在巍巍高山上还有更多的人。贤人与别人相处，也和这种情况相似。自己觉得已经够贤明的了，品行也很高尚了，可是左右看一看，仍然有许多人比自己高。

奉行道义的人，即使尊贵到做了天子也不骄矜傲慢，富足到拥有天下也不放纵奢侈，落魄到身为乞丐也不忧伤自卑，贫穷到无衣无食也不愁苦恐慌。

君子在处世之中必须要以自己的行为为主，尊敬别人但不必要求也被别人尊敬，喜爱别人但不必要求也被别人喜爱。尊敬和喜爱别人，主要在于自己这一方面；被人尊敬和喜爱，主要在于别人那一方面。对事情的成败得失，君子主要看自己的处置是否得宜，不必着眼在别人身上。主要着眼于自己，就不可能有不投合的了。

君子不应当有侥幸心理，不做苟且之事，一定慎重考虑自己的能力然后再接受职务，担当职务后再行动。

要是打翻了鸟巢，弄破了鸟卵，凤凰就不会来了；剖开野兽的肚子，吃掉兽胎，麒麟就不会来了；弄干了池中的水来捕鱼，龟龙也就不会来了。万物以类相聚的情况，难以胜计。儿子不会总是被父子关系束缚，臣子也不会总是被君臣关系束缚。志同道合就在一起，反之就会分道扬镳。所以说，君主虽然尊贵，但如果他把白的说成是黑的，臣子就不能听从；父亲虽然亲近，如果他把黑的说成是白的，儿子也不会听他的。

居官有节，居乡有情

当官的要有节操，居家有情。这种情，这种节，既是一种操守，也是一种美德，随和为人，造福一方，不论做官还是为民，都显得同样重要。而对于想成就大的功业者来说，这一点更为重要，只有平易近人，不忘乡邻和故交，才更得人心，为自己树立起良好的形象，增强号召力和凝聚力。

一介平民出身的刘邦，当了皇帝后，那威风可是不一般，他在击破最后一个对手淮南王英布时，路过他的故乡沛邑，在那里待了十多天，刘邦一回故乡，便把故人、父老、子弟全部召集来，喝酒聊天，话旧道故，表示“游子悲故乡，万岁千秋后，自己的魂魄还是要回到故乡来的”。一面又宣布沛邑作为自己的“汤沐邑”，世世代代免除他们的田赋。并且选拔沛中的青年120人，叫他们练习歌舞。刘邦亲自击筑，亲自做《大风歌》唱道。

大风起兮云飞扬，威加海内兮归故乡，安得猛士兮守四方！

接着他又叫那些年轻人一块儿唱，刘邦边唱边舞，“慷慨伤怀，泣数行下”，着实流露出深厚的情谊，无穷的伤感。经过十多天的纵饮狂欢，刘邦打算回关中去了，父老们硬是舍不得他走，刘邦说：“吾人众多，父兄不能给。”毕竟父老的深情厚谊难却，他又“张饮三日”，然后才率领手下百官，恋恋不舍地离开家乡。

刘邦唱大风歌图

不昧己儿，为民立命

当官从政的最高原则就是造福于民。即使因此得罪于权贵，也不能违背自己的良心,更不能违背人的常情。为民负责,为民做主,才是为官的正道,品行修炼的正途,这样才能被百姓称赞,受万世敬仰。

李允祯,山东德州人,顺治元年(1644 年)任直隶故城县知县。该县旧丁口册载 16 岁以上男丁一万多,经过战火摧残,编审实丁只有七千多一点,可是仍按旧册数目征兵纳税。允祯正要行文上司照实丁计征,忽接调令去江南丰县任知县。人们劝他这里的事就别管了,他慨然说道:"我还没有交差,要负责到底。"于是在县府庭院召集县民,当众焚烧旧丁口册,连夜赶造新册,申请省府审批。由于他的实事求是,虽然他调走了,故城的百姓因此没交浮粮,都对他感恩戴德。

后来他到丰县任职。有一年黄河决口,上级命令丰县征集柳条上万捆,县吏建议由各里甲办理送去。允祯说道:"你们倒舒服,可是想没想老百姓就要鸡犬不宁了!县城西郊十里左右就是一大片柳林,无主的就可以砍伐,让有牛车户运输,由官家按时价租赁,你们照此速办。"果然,上级交给的任务只用了不到十天就完成了。

丰县当地有个大土豪,一直想霸占别人的妻子,用重金买通死囚犯供某人同伙,某人已入狱,受重刑快死了。允祯查案卷觉得有冤,晚上微服进牢房,慢慢从犯人口中获得狱吏与土豪相互为奸的情况,又从社会上调查出该案原委,于是马上释放某人,对土豪和狱吏依法处治。

可共患难,勿共安乐

自古以来能够同享安乐共受富贵的事儿真不多,反而比比皆是君臣猜忌、兄弟相煎、父子干戈的例子。争杀的原因大都为富贵、安乐而相仇。想想人生在世,不过短短数十寒暑,争名夺利的结果,到头来也不过是黄土一堆而已。谁都知道这个道理,所谓"旧时王谢堂前燕,飞入寻常百姓家",功名富贵恰似过眼云烟,偏偏是当局者迷,不到盖棺难以清醒。人为什么只在患难之中才会团结呢?在有过之时盼望别人的原谅,在病中、在弱时盼望别人同情,可得势、强健时便忘乎所以。所以人生在世要勿争,争则陷入一种自寻的烦恼之中,不争则是与人相安的一种方式,况且要想成就大事的人,如果连世俗间的小利都看不透的话,还谈什么追求呢?

在吴越争霸时,越国被吴国打败,勾践打算让范蠡主持国政,自己亲自去吴国屈事夫差。范蠡说:"对于兵甲之事,文种不如我;至于镇抚国家、亲附百姓,我又不如文种。臣愿随大王同赴吴国。"勾践依议,委托文种暂理国政,带着范蠡和妻子去伺候吴王了。

在吴国,范蠡朝夕相伴,随时开导,并为之出谋划策。

勾践与范蠡等人在吴国拘役三年,终于勾践七年(公元前 491 年)回国。勾践问复兴越国之道,范蠡作了极其精辟的论述,其要义在于:尽人事、修政教、收地利。在这条方针指引下,越国渐渐富强起来,以后又开始了同吴国的争夺,越来越占据优势。

公元前 473 年,越军灭吴。勾践封夫差于甬东(会稽以东的海中小洲)一隅之地,使其君临百家,为衣食之费。夫差难受此辱,惭恨交加。因无颜见先主,于是以布蒙面自杀。

灭吴成就霸业之后,越国君臣设宴庆功。群臣皆乐,勾践却面无喜色。范蠡察此微末,立识大端。他想:越王勾践为争国土,不惜群臣之死;而今如愿以偿,便不想归功臣下。常言道：大名之下，难以久安。现已与越王深谋二十余年，既然功成事遂，不如趁此急流勇退。领悟到这一点，他向勾践请求隐退。

面对请辞，勾践却瞻前顾后，迟迟说道：“先生若留在我身边，我将与您共分越国，倘若不遵我言，则将身死名裂，妻子为戮！”政治头脑十分清醒的范蠡，对于宦海得失、世态炎凉，自然品味得格外透彻，明知“共分越国”纯粹是假话，不敢对此心存奢望。他一语双关地说：“君行其法，我行其意。”

没多久，他悄悄走了，带领家属与家奴，驾扁舟，泛东海，来到齐国。范蠡一身跳出了是非之地，又想到风雨同舟的同僚文种曾有知遇之恩，遂投书一封，劝说道：“狡兔死，走狗烹，飞鸟尽，良弓藏。越王为人，长颈鸟喙，可与共患难，不可与共荣乐，你为什么不赶紧走呢？”

勾践三战灭东吴图

看到信后，文种大梦初醒，便假托有病，不复上朝理政。不料，樊笼业已备下，再不容他展翅起飞。不久，有人乘机诬告文种图谋作乱。勾践不问青红皂白，赐予文种一剑，说道：“先生教我伐吴七术，我仅用其三就已灭吴，其四深藏先生胸中。先生请去追随先王，试行余法吧！”要他去向埋入荒冢的先王试法，分明就是赐死。文种再看越王所赐之剑，就是当年吴王命伍子胥自杀的“属镂”剑。到了这步田地，文种一腔孤愤难以言表，无可奈何，只得引剑自刎。

防小人之心不可无

清朝的张之洞解悟《菜根谭》时认为：矛盾统一时刻存在于世界之中，有光明就有黑暗，有高尚就有卑劣，有纯洁就有污浊，有蜜蜂就有苍蝇，这种种正反之间相互对照，相互映衬，才构成了纷繁的大千世界。世界就是这样由正反两个方面构成的，人类社会也是如此，有好人也有坏人，好与坏是相比较而言的。那些创造着社会精神财富的高尚者，都是在不断与卑下、低劣、污浊的逆流斗争中显现出“出污泥而不染”的品格，在不断创造着历史。

尽管人常说：“邪不压正”，卑鄙龌龊的行径终被人们厌弃，但在一定的历史进程中，确有一些逆流横行一时，给社会造成危害，给人们带来痛苦。因此，对于这一类反派人物的研究成为历史研究中必不可少的一项内容，所以一切善良的人和历代统治者都应该高度重视这一点。

常说的小人，并不是指他官位底下，岁小体弱，乃其行为卑鄙、人格低下之谓也。实际上，凡被世人称为小人的，尤其是那些在历史上留下一笔，为人知悉乃至遗臭万年的奸佞之徒，绝少平凡之辈，反而倒是高官显赫的占绝大多数。

尽管身体健康是每个人的愿望，但不得病是根本不可能的；人们都希望世界美好，然而任何国家任何时代都有真善美与假恶丑的并存与斗争。每个社会都既有伟大人物，也有奸佞之徒。小人难免，小人难防，小人表现和发挥着人性丑恶的一面。他们的人数实际上并不多，然而其能量却不小，破坏力则更大更甚。小人们差不多都有着类似的卑劣特性，对他们，我们都有一种似曾相识之感。他们为民则盗钩，为官则窃国，虽所处时代所居家国有所不同，但伤天害理为非作歹几乎无异，甚至他们的种种劣行恶迹手法特点也只是我们的一种概括抽象，现实中并不容易把他们区别开。君不见，凡小人皆私欲膨胀本性凶残，因而必定拍马溜须，见人说人话，见鬼说鬼话，少不了给人灌迷魂汤，两面三刀造谣撒谎诽谤诬蔑背信弃义自然随之而来，嫉贤妒能排斥忠良拉帮结派结党营私岂可不在其中，与正义真理为敌者又必然凶残歹毒骄横贪奢，而四面树敌自掘坟墓者又有几人能有好下场？我们看到这些小人，每当国家民族处于危急存亡之秋，他们便卖身投敌助纣为虐，每当社会动荡经济凋敝之日，他们就趁火打劫窃权弄国。如遇社会安定经济繁荣，他们就挥霍浪费助纣为虐；如值上下一心共图大业，他们便制造内讧破坏稳定团结，对贤能忠良之士，他们嫉之如仇敌；对博学多才之人，他们弃之如敝屣。有利可图，则趋之若鹜；无权可得，则避之唯恐不及。他们蛇蝎为心豺狼成性，可以六亲不认，可以认贼作父，可以杀妻灭子，可以鸩父弑君。翻云覆雨出尔反尔，寡廉鲜耻行同禽兽，草菅人命鱼肉百姓，竭泽而渔不顾一切。他们尔虞我诈，虽同伙而不饶；党同伐异，虽亲旧而不避。只为一己之私，惟逞一时之快，祸害国家也在所不惜，殃民而不恤。他们贪得无厌诛求不已，有贵为天子卖官鬻爵明码标价，摆摊设市贱买贵卖者；有沐猴而冠窃居高位，自比动物付钱方可晋见拜谒者；有荼毒缙绅索贿百官，以钱论职无贿必惩者；有狗仗人势连族皆贪，甚至比盗贼还为害乡里，有爹死娘亡大肆张扬，开门收贿借机发财者；有见财必敛遇富必欺，构陷罪责掠人财富者。文骗武抢，不择手段作威作福，为害家国。因为小人的权势是靠不正当手段得来的，所以一得势便颐指气使强横暴虐，视天下如无物，以他人作草芥；因为不义之财得之轻松，因而便挥金如土毫不珍惜，珠玉如顽石，金钱如流水，崽卖爷田心不疼；因为他们腐朽没落，因而便沉湎酒色淫靡无度；因为自知来日无多，因而便醉生梦死得过且过。他们背德蔑理倒行逆施，存非分之想，行难为之事，邪欲侵正奸欲胜忠，螳臂挡车不自量力，因而人神共愤，天地同弃，被扫进了历史的垃圾堆。对于这些社会的蛀虫，人民的公敌，民族的败类，历史的罪人，善良的人们在诅咒唾弃他们的同时，也必须正视其存在，研究其特点，识破其伎俩，了解其下场，鉴古知今以警效尤，识别和战胜现实社会中的小人。这对于保证正义的成功、维护社会机体的健康至关重要。

有怎样的信念，就有怎样的人生

古往今来，人们总是通过各种各样的途径来表达“信念”二字对于人生的发展所具有的不可估量的巨大作用，并以此提醒世人务必要树立起一个足够坚定的信念，相信自己的智慧和意志一定能够战胜各种困难，最终造就和完满自己理想中的生命状态。所以，真正成熟的人是绝对不会被所谓命运这些虚无缥缈的东西所左右和摆布的，相反，倒是一定会通过个人的努力和奋斗，去实现自己的人生理想。

即便是在如今这个充满着太多诱惑的时代，拥有怎样的人生信念，也将会直接影响到我们在未来的发展之路上的成败得失。

有科学家曾做过这样的一个跟梭鱼有关的实验，来解释所谓"信念"的重要意义：

在通常的情况下，梭鱼总是习惯攻击一切出现在它的攻击范围内的其他鱼类，所以当人们尝试着将一个装有几条鲦鱼的无底玻璃瓶，放入装有一条梭鱼的水箱时，梭鱼立刻就会习惯性地向玻璃瓶里的鲦鱼发起攻击。而在尝到了几次"碰壁"的失败苦果后，即便游出玻璃瓶的鲦鱼已经游到梭鱼身边的时候，已经在脑海里形成了一种固定信念的梭鱼，也不会出现任何的反应了。因为在它的意识里，自己是不可能再吃到这些一直游荡着的食物了。

这种错误多么愚蠢和可怕！

这种错误的信念，竟让梭鱼活活饿死在一群游荡着的食物中，我们不难发现一个事实，那就是确立起一个正确的人生信念，对于我们每一个人的生活而言，究竟有着怎样的重要性。

我们只要坚持信念造就人生，付出努力，就会得到美好的人生。

不轻易许诺

究竟怎样别人才会信任我们呢？大家都知道真诚待人、恪守信用是赢得人心、修养亲和力的道德前提。只有做到了诚信，才能得到别人更多的帮助和支持，也就能更多的获得成功的机会。在与人交往共事的时候，还是要坚持以诚待人，取信于人，说到做到。一个人不诚实不讲信用，是没有办法得到他人的信任的。同样道理，在处理人际关系的时候，缺乏诚实，不讲信用，在社会上也是举足艰难、无法立足。荀子强调即使是普通的言谈也一定要做到诚实可信，即使是一般的举止行为也一定要恪守诚信，不要效法世俗的欺骗，不要自以为是，像这样的人就可以称为诚信的人了。

一个讲究诚信的人，最痛恨那些不诚不信的人，也就是食言的人。人作为一个社会人在与人交往时，要时刻记着自己是这个社会的一员，自己说的话可能会被别人记住，做不到的事最好不要说。

《左传》记载，晋文公时，晋军围攻原这个地方，在围攻之前，晋文公让军队准备三天的粮食，并宣布："如果三天攻城不下，就要退兵。"二天过去了，原的守军仍不投降，晋文公便命令撤退。这时，从城中逃出来的人说："城里的人再过一天就要投降了。"晋文公旁边的人也劝说道："我们再坚持一天吧！"晋文公说："信义，是国家的财富，是保护百姓的法宝。得到了原而失去了信，我们以后还能向百姓承诺什么呢？我可不愿做这种得不偿失的蠢事。"晋军退兵后，原的守军和百姓便纷纷议论道："文公是这样讲究信义的人，我们为什么不投降呢？"于是大开城门，向晋军投降。

晋文公凭着信义，获得了不战而胜的战果。在这方面，诸葛亮的做法也非常值得一提。三国时代，诸葛亮在祁山布阵与魏军作战。长期的拉锯战，使士兵疲惫不堪，孔明为了休养兵力，安排每次把五分之一的士兵送返国内。战争越来越激烈，一些将领为兵力不足而感到不安，便向孔明进言说："魏军的兵力远远超过我们的估计，以现在的兵力来看，恐怕难以获胜，恳请将这次返乡的士兵延缓一个月遣送，以确保兵力。"孔明说："我率军的一个基本原则是：凡是与部下约好的事情必定要遵守。"于是，依然如期遣返。士兵们听到这个消息后，都自动返回战场，英勇作战，结果大败敌军。在这次战争中，孔明凭着信义，唤起了士兵的勇气和斗志，取得了胜利。

三国时代，吴国大夫鲁肃在诸葛孔明的如簧之舌煽动下，一时大意，轻率地许诺作保把荆州借给了刘备。岂知这一许诺，使得东吴伤透了脑筋。围绕荆州，吴蜀你争我夺，东吴是"赔了夫人又折兵"，气死了周瑜，为难了鲁肃。轻诺别人，不仅会给自己带来不守信的声誉，更会招致许多麻烦，而且有时还会严重地伤害别人。

在生活中，真正聪明的人一定是诚实守信的。做到诚实守信的一个重要方面，就是要求没有把握的话绝对不要说，有把握的话，在不适当的对象面前也不要说。特别要注意的，就是千万不要轻易许下诺言，也就是"不轻诺"。"不轻诺"是人守信的基础。轻易许诺者，必是少有信义的人。与其最终成为失信的人，不如一开始就不对人许诺。我们对任何一件事许诺的时候，都必须慎重地掂量；无论对大人对小孩，对妻子对父母，对同事对朋友，对领导对下属，对名人对凡人，对老师对同学……对什么人都是这样；也无论大的许诺、小的许诺、眼前的许诺、将来的许诺，无论什么样的许诺都是这样。无论我们的许诺是在什么时候作出的，遵守诺言，就可以给人一个可信的形象。因为许诺价值千金！

不会给予便难有获取

战国时期的鬼谷子认为：在古代，能够以物化大道的圣人，跟无形共同生存。折返以后观察既往，回来以后验证未来。折返以后知道古代，回来以后知道现在；折返以后知道别人，回来以后知道自己。动静虚实的道理，假如跟未来和现在都不合，那就要回到古代去寻求。事情有折返以后又能回来的，这是圣人的看法，不可以不详细观察。

别人说话是动态的，自己保持沉默是静态的，所以，要根据别人的话来听他说话的意思。假如语言有不恰当的地方，那么就回来探求，对方的应对之辞必然出现。语言有可模拟的形态，事理有可类比的规范，既然有"像"和"比"，那就可以用来观察下一步语言和行动。所谓像就是模仿事情，所谓比就是比较辞意，然后用无形来寻求有声。引诱对方说出的言辞如与实际相符合就能得到对方的实情。就像张开网捕捉野兽一样，要多打开几张网，汇集在一起等待野兽落入。假如方法得当，对方必然自己出来，这就是钓人的网。常拿着网追逼对方，对方说出的话还不够进行类比推论，就要改变方法，用"像"来督促对方，以便使对方将心里的东西说出来，暴露实情，从而控制对方，对方就会有所改变。用法像来使敌人受感动，进而核对敌人的思想，观察实情，最后进行调查加以阐明。自己返回去，对方再返回来，所说的话有可模拟类似的内容，因而心里有了底数。对对手一再袭击，反反复复，一切事情都离不开所说的那些情况。这是圣人诱惑愚者和智者，是没有怀疑余地的。

在古代，最善于听取敌人言论的人，就能使鬼神改变，并能刺探到它的实情。对手的变化是不定的，因而掌握对手的情况要周到。如果掌握得不周到，得到的情况就不明确；得到的情况不明确，奠定的基础就不会周密。假如改变“像”和“比”，那就一定会有相反的言论，这时还要回来详细倾听。想要讲话反先沉默，想要敞开反而收敛，想要升高反而下降，想要获取反而给予。想要敞开情怀的人，就要模仿比较，以便掌握对方的讲话。这时相同的声音就会彼此呼应，合乎实际的道理就会有相同归宿。或者因为这种道理，或者因为那种道理；或者用来侍奉上级，或者用来管理下属。这就是听取真假，知道异同，以便刺探敌人的真情或者诈事。言谈举止都从这里出入，喜怒哀乐都以此作为模式。这些都是用事先所确定的条件作为法则。用相反的来追求回复的，观察对方心理的寄托，因而用此法。

自己先要保持平静，以便听取对方的言辞，目的是观察事情、讨论万物、辨别雄雌。虽然不是对方的事，可是却能根据轻微的预兆，探索有关联的重大事物。就像刺探敌情而深居敌境一般，要首先估计敌人的能力，其次再刺探敌人的意向，像螣蛇所指一般神奇，更像后羿拉弓射箭一般准确。所以了解敌情要先从了解自己开始，只有了解自己然后才能了解敌人。

他们相互之间和睦的感情，就像比目鱼一般相亲相爱。当看到对手的形象时，就像光跟影的关系一般。当观察敌人言论时，不可有所疏忽，就像磁石吸铁针、舌头吸焦骨一样。自己暴露给对手的微乎其微，而发现敌情的行动却十分迅速。就像阴气和阳气，也像阳气和阴气；就像圆形和方形，在没发现敌人的形势之前，就用天道来引导，在发现敌人形势之后，就用地道来侍奉。不论前进还是后退，或者是左迁还是右调，一切都要用上面的方法管理。假如自己用人时不先建立完整的奖惩升迁人事制度，那就不能把人才的进退管理得很好。自己事先没有一定的规矩，评论人物就不会正确。假如对事情动用的技巧不够，这就叫做忘怀感情，丧失正道。

趋炎附势，人情通患

自古至今，嫌贫爱富附势趋炎，人之常情，世之通病。好像人际交往的法则是用经济杠杆来衡量一样，以至在《史记》中有“一贫一富乃知世态，一贵一贱交情乃见”的感慨，俗谚有“贫居闹市无人问，富在深山有远亲”的叹息。这样的事例太多了。但这并不说明人们对此的认可。这一现实和人们的交往需要、感情交流是相悖的，因为在金钱驱动下的人际关系是难有真情流露的。人们在无奈中盼望一种真诚，首先要求君子能甘于淡泊，以使社会不全处在感情的沙漠中。从另一个角度看，在社会上择友交人是必需的，古语“君子之交淡如水”，正和上述语录相对应，所以这就作为人际交往中的警语。

北宋时的张咏，历任枢密直学士、吏部侍郎、工部尚书、安抚使等多种官职。张咏有个同学叫傅霖。在张咏为官的三十多年中，傅霖从不与他来往。张咏很佩服这位同学的人品才学，多方打听他的下落，但总是寻他不着。

后来，在晚年张咏因为有病不能面见皇上，张咏就以书面形式给皇帝上奏章，陈说他对朝政的意见。其中有些话极刺耳，惹得皇上大怒，当时就把他派到了陈州去做

张咏像,图出自《三才图会》。

知府。

到了这个时候,傅霖却主动登门。

傅霖来到张府时,看门的通报说:“傅霖请见!”

张咏立刻斥责道:“傅先生乃是天下知名的贤士,我和他是早年的同学,到处寻访了多年,想求他做朋友而不可得。你是个什么人物,居然大呼小叫地喊出他的名字来!”

傅霖走了进来,笑着劝道:“算了吧,这么多年了,你还是那老脾气呀?他一个看门的怎么知道人世间有我傅霖这号人呀!”

张咏见到傅霖,高兴得不得了,忙问他,“从前我多方找你,你怎么就不露面,现在怎么又不请自到了呢?”

傅霖说:“从前你是高官,我不好来攀高枝。如今嘛,我知道你的日子不多了,作为老同学特意来看看你!”

张咏猛吃一惊,叹了一口气道:“我自己也是明白的。”

傅霖说:“你明白就好啊!”

傅霖在张咏那里只待了一天便又告辞了。傅霖走后一个月,张咏真的死了。傅霖的生平事迹已无可考证,但他与张咏的交往同“天下贤士”的称号却是名副其实的。因此,他便作为一种人格的典型而留在了史册上。

心地放宽,恩泽流长

从古到今,人们总是在争论一个话题:“人究竟该怎样做人”?是“争一世而不争一时”,还是“争一时也要争千秋”,是只顾个人私利不管他人“瓦上霜”,还是为人类做有益的事,作些贡献?这实际上是两种世界观的较量。生活中,一个心胸狭窄的人,凡事都跟人斤斤计较,如此必然招致他人的不满。人在世时宽以待人,善以待人,多做好事,遗爱人间必为后人怀念,所谓“人死留名,虎死留皮”,爱心永在,善举永存。而恩泽要遗惠长远,则应该多做在人心和社会上长久留存的善举。只有为别人多想,心底无私,眼界才能变得广阔,胸怀才能宽厚。

东汉时,班超出使西域时,在西域联络了很多国家与汉朝和好,但龟兹恃强不从。

班超在与乌孙结交后。乌孙国王派使者到长安来访问,受到汉朝友好的接待。使者告别返回,汉帝派卫侯李邑携带不少礼品同行护送。

当李邑到达于阗后,传来龟兹攻打疏勒的消息。李邑害怕,不敢前进,于是上书朝廷,中伤班超只顾在外享福,拥妻抱子,不思中原,还说班超联络乌孙,从而对龟兹进行牵制的计划根本不行。

班超知道了李邑从中作梗，叹息说："我不是曾参，被人家说了坏话，恐怕难免见疑。"他便给朝廷上书申明情由。

汉章帝相信班超的忠诚，下诏责备李邑说："即使班超拥妻抱子，不思中原，难道跟随他的一千多人都不想回家吗？"诏书命令李邑与班超会合，并受班超的节制。汉章帝又下诏让班超收留李邑，与他共事。

李邑接到诏书，无可奈何地去疏勒见了班超。

班超不计前嫌，很好地接待李邑。他改派别人护送乌孙的使者回国，还劝乌孙王派王子去洛阳朝见汉帝。乌孙国王子启程时，班超打算派李邑陪同前往。

有人对班超说："过去李邑毁谤将军，破坏将军的名誉。这时正可以奉诏把他留下，另派别人执行护送任务，您怎么反倒放他回去呢？"

班超像，图出自清·顾沅辑《古圣贤像传略》。

班超说："如果把李邑扣下的话，那就气量太小了。正因为他曾经说过我的坏话，所以让他回去。只要一心为朝廷出力，就不怕人说坏话。如果为了自己一时痛快，公报私仇，把他扣留，那就不是忠臣的行为。"

李邑听道这番话后，对班超十分感激，从此再也不诽谤他人。

宽严互用，恩威并施

没有规矩不成方圆，为人处世，要宽严得当，这才合乎做人的本性。同样，对于一个将军来说，"哀兵必胜"和"慈不掌兵"同样重要。在工作时是上下级领导关系，在平时则是同志战友关系。"团结紧张，严肃活泼"，强调了军队恩威并施、宽严并用的带兵之法。

汉代的朱博本是一介武生，他后来调任地方文官，恩威并济，两面着手，顺利地制伏了地方上的恶势力，被人们传为美谈。

在长陵一带，有个大户人家出身的名叫尚方禁的人，年轻时曾强奸邻居的妻子，被人用刀砍伤了面颊。这么一个恶棍，本应重重惩治，只因他大大地贿赂了官府的功曹，而没有被革职查办，最后还被调升为负责治安的守尉。

朱博刚赴任后，有人向他告发了此事。朱博觉得真是岂有此理！就马上把尚方禁找来。尚方禁心中七上八下，只好硬着头皮来见朱博。朱博仔细看了看尚方禁的脸，果然发现有疤痕。就将左右退开，假装十分关心地嘘寒问暖。

尚方禁做贼心虚，知道朱博已经了解了他的情况，就像小鸡啄米似的接连给朱博叩头，如实地讲了事情的经过。头也不敢抬，只是一个劲地哀求道："请大人恕罪，小人今后再也不干那种伤天害理的事了。"

"哈哈哈……"没想到朱博突然大笑道："男子汉大丈夫，难免会发生这种事情的。本官想为你雪耻，给你个立功的机会，你能好好干吗？"这时的尚方禁哪里还敢说半个不字。

于是，朱博就严令尚方禁不得向任何人泄露今天的谈话内容，要他有机会就记录一些其他官员的言论，并且及时向朱博报告。听到这里，尚方禁心里的石头才算落了地，他赶紧表态说一定好好干。从此之后，尚方禁自然便成了朱博的亲信和耳目。

自从被朱博宽释重用之后，尚方禁对朱博的大恩大德时刻铭记在心。所以，干起事来就特别地卖命。不久，就破获了许多盗窃、杀人、强奸等犯罪活动，使地方治安情况大为改观。朱博遂提升他为连守县县令。

责人宜宽，律己应严

孔子曾说过："严于律己，宽以待人。"在与人相处时要随时体谅他人，在温和且不伤害他人的前提下，适宜地帮助别人。但是，此种态度只适于对待他人，却不能自我宽容，在律己方面应该时刻以严格的态度自我反省。太过于放纵自己不仅没有好处，反而会阻碍自己身心的发展。责备别人不可太刻薄，但是对自己反而要严格要求，如此一来自己的德性也就随之而进步了。

东汉时，开国皇帝刘秀的姐姐湖阳公主有事外出。当公主乘坐的车经过洛阳城内有名的夏门亭时，洛阳令董宣带着一班衙役拦住了公主乘坐的车。董宣要拘捕湖阳公主的一个家奴，据侦察，这个家奴也跟这个车队出来了。湖阳公主一看，小小洛阳令，竟公然阻挡皇亲车队，便勃然大怒，严厉斥责董宣。

董宣却毫不退缩，他也大声回敬湖阳公主，说她包庇杀人犯，并严令这个犯有杀人罪的家奴快下马来。湖阳公主见董宣一点不把自己放在眼里，她还想庇护那个家

赏强项令图，出自明·张居正《帝鉴图说》。

奴，但已来不及了。只见董宣眼明手快，令手下衙役快速把那个家奴抓过来，并当着湖阳公主的面，把家奴就地正法。

湖阳公主从来没有遭到过如此羞辱，气得发抖。这口气无论如何也难以咽下。她调转车头，直奔皇帝居住的禁宫而来。

湖阳公主气咻咻地一面向刘秀哭诉事情的经过，一面要刘秀替她出这口气，严厉惩罚董宣。

关于董宣，刘秀知道这个人。这个人刚正不阿，执法如山。当年他在任北海相期间，曾经以杀人罪捕杀了当地豪族公孙丹父子，还杀了到衙门捣乱的公孙丹家族30余人。事情一闹大，朝廷把董宣抓了起来，并以“滥杀”罪判其死刑。董宣却毫无惧色，视死如归。在要向他执行死刑前的一刹那，刘秀的赦令传到，董宣才得以幸免。

尽管刘秀了解董宣的性格，但对皇姐当众受辱这口气也觉得难以下咽，他立即下令让卫士把董宣抓进宫来，准备处死他。

董宣还是那副面不改色的老面孔。他讲要死可以，但有句话必须讲明：“陛下圣明，汉室得以中兴，但如果自己亲属的家奴无故杀人而不受到制裁，那陛下怎么还能治天下？要臣死不难，用不着鞭笞，臣自杀就是。”说完就往门上撞去。

董宣一身正气把刘秀震慑住了。他感触良多：“如此刚正之臣，能治罪吗？”后来，虽然免了董宣死罪，但皇帝的威严仍使刘秀要董宣向湖阳公主叩头赔不是。耿直的董宣就是不愿叩头，宦官强拽住他的头往下按，董宣依然死命不肯低头。

湖阳公主气不打一处来。她对刘秀说：“如今你是天子，为何就不能下一道命令呢？”刘秀不以为然：“正因为是天子，才不能像布衣那样办事啊。”湖阳公主无可奈何，只得回去了。

高步立身，退而处世

俗话说，退一步不为低。能够退得起的人，才能做到不计个人得失，这是处世的一个准则，才能站在更高的境界，才能与人和睦相处。

西汉时的卓茂，是宛县人，他的祖父和父亲都当过郡守一级的地方官，自幼他就生活在书香门第中。汉元帝时，卓茂来到首都长安求学，拜在朝廷任博士的江生为师。在老师指点下，他熟读《诗经》、《礼记》和各种历法、数学著作，对人文、地理、天文、历算都很精通。此后，他又对老师江生的思想细加揣摩，在微言大义上下苦功，终于成为一位儒雅的学者。在他所熟悉的师友学弟中，他的性情仁厚是出了名的。他对师长，礼让恭谦；对同乡同窗好友，不论其品行能力如何，都能和睦相处，敬待如宾。

别人都称赞卓茂的学识和人品，丞相府得知后，特来征召，让他侍奉身居高位的孔光，可见其影响之大。

有一次卓茂赶马出门，迎面走来一人，那人指着卓茂的马说，说这马是他丢的。卓茂问道：“你的马是何时丢失的？”那人答道：“有一个多月了。”卓茂心想，这马跟着我已好几年了，那人一定搞错。尽管如此，卓茂还是笑着解开缰绳把马给了那人，自己拉着车走了。走了几步，他又回头对那人说：“如果这不是你的马，希望到丞相府把马还给我。”

没多久，那人从别的地方找到了他丢失的马，便到丞相府，把卓茂的马还给他，并叩头道歉。

处世准则，恕平恭守

东汉时期的王符认为：恕、平、恭、守这四条处世准则，应该是世上最难的，人们又很少实行的。恕是仁的根本；平是义的根本；恭是礼的根本；守是信的根本。这四者都能树立者，才能称之为贤人。四个根本不能树立，四种品行就不能养成。小人之所以叫小人，就是因为这四种品行一样也不具备。

"恕"，是这样的：君子论人则以自己之心去理解，行为则发自内心。自己所不具备的，不去要求别人；自己所具备的，不去讥笑别人。感受到自己愿意受敬重，所以对待士人就有礼节；感受到自己愿意受人家喜爱，所以对待别人就有恩。自己想进取，先让别人进取；自己想显达，先让别人显达。当别人关心你时，自己也会感到温暖，因此你也要多为别人考虑；当别人忘记你时，自己也会感到厌恶，所以你应时常想念别人……

所谓平是这样的：心平如一的思想，在外坚持均衡平直的原则。评价士人一定要根据他的品德言行，诋毁与赞誉一定要根据实际情况，不随从世俗而与人雷同，也不随影逐声而言论。只要有善行，不因其贫贱而讽刺；只要有恶行，也不因其富贵而有所忌讳。不谄媚上边而怠慢下边，不厌弃故友而敬重新交……

所谓恭是这样的：在内不可对家中人傲慢或傲慢无礼，在外不可怠慢士大夫。见到微贱的人就像见到尊贵的人一样，对待小辈如同对待长辈一样。待人先尽礼节，然后再开口说话。别人对自己的恩惠情意一定要回报，别人对自己的尊敬礼貌一定要答谢。看到贤人不居于人家上边，待人处处推让，遇事多操劳，自己闲居待在陋处。安于卑微的职位，甘于清淡的生活……

所谓守指的是心。有法度的人士，思想精诚专一，有独到的思考，不驱逐于倾危的俗路，不被众人的口舌所迷惑。聪明过人，禀心充实渊深。独立而不畏惧，隐居避世而不忧愁，心像金石那样坚固。志节高洁能看清四海，所以能守住心智而达到诚信……

以上四种品行，说轻它就比鸿毛还要轻，说重它就重如泰山。君子认为容易做到，小人却认为要做到这几点是非常困难的。

君子宁拙毋巧

明朝的洪应明认为：一个人在说话时，假如说了十句话，即使九句话都说对了，人们也不一定会称赞你，但是假如你说错了一句话就会遭到别人的指责；即使十次计谋你有九次成功也未必得到奖励，可是其中只要有一次计谋失败，埋怨和责难之声就会纷纷到来。所以有修养的君子宁肯保持沉默寡言，也不会随便乱说；表情绝不冲动急躁，做事宁可显得笨拙一些，也绝对不会比自做聪明的人显得高人一等。

一次，子路穿着好衣服来拜见孔子。孔子说："仲由，你这样衣冠楚楚，是什么原因呢？过去长江从岷山流出，开始在其发源地水流很小，只能浮起酒杯，流到大水的渡口，若不用两只船并行，不避开大风，就不能渡河，这不就是因为水流大的缘故吗？

今天,既然你穿着华丽衣服,脸上显出得意的样子,那么天下还有谁愿意规劝你呢?”子路赶紧退出来,改穿朴素的衣服进来,表示顺从。孔子说:“仲由,你记住,把聪明都显在脸上,显出能干的样子,这是小人。所以,君子知道就说知道,不知道就说不知道,这是言谈的要领;能够就说能够,不能就说不能,这是行为的准则。说话能够有分寸,就是智;行为有准则,就是仁。言行既智又仁,哪里还会有不足的地方呢?”

子路像

人需内方外圆

《六韬·三疑》中说道:“太强必折,太张必缺。”意思是说过于坚硬必定会被折断,过于扩张必会裂开。做人处世也是这个道理,不能过于倔强耿直。

既知退而知进兮,亦能刚而能柔。

安身处世应该懂得进退,既有原则又要灵活。

时势变迁,事物的发展也跟着变化,因而对策也要相应改变。做人必须内里端方正直,对外灵活圆通。长得太笔直的树木不能形成阴凉,过于直率的人容易得罪人,就不会有朋友。与人相处要随和之中有耿直;处理事情要精细之中有果断;认识道理要正确之中有通达灵活。

以正直克己持身,贵在处世有灵活变通不固执己见的权变;处世缺乏变通灵活的心眼,就像木头人一般,无论走到哪里都会被人认为碍手碍脚。

由于诸多原因,人有时不得不违心地处世待人,在此种情势下,也应该采取相应的补救措施。

精心苦练,成功的秘密自动找你

战国时期的荀子认为:能明确认识到自己的不足和缺陷,这种态度是最难得的。有过错的人常有这样的毛病:明明不知却自以为知。许多事物看起来似乎是这样,其实并非如此;似乎明白了,其实并不明白,所以亡国害民的事就不断地发生。

射出的箭飞得很快,射程却不超过二里,因为它飞一段就停下来了;步行速度很慢,却可以走到数百里之外,因为脚步不停。不论做什么事情,都贵在锲而不舍,只要持有这种态度,就算是普通人也能取得很好的成绩。

尽管獐奔跑起来像飞一样快，马是追不上它的，但是没过多久，它就被捉住了，这是因为它不时地回头张望。做任何事情，特别是学习，都贵在专心致志，不能顾及其他。

好马一天能行一千里路，是因为车子轻；负重载行走一天却走不了几里，这是因为负载过重。无论做什么事情，包括学习，都不能超负荷，否则，即使再有本领的人也会被拖垮的。

“精心而熟练，鬼神就会把成功的秘密告诉你。”其实，真正告诉你的是你的精心熟练的结果。

尹儒学习驾驭车马，学了三年还没把驾车的技术学到手，为此很苦恼。一天夜里做梦，梦见跟老师学习一种驾驭车马的高超技术——秋驾。第二天他去拜见老师，老师看见他来，就说：“我并非吝惜自己的技术，舍不得传授给你，是怕你还没达到学习高超的驾车技术的境地。今天，我将教你秋驾这种技术。”尹儒转身后退几步，向北再拜说：“这种技术，我昨天夜里在梦中已经学过了。”他向老师讲述自己梦到的正是秋驾这种技术。

乡间俗谚说：“梦是心头想。”这则故事说的正是这种情况。它告诉我们，只有执著地学习某种技艺，才会昼思夜梦。尹儒梦学秋驾，正是因为他专心致志的结果。正因为他有这种专心致志、锲而不舍的学习精神，终于使他成为精通驾车技术的著名驭手。

以德服人

战国时期的吕不韦认为：治理天下和国家，最好用德和义。用德用义，不靠奖赏人民就得到勉励，不靠处罚邪僻就被制止。这是神农、黄帝的政治。用德用义，那么四海的广大，长江黄河的汹涌，都不能抵挡；华山的高峻，会稽山的险要，都不能阻塞；阖庐的教化民众，孙武、吴起的军队，都不能阻挡。所以，古代称王的人，德行运转在天地间，充满四海之内，东西南北，直达太阳和月亮能够照耀的地方，像天一样覆盖万物，像地一样承载万物，心里不包藏喜爱和厌恶的想法，虚静淳朴、公正无私，小民百姓也随之公正，小民百姓都去实践公正却不知道自己为什么会这样，这就叫顺应了天性；教化改变了小民百姓的容貌和习俗，他们自己却不知这是什么原因，这就叫顺应了人情。所以，古代的人，自身隐匿而功效卓著，形性宁静而名声显赫，学说深入人心又感化力强，给天下人带来利益，但人民并不曾觉察到，难道一定要严刑厚赏吗？衰微时代的政治的主要体现就是严刑厚赏。

舜时，南方的三苗部落不肯归附，大禹请求攻打它。舜说：“用德政就可以了。”推行德政三年，三苗就归服了。孔子听了这事后说：“通晓了德教的实质，那么孟门、太行山都算不上险峻了。所以说德教引起的快速变化，比用驿车传递命令还快。”周代的朝堂，把金属乐器和器物陈设在后面，是为了表明先行德教后用武力。舜大概是这样做的吧！到了周代仍沿传着他收敛武力的精神。

因为丽姬的缘故，晋献公疏远了太子。太子申生住在曲沃，公子重耳住在蒲城，公子夷吾住在屈邑。丽姬对太子说：“前几天夜里君主梦见了姜氏。”太子就祭祀姜氏，并把食品敬献给献公，丽姬就往里面放了毒药。献公将要用膳，丽姬说：“膳食是从远处送来的，请让人先尝尝它。”让人尝，人死了；让狗吃，狗死了。所以要杀太子。太子不愿为自己辩解，说：“君主失去丽姬，就会睡觉不安稳，吃饭不香甜。”于是用剑自尽了。公子夷吾从屈邑逃到梁国，公子重耳从蒲城逃到翟。离开翟后路过卫国，卫文公不以礼相待。通过五鹿进入齐国，齐桓公死了。离开齐国到曹国，曹共公看他肋骨相连就让他脱了衣服去捕池里的鱼。离开曹国路过宋国，宋襄公以礼相待。到了郑国，郑文公不尊敬他，被瞻劝告说：“我听说贤明的君主不会终身穷困的。现在晋国公子随行的人，都是贤德的人。您不礼遇他们，不如杀了他们。”郑国君主没有听从。离开郑国到了楚国，楚成王对他很傲慢。离开楚国到了秦国，秦穆公帮他回到晋国。重耳回国即位，就成为晋文公，安定了局势后，发兵攻打郑国，索要被瞻。被瞻对郑国君主说：“不如把我交给他们。”郑国君主说：“这是我的过失了。”被瞻说：“杀死了我来免除国家的患难，我愿意这样。”被瞻到晋国军队里，文公要煮死他。被瞻抓住大锅大声喊道：“三军将士都听我的话，从此以后，不要忠于自己的君主了；忠于自己的君主的，就要被煮死！”文公向他道歉，撤军，让他回到郑国。被瞻忠于自己的君主，从而使君主免除了晋国的祸患；他在郑国推行道义，因而受到文公的喜欢，所以，道义产生的利益实在太多了。

夏禹像，图出自明·天然撰《历代古人像赞》。

钜子孟胜是墨家学派，与楚国的阳城君友好。阳城君让他守卫自己的封地，剖开璜玉作为符信，约定说：“合符以后才听从命令。”楚王死了，臣子们攻打吴起，在停丧的地方动用了武器，阳城君参与了这事，楚国要治这些人的罪。阳城君逃跑了，楚国要收回他的封地。孟胜说：“我接受了人家的封地，跟他有符信约定。现在没见到符信，但自己力量又不能制止这事，不为此而死，是不可以的。”他的学生徐弱劝阻他说：“死了对阳城君有好处的话，为此而死是可以的；没有好处，却使墨家的学说不能流传于世，这不可以。”孟胜说：“不对。我对于阳城君来讲，不是老师就是朋友，不是朋友就是臣子。如果不死，从今以后，寻求严师一定不会从墨家中寻求了，寻找朋友一定不会从墨家中寻找了，寻求良臣一定不会从墨家中寻求了。我死，正是为了实践墨家的准则并使它的事业继续下去啊！我将把钜子职务托付给宋国的田襄子。田襄子是位贤士，哪用担心墨家的思想不能流传于世呢？”徐弱说：“像您这样说，请允许我先死来修整道路。”就转身在孟胜面前自刎而死。孟胜于是就派两个人把钜子的职务交给田襄子。孟胜死后，学生们为他殉死的有一百八十人。那两个人把孟胜的命令传达给田襄子，想返回楚国为孟胜殉死，田襄子劝阻他们说：“孟子已把钜子职务传给我了，应该听我的话。”两个人不听劝阻，返回楚国为孟胜殉死了。墨家学派的人认为，不听从钜子的命令就是不知墨家准则。严刑厚赏是不可能达到这一地步的。现在世间谈到治理国家，大都是用严刑厚赏，在古代都把它们作为苛刻的治国之法。

《东周列国志》版画之百里奚像。百里奚，春秋时期秦国的贤相。

君子有所不为才能有所为

战国时期的孟子认为：只有盛满水的欹器才会倾覆，扑满由于腹中空无一物才得以保全。所以一个品德高尚的君子，宁愿处于无争无为的地位，也不愿站在有争有夺的场所；日常生活宁可感到欠缺一些，也不必追求过分完满。

人必须要有所不为，然后才可以有所作为。百里奚是虞国人，后来来到秦国做了卿相，帮助穆公成就了霸业。百里奚当初在虞国时，晋人用美玉、良马向虞公借路去攻打虢国。虞国大臣纷纷劝说虞公不要应允，唯独百里奚不去劝，因为他知道虞公不会听从任何劝阻，劝也是白劝。他并不死守在虞国，而去辅佐秦国，是因为他知道虞公无道，注定亡国，而秦穆公才是一位可以与他有所作为的人。我认为，像百里奚这样的人，才是真正的聪明人。

信言不美，美言不信

清朝的王庭奎解悟《菜根谭》时认为：诚实的话未必美丽动听，美丽动听的话往往不能相信。

喜好当面奉承别人的人，也喜好背后诋毁别人。谦虚是美德，但过于谦虚的人可能心中有诈；沉默是良好的品行，但有意不露声色的人可能藏有奸谋。不要以为表面正经的人就必定内心正直，要学会提防那些貌似正人君子，而实际上居心叵测的人。

即使有些人笑脸相迎，内心却未必友善；有些人虽是痛哭流涕，心里未必很悲伤。人的内心世界与表面行动往往并不一致，难以看透。批评我而恰当的人，是我的老师；肯定我而恰当的人，是我的朋友；不适当地恭维奉承讨好我的人，就是伤害我的人。说别人的坏话，不能称之为直爽；帮助别人做坏事，绝对不能称之为讲义气。

画虎画皮难画骨，知人知面不知心。真与假会在事情的发展过程中显露出来，人心的变化在事前则很难预测。

害人之心不可有，防人之心不可无。

厚赠钱财、言辞甜美的人，古人也对这种人忌讳提防。“厚币甘言”者往往另有所图，实为行贿，诱人徇情枉法。此等人物古已有之，后来者不绝，现在人更不能不防备这种人。

小事糊涂成就大聪明

清朝的郑板桥认为：宋朝宰相对待大事从不糊涂，严贡则对细微末节小事斤斤计较，并侦视观察。小事糊涂可成就大聪明，而在小事上过于聪明往往会造成大糊涂。

好马不会因为眷恋马槽里的饲料而不去驰骋千里；志向远大的人不会因为图谋眼前利益而放弃长远利益。

胸怀宏图大志的人是不会急功近利于眼前的，负有远大使命的人不可能心浮气躁说空话。

能得到人心的人都应审时度势顾全大局，斤斤计较于细节小利的人会失人心。斤斤计较于小利，肯定干不成大事。

贪图眼前利益就会失去长远利益；沉溺于物质利益就会有损于名誉。近与远，名与利并非完全对立，关键在于把握一定的“度”，才能二者兼顾。

试看世间精于算计的人，怎么可能因为算计而得到别人的一点东西，到头来只是把自家算尽罢了。

遇事多从反面想想

春秋时期的老子认为：明明知道的事却当自己不知道，这是真正的高明；实际不知道但却自以为知道，这就是毛病。正因为把这种毛病当做毛病，因此就不会有毛病。圣人是不会犯错误的，这是因为他把这种毛病当做毛病，所以他不会犯错误。

要想做到收敛，就应当先把它扩张，打算要削弱它，必须暂且先加强它；打算要废除它，必须暂且先兴举它；打算要获取它，必须暂且先给予它。这就叫做高明微妙的谋略，也是柔弱终究会战胜刚强的道理。正如鱼儿不能离开水一样，国家的权谋手段，不能随便让人知道。

踮起脚来希望站得高，结果反而站立不稳；迈开大步希望走得快，结果反而快不了。刻意自我表现的，反而不能展现自己；处处自以为是的，反而不能判明是非；积极于自我标榜的，反而不能建立功绩；一贯自高自大的，反而不能出人头地。以上这类情况如从“道”的标准来考察、衡量，就叫做“剩饭”、“赘瘤”。人们大多都十分讨厌它，所以有“道”的人是不可能这样做的。

好于逞强不顾一切，就会死亡；勇于柔弱无为，就能生存。两种勇敢的结果，有的遭受灾害，有的获得利益。天道所厌恶的，没有人会知道这其中的缘故，因此，连圣人也难以把这层道理说清楚。自然的规律是不斗争而善于取胜，不讲话而善于回应，不召唤而自动到来，表面行动迟缓而实际善于谋划。自然的罗网极为广大，网孔即使稀疏，但却从来没有漏失。

用无为的方法治理国家，用奇谲诡诈的方法指导用兵，用自然无为的原则统率天下。但你怎么会知道这样做的正确性呢？根据就在于：天下的禁令越是繁多，民众就越陷于贫穷;民间的有用器具越是众多,国家就越是陷于混乱;老百姓越是智巧机诈,各种邪物就越是层出不穷;法令越是分明具体和周密,社会上的盗贼就越是增多。所以圣人说:我无所作为,那么民众自然就归化;我安好清静,那么民众自然就会端正;我不惹是生非,那么民众就会自然富足;我没有贪婪的欲望,民众自然就会变的自然淳朴。

政治上仁厚宽大,民众就会厚道淳朴;政治苛察严酷,民众就机诈狡黠。幸福时常倚靠在灾祸旁边。灾祸时常潜伏在幸福里边。有谁能知道这种变化的究竟,要知道这本来就没有一个标准。正常的会随时转化为反常,善良的也会随时转化为丑恶。人们在这方面的迷惑,也已经是由来已久了。因此,得道的人方正但却不显得生硬,有棱角但却不会伤人,正直坦率但却不放肆无忌,光洁明亮但却不刺眼炫目。

善有时得恶报

唐朝时期的赵蕤认为:善有善报,恶有恶报,是天下必然的规律,但这定要从长远来看才行。有时做善事未得善报甚至还得了恶报;相反,有人作恶却未得恶报反而有善报,这都是因为善或恶的积累还没有达到足够的程度,一旦时机成熟,都会得到应有的报应。所以我们不应对暂时的不合理现象感到迷茫从而动摇行善的信念。古人说得好:"莫以善小而不为,莫以恶小而为之。"

"积善之家,必有余庆;积不善之家,必有余殃。"这是《易经·文言传》中的一句话,对中国历史上的善恶报应之说有重大影响,尤其是对著名的劝善书《文昌帝君阴骘文》有直接的影响。此图就是《阴骘文图说》中宣传善恶的因果报应图。

在现实生活中,我们常常发现有的人老是做好事,但却不得好报,有的甚至短命,怎么会这样呢?

《易经》上说:"积善之家,必然会有善报。"又说:"不积善就不能成名。"这种说法怎么来证明呢?孟子曾说:"仁者战胜不仁者,就像水能灭火一样,但是如今为仁的人就像用一杯水去试图熄灭一车干柴燃起的烈火,火不灭就说水不能灭火。这和用一点仁爱之心去消除不仁到极点的社会现象是同样的道理。又如五谷的品种再好,假如没有成熟,那还不如稗的种子。所以,仁爱也在于是否成熟啊!"尸佼说:"吃饭会变得肥胖,假如只吃一顿饭,就问别人说:'怎么样,我胖了吗?'那么大家都会嘲笑他。而治理天下,是最大的事情,不是一朝一夕可以看到成效的,现在人们往往急功近利,就像吃了一顿饭就问别人‘我胖了吗’一样。”这是善德太少,还达不到成名的程度啊。恶也是如此,正如《尚书》上说:“商纣王已是恶贯满盈了,所以上天授命武王诛灭他。其余不顺天命的人,只视他罪恶的轻重程度而发落。”由此看来,只是罪恶未满盈而已。当一些人看到作恶的还没有受到惩罚,就简单地认为即使自己有罪恶也不值得惧怕,这就是世上罪恶者一个接一个灭亡的原因啊。所以说:“罪恶不积累到一定程度,暂时是不会灭亡的。”这是圣人的劝告啊!

善德是由一点一滴积累而成的。如果有人看到历史上徐偃王讲仁义却亡了国,就认为仁义不值得倚仗;看到古代承桑国国君讲文德而国家灭亡,就认为文德不值得倚仗,这就像用一杯水去救火,吃一顿饭就问人“我胖了吗”一样糊涂了。

荀子说:“积水成渊,积土成山,积善成德。”他还说:“不积跬步,无以至千里;不积小流,无以成江海。”古人早就认识到,任何伟大的事业都是从细微起步,坚持不懈,逐渐积累的结果。同理,那些巨恶元凶,也不是生来就穷凶极恶,也是从小事情积累,小环境促成的。

善良的人时常心存好意,即使受到伤害,但总是想给恶人一个改过自新的机会,但这恰恰给了恶人继续作恶的空子。人们常说:心慈手软。善良的人十有八九软弱,软弱就必定会受欺,即使受了欺侮也忍气吞声,所以恶棍才敢于胡作非为。其实,善良并不等于懦弱,如果看到歹徒行凶,却视而不见,甚至欺侮到自己头上也逆来顺受,那就不是善良,而是麻木不仁了。

总之,对于正义必定战胜邪恶这一信念,一定要坚定不移,才会坚持积善止恶,使我们的社会一步步走向更高级的文明阶段。

与恶人相处

战国时期的庄子认为:即使一个人道德淳厚,行为诚实,也未必能合他人的胃口;名声好,声誉巨大,与他人没有矛盾,也未必能够和别人沟通思想感情。

如果把仁义道德一套道理强行在恶人面前说长道短,这样做无异于借别人的罪过来标榜自己的美德,这就叫做害人。害人之人,反过来就会被人害。

所有蛊惑人心、闪烁其词的做法,都是圣人要设法排除的。圣人决不轻率地把事情托付于庸人,这就是明察与知人。

见人说人话,见鬼说鬼话,人们都会不假思索地指责这种做法,指责这样的人虚伪,没有道德可言。但是,为人处世,哪一个人又没有些随机应变的灵活机动呢?所以,人们批评是一回事,但或多或少运用这种做人技巧又是一回事。

但有没有比这种变色龙式的做人技巧更好的技巧呢?一次,颜回拜见孔子,向他辞行,说要到卫国去。

孔子问:“到卫国去干什么?”

颜回说:“卫国的君主年轻专横,驱赶老百姓为他卖命,死去的人就像枯草填满了山泽。人民无可奈何,他自己却不知过失。先生曾说,安定的国家我们就离开它,危乱的国家我们就留下来,这就像医生见了病人不能不管一样。因此,我想侍候在卫君左右,帮助他,也许卫国还有救吧!”

“只怕你一去就会被杀害。”孔子回答说。

世上的道理不能混乱复杂，混杂了就会使头绪繁多，头绪繁多就容易出乱子，出了乱子就必然引起忧患，忧患到来时即使想要自救也来不及了。

古时候的圣人，为人处世总是先查问自己，然后再考察别人。如果考察自己的工夫还没有做到家，怎么可能还会有闲工夫顾及残暴的人的所作所为呢！

再说，人们应当明白，道德为什么扭曲失落，智慧又为什么锋芒毕露，充满杀机。

道德的失落歪曲，是为了争取名声；智慧的滥用，是为了夺取胜利。争名夺利就会互相倾轧，这样，道德就会被当做旗帜挥舞，智慧便成为斗争的工具。二者都是害人的凶器，是不能随便实行的。

恶人是善者的磨石

南宋时期的袁采认为：不够善良的人，虽然大家都很厌恶，但对人也是有一定好处的，这是因为人们大多见了不善的人都能够引以为戒，不至于自己也去做不善的事。如果看不到不善的人，自己就会放任行为，或者自己做了坏事也不觉得羞耻。

所以说家里如果没有不善的人，那么孝顺父母、友爱兄弟的行为就不会得到张扬；乡里没有不善的人，那么诚实厚道的事迹就不会被光大。不善良的人的存在，就像是磨石，虽然自己被磨损了，但刀斧凭借它而锋利起来。

《老子》说：“不善良的人是善良人的反面教材。”说的就是这个道理。如果看到不善良的人而与他一起干坏事，甚至与他争高低，这样只会损害自己，没有任何益处。

明辨善恶才能百战百胜

战国时期的吕不韦认为：听人说话时，一定要仔细审察，不仔细审察就分不清好坏，好坏不分，乱子就没有更大的了。夏商周能分出好与坏，圣王能分清善与恶，所以能够称王。现在天下日渐衰落，圣王的道德废弃、绝灭。当今的君王大多纵淫骄奢，奇观壮丽的乐曲增多，使钟鼓也加大；使台榭苑囿极尽奢华，因此掠夺人民财产；随便增加劳役使人民致死，来发泄他的怨恨；老弱病残，中年之人也都极尽穷屈，成为死虏；攻打无辜国民来索取土地，诛杀无辜百姓来榨取利益，就这样还想让自己的宗庙平安，社稷安全，不就是很难了吗？如果有人说：“某人有很多财货，他的屋子后墙潮湿，看守的狗也死了，这形势可以挖洞进去。”他就一定会受到指责。如果有人说：“某个国家年成不熟，他们的城郭低矮，他们守城的兵械少，可以袭击而夺取它。”就不会指责他。这是因为不知这是同一类型的缘故。《周书》中说：“去了的没法赶上，将来的不能等待，在他所在的当世贤明，就可叫天子了。”所以当今时代，有能分清好坏的，他要做王并不难啊。好不好的根本是利，不根据私心所爱，爱利作为一种道理是根本的道理。那在海上漂流了十天一个月的人，看见像人的东西就高兴；到了第二年，看见他曾在中原见过的东西就十分高兴。离开人越久，想念人就越深！乱世的人民，远离圣王已很久了，他们白天黑夜不间断地想见到圣王，所以贤明优秀的人想为百姓着想的，不能不努力呀。

想做一些事，就必须先审察衡量他的功德，想审度它的功德应先正名，正名就应先审察他的言论，想要审察他的言论就应先弄明白他的事情。不了解事情怎么能听从他的言论？不知情由又怎么能知道他的言论是否得当？他与人叽叽咕咕小声说话，他能否分辨这些话的意思？造父开初向大豆学驾驭车马，蜂门向甘蝇学习射箭。坚定地跟随大豆学御，跟随甘蝇学射不改变，人们将这种坚定作为一种品性。不随波逐流，这就是能学到致远追急的御术，射就能中，足以除害禁暴的本事的原因。凡是人都必须在心中反复练习，然后才能听人家讲。不在心中反复练习，就要反复学，反复问。不学就能听从人家的学说的，古今没有。可做例证的是白圭非难惠子，公孙龙劝说燕昭王，孔穿议论公孙龙，翟翦辩难惠子的法令，这四个士的议论，大多有巧智，不能不熟论。

公孙龙像，出自明·吕维祺《圣贤像赞》。公孙龙，哲学家、战国时名家的代表。

以前试着看上世的古书，三王的辅佐之臣，他们的名声都显荣的，他们的实利没有不安妥的，是因为他们的功劳大。《诗》中说："阴云凄凄，下雨祁祁然而不暴不疾，先浇公田，然后再浇私田。"三王的辅佐之臣，都能由于为公义而后也有了私利。乱世之王的辅佐之臣，他们想名声与实利都与三王的辅佐之臣相同，然而他们的名声没有不被羞辱的，他们的实利都是靠不住的，因为他们不行公义。担心他们的身价国内是否最高贵，而不担心他们的君主天下是否最尊贵；担心他们自己的家不富足，却不担心他们的国不强大，这就是想荣耀却越加耻辱，想安全而越加危险的原因。安危荣辱的根本在君王，君王的根本在人民，人民的安定或混乱在百官。《易经》中说："天行一周又开始，环复进退，没有灾祸。动而没有灾祸，吉利。"这是说在根本上没有什么怪异，那么行动最终就会有喜事。如今的人居官位就得意，在财产面前就贪婪，位高就不谏诤，率兵就怯懦而败北，都这样了还想让君主给自己厚赏，这不是太困难了吗？

现在有人认为理财上修养身心和廉洁是可耻的。有财物都据为己有，像这样而富有的，不是盗取他就没有办法可以获得。荣华富贵不是自然就得到的，凭借的是攻伐之功。如今是功劳很少而希望很高，这是欺骗；没有功劳还求取荣华富贵，是欺诈。欺诈的办法，君子不用。人们议论大多都说："君主若用我，那国家就必定没什么可担忧的了。"想让人用自己不必自我表白，不如使自身贤明。自己都有可担忧的，用于国家，国家怎么会无忧呢？自身是自己可以控制的，不去加以控制，而去夺取自己不能控制的国家和爵位，而且还想治理好，太荒谬了，这种人没能得到治理国家管理百官的职务就对了。像这样的人，在内侍奉父母，对外结交友人，是可以做好的。假如对父母不孝顺，对朋友不忠诚，是没能自善自身，做不到自善自身，又怎么可能治理好国家呢？所以，评论一个人不能拿他所没得到的东西来衡量他，而应该从他已得到的东西来评价他，就可以知道他未得到而一旦得到时就会是什么样子了。比如说，郑君问被瞻关于齐桓公事，被瞻以此讥讽郑君；薄疑劝卫嗣君以王者富民，不要重赋税，这两位贤士都基本上明白什么是根本了。

古代的臣子，必须要先准备能力然后才能担当重任，必定先自我反省才接受爵禄。君主虽然赏得过了，臣子也无功不受禄。《大雅》中说："上帝幸临你，不敢有疑心。"这就是说忠臣的行为。

提防身边的人

战国时期的吕不韦认为：君王对宠信的臣子过于亲近，必定会伤及到君王自己，臣子地位太高，必定取代君位；妻妾不分等级，必定危及嫡子；子民不服，必定危害国家。

身边的人最容易篡权和危害自己。

奸人在肯定能被察觉的情况下，他才会有戒惧；在肯定会受惩罚的情况下，他才不敢再犯。在不能被察觉的情况下，他就会放肆；在不会受惩罚的情况下，他就要横行不法。

法令不被严令执行，奸人侥幸；有此一念，铤而走险。对坏人坏事，只有做到"有犯必知"，"有罪必诛"，才能使之有所戒惧，有所收敛。否则，初犯时的"小试锋芒"，将会变为再犯时的"肆无忌惮"。杜绝别人的觊觎之望，破除别人的揣测之意，不要让别人的利益生出贪求的欲望。

君王对臣下要采取强硬态度，不仅要禁止他们有危害君权的行为，而且要禁锢他们有篡夺君权的欲望。用兵讲究攻心为上，政治上也是如此。

明君断事，国家受害，就要考察能从中得利的人；臣下受害，就要考察与他利害相反的人。

韩昭侯时，厨师进上食物，汤里面却有没烧过的肝。昭侯马上招来厨师的助手，责骂道："你为什么把生肝放到汤里！"助手叩首认罪说："我是想借此嫁祸给厨师，好取而代之。"韩昭侯之所以能够迅速做出准确判断，就是采用的上面的理论。

车匠把车造好了，就希望别人富贵；棺材匠做好棺材，就盼望别人早死。并不是车匠仁慈而棺材匠狠毒：别人不富贵，车子就卖不掉；别人不死，棺材就不会有人买。由行业差异而引起利益差异，由利益差异而引起欲望差异，这是社会矛盾的重要方面。

一般人希望成功却常常失败的原因，是因为不懂得道理而又不肯去向懂得的人请教，不肯听从能人的意见。

这里所讲的"道理"，可以分开理解，即"道"为普遍法则，"理"为特殊规律。

砍树不要留根，不要和祸害接近，祸害就不会存在。

人们要想免除祸害，要么做到除恶务尽，要么明智地远远避开。

明枪易躲，暗箭难防

俗话说“明枪易躲，暗箭难防”。小人，常常披着君子的外衣，其实他们比真正的小人更具有欺骗性和危险性。在生活中这种道貌岸然的人还真不少，尤其是在工作中。即使他们满嘴是仁义道德，其实肚子里全是阴谋诡计，表面上和你称兄道弟，实际上在想办法把你挤下去他上来。

一个公司的成员来自四面八方，其中既有君子，也必定会有小人。另外，公司的有些业务，君子办不成的，小人反而可能手到擒来。可以说公司里的人全是君子不行，全是小人更不行。君子和小人各有所用，还真是谁也离不开谁，如何管理君子和小人绝对是个问题。

世界上每个地方都有小人，小人之所以如此为人们所厌恶，是因为他们身上有许多不良品质。诸如言而无信，阳奉阴违，两面三刀等，这些理应为常人所不齿。可是，人们却常常发现这样一种怪现象：越是小人越走运，许多小人可能正是你顶头上司的亲信和心腹，自古以来就是如此。

你要想成功地管住小人，首先就要先防止被小人所害，就必须了解小人招人喜爱的“高招妙策”。归纳起来看，主要有以下几个方面：

(1)会笼络人心。千万要值得警惕而不能被其加了糖的麻醉剂弄得放松了应有的警惕。比如在午餐时，我们可以与小人聊一些无关痛痒的家长里短、琴棋书画。不要让小人牵着我们的话头走。如果他发牢骚抱怨公司的各种弊端，或是议论别人的长短，即使与我们心里所想的非常合拍，我们也千万不能随声附和，这时我们最好把话题岔开。否则，日后这些话就会被他添油加醋地传出去，说成是我们的意见，叫“哑巴吃黄连”——有苦说不出。

(2)善传情。这种人特别善于恭维，拍我们的马屁，开口便是大哥大姐，叫得又自然又亲热，也不管和我们认识多久。除此之外，小人的情感神经发达，演艺精湛。只要用得着我们，哪怕“不共戴天”也能恨在心头，笑在眉头，颂在嘴头，不惜偕妻挈雏，全家效忠，并搭上一把鼻涕一把泪。如此假戏真演，可以说，达到相当高的程度，往往铁打的心肠乃至“扛过枪、渡过江”的汉子也心软骨酥。怪不得有人感叹：英雄难过小人关！

(3)能办事。这种人有这么一个优点。凡是我们想到的他都能替我们办到，没有想到的也能替我们想到办到。有人专门揣摩上司的饮食起居、喜怒哀乐，以便投其所好，按需办事；贪杯的就让你一日三餐围着桌子转，嗜赌的便让你昏天黑地围着骰子转，恋色的则让你24小时围着裙子转……反正只要能博得上司高兴，刀山敢上，火海敢跳，管它什么合理不合理、合法不合法，反正天塌下来自有你这杆大旗顶着呢！

(4)精算计。小人很会算计：花的是公家的票子，换来的是个人的面子，不花白不花，选定的往往是逢年过节、婚丧嫁娶的日子，打出的是“人情往来”的牌子，良辰吉日，名正言顺，花了也没事。如此这般，名目繁多，行情看涨，一些单位便接纳不暇，消受不尽。结果不知不觉中亏了单位肥了自己。

(5)善抬轿。新官上任，很需要帮手，更需随声附和的吹鼓手，小人投其所好，正中此怀。所以，每当新旧交替之际，他们都能“平稳过渡”，即使上司之间发生“地震”,鱼死网破,他也能在夹缝中“游刃有余”。尽管居心叵测,但不露丝毫破绽,硬是打点得方方面面眉开眼笑。

在某些喜欢小人的领导眼里,自然是一块可享用的臭豆腐。这也是我们不得不面对小人的真正原因所在。

在生活和工作中,不要忽视小人,更不要得罪小人。小人可能帮不上我们,但是他能坏我们的事。如果一不小心得罪了那些小人,他们可能会处心积虑地对付我们,甚至不把我们置于死地而不甘心。

所以,不论是否愿意、是否高兴,在生活工作中总得面对小人的“张牙舞爪”,面对小人的阿谀奉承。我们必须要学会过小人这一关。

(1)说话时要特别注意。美国前总统林肯曾经说过:对暂时斗不过的小人要忍耐。与其和狗争道被咬伤,还不如让狗先走。因为即使你将狗杀死,也不能治好被咬的伤。所以,我们对付小人的第一要诀,就是应当忍让为上,千万不要冲动。

(2)切记不可欠小人的人情。小人是最斤斤计较的,谁也没他们的算盘打得精。我们若欠了他们的人情,这笔债迟早是要讨还的,说不定就是“驴打滚”般要人命的“阎王债”。

所以说对君子要善待,要亲近;对小人,既要回避,又不要失去礼节。俗话说,宁得罪君子,不得罪小人!时刻防备小人对我们背后捅刀。

班固像,图出自清·顾沅辑《古圣贤像传略》。班固,东汉史学家,著有《汉书》。

凡事好察并非明智

东汉时期的班固认为:太清澈的水就养不了鱼,过于精明的人就没有朋友了。

聪慧通达的人,须防止过于明察看透;孤陋寡闻的人,须避免闭塞无知。明察秋毫者,最易招人嫉恨;闭塞无知者,最易受人蒙骗。

过于明洁单纯在做人方面是不可取的,要能容忍得下肮脏和污辱;对人不能过于爱憎分明,要能宽容得下所有善恶贤愚的人。为人太清高就会被人嫉妒,大家所孤立的也就是过于高洁的人。

心思过于计较好恶,就会觉得没有一件物品合适;区别贤明愚笨的心思过于分明,就不容易和一般人亲近(古人不赞成以两极思维区分、取舍世间的人和物)。

过于高洁而挑剔苛求在处世中

是非常忌讳的。心中应当是非分明,然而也应有宽容的度量,对人对事,不可过于挑剔。

所有事都察并非明智,根据不同情况,当察则能察,不必察的则不去察,方可称为明智;每战欲必胜之人并非勇敢,根据不同情况,当胜则能胜,不应该胜的就不要战胜,这才是勇敢。

直率不等于狂发

春秋时期的文人认为:一个人如果言行不一,开始和结局背道而驰,内心和外表不相符合,假立名节以蒙骗他人,这叫“毁志”。真正的人品不端与人性是相抵触的,对人对事都永远不会公正。按照这种心性行事,看上去仿佛很直率,实际上只能互相攻讦,好人受气真正的落拓不羁表面上很率直,但是永远不能走上正道,依照这种性情行事,似乎很痛快,然而他的行为狂傲,必将违背礼节。所以说,直率的人和狂放的人在揭人短弊这一点上是相同的,但出发点则不同;明快的人和放浪的人在率性自然这一点上是相同的,但本质却不同。考察其出发点是否相同,就可以明白“毁志”的含义是什么了。

一个人如果和别人相亲近是因为吃吃喝喝,因行贿送礼而结交,以损人利己而臭味相投,一旦有了权力和名誉就把感情隐藏起来,这种人就是贪婪而卑鄙的人。假如一个人不是为了事业,而是为了升官发财、飞黄腾达,就不珍惜自己的生命,只要有利,就闻风而动,这种人千万不要与其结交。如果有人只有一些小聪明而没有大学问,只有小能耐而不能办大事,只看重小利益而不知大道理,这就叫做虚假。每个人都有他的不足,只要大节不坏,就应该肯定;每个人都有微小的过失,不应因此而背上包袱,但是如果大节不好,就要否定。愚夫愚妇的行为,赞扬是完全没必要的。

强攻不如智取

三国时诸葛亮认为:没有鲁班那样眼力的工匠,就无法看出工艺的奇巧;打仗的人如果没有孙武那样的智谋,就不能制定高超的计策。

计谋要详尽,攻敌要迅猛。善于打仗的人不发怒,善于取胜的人不畏怯。英明的将领先有了取胜的把握才去打仗,愚昧的将军则是先去打仗再争取胜利。善于进攻的人不依靠兵器;善于防守的人是不会依靠城郭。敌人想要固守,就攻其不备;敌人想要进攻,就出其不意。

以近待远,以逸待劳,以饱待饥,以实待虚。我往敌来,谨加防守;我起敌止,攻其左右。两军对垒,勇者相遇智者胜,智者相逢奇者胜。计奇者,疾如风雨,舒如江海,不动如泰山,难测如阴阳,神神秘秘,虚虚实实,真真假假,出敌不意,攻其不备,从而出奇制胜。施计用谋,能使敌有深间而不能窥实,敌有大智而不能穷其理,这才是好的计谋。

不做徒劳无益之事

战国时期庄子认为：太阳、月亮出来了，却还点着火把，想用火把增加光亮，不是很多余的吗？雨水及时降落了，却仍然人工灌溉，这对于增加水分来说，不也是多余的吗？瞎子无法使其看到艳丽的花纹色彩，聋子无法使其听到钟鼓的音乐之声，难道仅仅是形体上有瞎子和聋子吗？其实在心理智慧上也有瞎子和聋子。

有个贩帽子的宋国人到越国做买卖，而越国人剪掉头发身刺花纹，根本用不着帽子。

爝火对于日月来说不能增加光辉，浸灌对于时雨则属徒劳。徒劳无益的事不宜去做。

对于冥顽不灵、失去理智思维能力的人，无法给他讲清楚道理，跟这种人讲道理是白白无用的。

人非圣贤，孰能无过

我们最好的朋友在生活中，可能会有意无意做了伤害自己的事情，是宽容还是远离他？离开或报复可能是符合人们的心理。但这样做了，怨会越结越深，冤冤相报何时了？人非圣贤，孰能无过，每个人都有犯错误的时候，朋友也不例外。

由于各种原因，人在社会交往中，很有可能对人产生猜疑。如果在与人交往时总是猜疑别人，那么彼此的关系就难以继续维持。为了避免猜疑对社交活动的妨害，必须克服这种非正常的心理。避免无端的怀疑，首先应该坚持一个原则，那就是“眼见为实，耳听为虚”。对于任何事情，都应该只相信自己的眼睛和耳朵，若非亲眼所见、亲耳所闻，决不为间接的消息所动摇。听到其他人传的消息，一定要反复甄别，仔细推敲，在没有证实的情况下，决不轻易信以为真。唯有这样，才能避免瞎起疑心。

如果是因为误会使朋友之间产生了猜疑，一定要保持头脑冷静，不能疑神疑鬼。要仔细权衡和对方的交情，想一想这种交情是否能够承受这次误解的冲击力。还要不时地站在对方的角度为他想一想，寻找消除误会的办法。越是发生了误会，越要珍惜彼此的感情，千万不能意气用事。要尽量把事情的真实情况讲明白，从而消除彼此心头的疑问。能否避免猜疑的关键，还是在于彼此之间相互信任的程度有多深。与朋友交往，一定要有诚意，要相互信任。如果相互之间没有信任，只有猜疑，相互提防，那就不是社交，而是弄得自己也很累。

持有猜疑想法的人，要么就是心胸狭隘，不够坦荡，为一次小纠纷耿耿于怀，总是把事情往坏处想；要么就是因为对朋友还缺乏了解，不能判断在一次争吵之后对方一般会是什么心理，以致凭空瞎猜，怀疑对方。要避免猜疑，就得放宽心胸，把所有的不愉快全部抛到脑后，尽量把人往好处想，不要总觉得对方会记恨在心、有一天会报复；要避免猜疑，就得在与人交往的时候，多观察、多交谈，从而加深对对方的了解，正确判断对方对于争吵是非常在意的，还是事过便忘。

朋友之间处理关系时，凡事要换个角度想想，这样或许能够理解朋友的所作所为每个人都希望和那些懂得容忍自己的人相处，而不希望和那些时刻对自己挑三拣四的人在一起。相信那些专门找别人小毛病，动辄教训别人的“批评家”不会有什么朋友。而那些能容忍和喜欢别人以本来面目出现的人们，往往具有感动人和促使人积极进步的力量。如果想同朋友友好相处，就要尊重朋友的人格和优点，容忍对方的弱点和缺陷，千万不能责备求全。

雪中送炭胜过锦上添花

一帆风顺的人生是不可能的，难免会碰到失利或面临困境的时候。这时候最需要的就是别人的帮助，这时雪中送炭的帮助会让人铭记一生的。

人在困难消沉中，有人向他伸出的援助之手，可以使人产生长久的感恩之情。

金钱的标准，往往因状况不同而有很大的差异，因此，“雪中送炭”远比“锦上添花”有意义。

锦上添花固然是件美事，但与雪中送炭相比，其重要程度就不能相提并论了。沙漠里的一壶水，其价值远远超过了一袋黄金。一个事物外在最需要的时候，才最能体现出它的宝贵。所以，人们常说：“贫贱之交不可忘。”因为寒微贫贱之时的朋友，互相之间所给予的，是最为珍贵的友情；而等到富贵之时再与人论交，相互之间所看重的，则往往是彼此间的相互利用。

曾当过日本首相田中角荣在担任自民党干事长时，一面忙着主持自民党选举事务，然而，他却不忘记派人将慰问金送到落选的议员家中，并且勉励他们不要气馁，下次重新再来。

田中角荣的勉励让落选的议员深受感动，而送慰问金，更加深了他们的感激之情。在此之后，拥戴田中的人越来越多，竟形成了一个“田中派”。如果田中在当时将相同的金额或礼品送至当选的议员家中，情况就不同了，那些礼品、礼金成了锦上添花，一点也不特殊，更不能取得效果。只有在别人困顿时伸出援手，才能得到真正的友谊。田中角荣毕竟是真正吃过苦头的人，能够完全了解人类微妙的心理。在别人的婚礼上或荣升宴会上大肆破费，不如在人病痛或朋友有难时，伸出援手。

与朋友相处时，人们总是可以敏感地觉察到自己的苦处，却对别人的痛处缺乏了解。他们不了解别人的需要，更不会花工夫去了解；有的甚至知道了也佯装不知，大概是没有切身之苦、切肤之痛吧。

雪中送炭的帮助，可以让人铭刻心中，一种感恩之情深埋心中，当你有求于他时，他定会出手相助，你还有什么事办不成呢！

“雪中送炭”，而不是“锦上添花”，这样才能给自己获得一个好义的名声。因为在对方落难，别人避之唯恐不及的时候，你却向他抛出最及时的一根救命稻草，无疑是给对方最大的帮助。等他有成就后，还怕不报答你吗？

敬人者人互敬之，助人者人互助之

在社会中，古道热肠毕竟让人愿意接受，和和气气更是持家立业之根本。性情过于冷酷的人很难得到人们的协助。“敬人者人互敬之，助人者人互助之”。

以前，人们大都对商店售货员的服务态度感到不满，认为他们态度冷漠，没有热情。

可有一位老太太却说:“我不抱怨那些可怜的售货员,他们有时也碰到很糟的顾客。可是,我总能得到很好的服务,他们对我都很友好,不过我是有意使他们这样做的。”

接着,她谈到了自己的方法:“我走到一位售货员面前,微笑着说:‘您能帮助我吗?’从来没人拒绝过我。”她脸上闪出顽皮的微笑。

她接下去解释自己的第二步骤:“接着我马上说我对要买的商品一窍不通,我很需要售货员的帮助。无论我买一只纽扣还是一台冰箱,我都这样说。每个售货员都很乐于帮助我,并且我挑多久都没关系。”

己所不欲,勿施于人,用希望对方对自己的方式去对待别人,我们就会受到更多的欢迎。只要以善意、亲切、诚挚和热情,使别人觉得温暖,他一定会做我们需要他做的事情。没有人会拒绝和别人打交道,所以没有人能在不照顾别人的情况下达到自己的目的的。

晚清重臣张之洞,他当过多年的湖广总督,资格老,官位高,而且又满腹经纶,自命清高,与文人、名士颇有交往。但他从不把下属放在眼里。属下明知张之洞瞧不起他们,但慑于他的威势却也无可奈何。

当时有这么一位布政使,因为是下级,也不被张之洞以礼相待,心中不免愤愤然。有一次,他去总督府拜见张之洞,谈完公事便向主人告辞。按照清代官场礼节,张之洞应该将布政使送到仪门。但张之洞一副不屑的样子,只将他送到厅门,就止住脚步回头了。这位布政使回过头来,故作机密地对张之洞说:“请大帅多走几步,下官还有几句话要告诉你。”张之洞不知道他有什么用意,就又陪着他走了一段路。还不见布政使开口,这时两人已经走到了仪门,张之洞不耐烦地问道:“你不是有话对我说吗?”这个大胆的布政使,回身长揖,有点得意地说:“其实我只想告诉你,按照礼仪制度,总督应该将布政使送到仪门,现在大帅已经按照规定将我送到了仪门,现在就请你留步吧。”张之洞听了,气得说不出话来,但又不能斥责他,因为这是符合清代官场礼节的。“敬人者人互敬之,助人者人互助之”。可见,我们必须互相合作、互相尊重才能进步。

忘怨忘过,念功念恩

有修养的人与一般人的不同点在于,首先在于待人的恩怨观是以恕人克己为前提的。一般人总是容易记仇而不善于怀恩,因此有“忘恩负义”、“恩将仇报”、“过河拆桥”等说法,古之君子却有“以德报怨”、“涌泉相报”、“一饭之恩终生不忘”的传统。为人不可斤斤计较,少想别人的不足、别人待我的不是;别人于我有恩应时刻记取于心。人人都这样想,矛盾就化解了,人际就和谐了,世界就太平了。

对人有功,没有必要张扬炫耀;但如有过错,则应当严加自责。人家有恩于我,虽滴水之恩,也当涌泉相报,而人家得罪于我,冒犯于我,则应当宽以释怀。这是一种超越自我、完善自我的态度。

唐太宗李世民临终前,预感到自己在世的日子已经不多了,于是作了《帝范》十二篇赐给太子。他说:“修身立德,治理国家的事情,已经全在里面了。我有何不测,这就是我的遗言。除此以外,就没有什么可说的了。”太子接到《帝范》,非常伤心,泪如雨下。李世民说:“你更应当把古代的圣人们当作自己的老师,你若只学我,恐怕连我也赶不上了!”太子说道:“陛下曾叫臣到各地视察,了解民间疾苦。臣所到的地方,百姓都在歌颂陛下宽仁爱民。”李世民说道:“我没有过度使用民力,百姓受益很多,因为给百姓的好处多、损害少,所以百姓还不抱怨;但比起尽善尽美来,还差得远呢!”他又告诫太子说:“你没有我的功劳而要继承我的富贵,只有好好干,才能保住国家平安,若骄奢淫逸,恐怕连你自己都保不住。一个政权建立起来很难,而要败亡,那是很快的事;天子的位子,得到它很难而失掉它却很容易。你一定得爱惜,一定得谨慎啊!”

太子李治叩着头说:“父皇的教诲儿臣当铭记在心,决不让陛下失望。”李世民说:“你能这样想。我也就没有什么不放心的了。”唐太宗教育太子,要求宽仁待人,报民众拥戴之恩,同时要念自己的过错,并不断地调适自己,端正行为。这种博大的心胸,严于律己、宽以待人的精神,我们永远都要奉为楷模。

功过不混,恩仇务明

作为一个领导,在领导别人时,在方法上有一条重要的原则,即对人要功过清楚,赏罚分明。赏罚是使人努力的诱因,一个丧失工作诱因的人,他的工作情绪必然不会高昂。假如是一两个人这样还不要紧,万一全体都如此,这个集体乃至社会必然要陷于不进步的停顿状态,所以赏罚又是促进整个社会进步的一大动力。历朝皇帝打天下,哪一个不是以论功行赏作为调动文臣武将积极性的手段呢?就现实生活中的人来讲,不论是做官还是一般的领导,都需要讲究方式方法,以便团结一致完成一件事。

公元1628年,皇太极率十万大军攻打明朝的遵化城。这是一场异常惨烈的攻坚战。明军壁垒森严,箭矢、滚石如雨,八旗兵士冒着炮火,迎着箭矢、滚石,奋勇攻城。很多战士抬着云梯冲到城下,攀梯而上。其中有个士兵,名叫萨木哈图,他不顾乱石飞矢,第一个奋勇登上城头,挥舞着大刀,一连砍倒许多守城的明军,使后援的清军乘机一拥而上,攻破了明军的防御,并迅速地扩大战果,占领了全城。

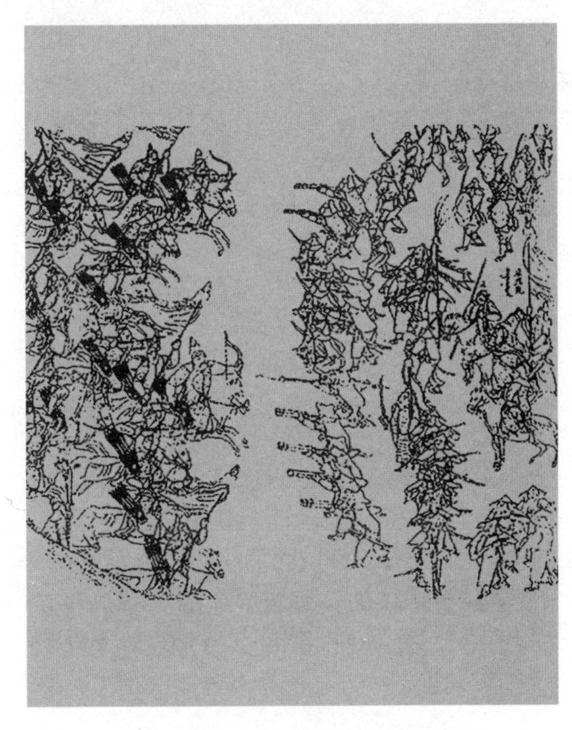

《清实录》中的后金与明军交战图

萨木哈图勇猛奋战、第一个登城而入的事很快就被皇太极知道了,皇太极十分高兴,立即召见了萨木哈图,并与之畅谈了许久。

没过多久,皇太极在遵化城举行庆功大会。会上,凡立功的都被叫到他面前,由他亲自授奖。当萨木哈图走到皇太极跟前时,皇太极端着最名贵的金卮，亲手斟满美酒，赐予萨木哈图，并看着他把酒喝下去，然要当众宣布封他为“备御”，授予“巴图鲁”的荣誉称号。顿时，整个会场欢声雷动，全都沸腾起来了，因为萨木哈图原来只是一个普通士兵、无名小卒。

从这以后，量功拔将就成为一种定制。由此，每逢攻坚，将士们都冲锋陷阵，争当勇士，清军的战斗力也就大大提高了。

处进思退，得手图放

悬崖勒马及时醒悟固然是值的提倡的补救方法，但毕竟已处于进退两难的尴尬境地；骑虎之势已成，世事不由自己，至此悔恨都已晚矣。假如人不能在权势头上猛退，到头来难免像山羊触藩一般弄得灾祸缠身。做事要胸中有数，不要贪恋功名利禄，不要做无准备之事；做事要随机应变，随势之迁而调整。做事是为了成事，一股劲猛进不可取，犹犹豫豫也不可取，应当知进知退，有张有弛，在行进时想着退路才是最好的方法。

唐中兴时名将郭子仪，这位功极一时的大将为人处世却极为小心谨慎，与他在千军万马中叱咤风云、指挥若定的风格全然不同。

公元761年，郭子仪被封为汾阳郡王，住进了位于长安亲仁里金碧辉煌的王府。令人不解的是，堂堂汾阳王府每天总是门户大开，任人出入，不闻不问，与别处官宅门禁森严的情况判然有别。客人来访，郭子仪无所忌讳地请他们进入内室，并且命姬妾侍候。有一次，某将军离京赴职，前来王府辞行，看见他的夫人和爱女正在梳妆，差使郭子仪递这拿那，竟同使唤仆人没有两样。儿子们觉得身为王爷，这样子总是不太好，一齐来劝谏父亲以后分个内外，以免让人耻笑。

郭子仪像，图出自清·上官周绘《晚笑堂画传》。

郭子仪笑着说：“你们根本不明白我的用意，我的马吃公家草料的有500匹，我的部属、仆人吃公家粮食的有1000人。现在我可以说是位极人臣，受尽恩宠了。但是，谁能保证没人正在暗中算计我们呢？如果我一向修筑高墙，关闭门户，和朝廷内外不相往来，假如有人与我结下怨仇，诬陷我怀有二心，我就有口难辩了，现在我无所隐私，不使流言飞语有滋生的余地，即使有人想用谗言诋毁我，也找不到什么借口了。”

几个儿子听了这一席话，都对父亲的深谋远虑深感佩服。

郭子仪历经玄宗、肃宗、代宗、德宗数朝，身居要职60年，虽然在宦海也几经沉浮，但总算保全了自己和子孙，以八十多岁的高龄寿终正寝，给几十年戎马生涯画上了一个完美句号。这都归之于他的这份谨慎与小心。

激流勇退，功德圆满

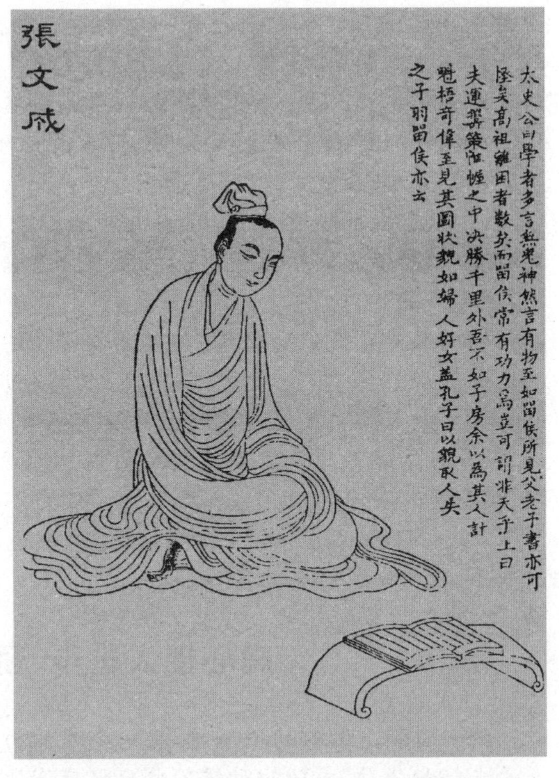

张良像，图出自清·上官周绘《晚笑堂画传》。

人人都知道急流勇退这个成语，自觉做到这一点的人却不多。一个大人物要想使自己的英名永垂不朽，必须在自己事业的巅峰阶段勇于退下来。做事业需要意志，退下来同样需要意志。任何事都存在物极必反的道理，随着事业环境的变化，以及人自身能力的限制，自身作用的发挥必然随之而变。江山代有才人出，并不是官越大，表明能力越强；权越大，功绩越丰。不论大人物、小人物，作用发挥到一定程度就要知进退。退并不意味失败，主动退正是人能自控、善于调整自己的明智之举。

不同的人对于名利权势态度各不相同。有的人很明智，知道权势不一定能够给人带来幸福，所以不去争权夺势，而是忍耐住自己对权利的渴望，在事业成功时全身而退。

西汉张良，号子房。公元前201年，刘邦江山坐定，册封功臣。封给张良齐地三万户，张良不受，推辞说："当初我在下邳起兵，同皇上在留县会合，这是上天有意把我交给您使用。皇上对我的计策能够采纳，我感到十分荣幸，我希望封留县就够了，不敢接受齐地三万户。"张良选择的留县，最多不过万户，而且还没有齐地富饶。

回到封地留县后的张良，潜心读书，搜集整理了大量的军事著作，为当时的军事发展，作出了重要的贡献。

安危相易，福祸相生

《易经》中说："物禁太盛，极则必反。"当你春风得意的时候，一定不能得意忘形，须知这世间没有完美的事物，什么事情做得太满，走到极端，就会向相反的方向转化，要给自己留下余地，以备不测之变。

有个年轻人，有一天，他到外狩猎时，非常意外地捕捉到一匹野马。他兴奋地带着野马回到了部落，好消息传遍了族内，人们无不对野马的俊美夸赞，并为年轻人的奇遇感到嫉妒。大家都说他是一个幸运的男孩。

然而不幸的是,年轻人为了驾驭野马,不慎摔下马背,跌断了腿。于是族人开始传说野马为不祥之物,才会为年轻人带来如此的灾祸。

年轻人只得躺在床上休养,家人对这匹野马心生怨怼,纷纷躲避,并为年轻人的遭遇感到难过。

正巧,那时正逢兵荒马乱,族内的年轻男丁皆被抓去充军,躺在病床上的年轻人,因摔断了腿,留在家中免受征召。族人又开始众说纷纭,赞许"良驹"为年轻人带来幸运,免于一劫。

活的长寿是人们的愿望,与其活得长,倒不如活得好。重要的不是你活了多久,而是你活得"好";重视生命的"亮度"而非长度。

大多数人都希望能做些使生命更完整的事,而且也都意识到这件事的迫切。那么,还等什么呢?为什么要等到只剩下"最后"的七天,才愿意去做这些事?为什么不现在就做?

"安危相易,福祸相生",说的就是这个道理。即使遭遇挫折也不要轻言放弃,坚持一下,也许一切都会出现转机。

虚心使人进步,骄傲使人落后

骄傲自满是做人的一个忌讳,一个人的力量是有限的,个人的成就中都包含着别人的支持和帮助,成功的时候不要忘记感谢他人的功劳,否则只能让别人觉得你过于傲慢,以后还会有人帮助你吗?

骄傲使我们谴责那些我们认为自己已经改正的缺点,同时使我们蔑视那些我们自己不具备的好品性。骄傲激起我们的嫉妒之心,我们必须正确制约它。

骄傲的害处是很多的,但最危险的结果就是让人变得盲目,变得无知。骄傲会培育并增长盲目,让我们看不到眼前一直向前延伸的道路,让我们觉得自己已经到达山峰的顶点,再也没有爬升的余地,而实际上我们可能正在山脚徘徊。所以说,骄傲是阻碍我们进步的大敌。同情我们敌人的不幸,常常更多的是由于骄傲而非善良,我们之所以对他们表示同情并不是我们出于安慰的好心而是我们为了显示自己。

法国著名画家贝罗尼到瑞士去度假,但他并不是单纯的四处游玩儿,而是每天仍然背着画架到瑞士各地去写生。

这一天,贝罗尼正在日内瓦湖边用心画画,来了三位英国女游客,站在他身边看他画画,还在一旁指手画脚地批评,一个说这儿不好,一个说那儿不对,贝罗尼没有反驳,都一一修改过来,最后还跟她们说了声"谢谢"。

第二天,贝罗尼在车站又遇到昨天那三位妇女,她们此时正交头接耳不知在讨论些什么。那三位英国女游客看到他,便朝他走过来,向他打听:"先生,我们听说大画家贝罗尼正在这儿度假,所以特地来拜访他。请问你知不知道他现在在什么地方?"贝罗尼朝她们微微弯腰致意,回答说:"不好意思,我就是贝罗尼。"三位英国妇女大吃一惊,又想起昨天不礼貌的行为,都不好意思地溜走了。

骄傲的身份有时很难确定。就其情感实质来说,我们分不清自豪与骄傲有什么本质区别,说白了,自豪无非是骄傲的又一种扮相罢了,只是更具伪装性,让人看不到它的本来面目。骄傲和其他人类的特质一样有它的古怪之处,比如我们常为自己勇于承认错误而感到无比骄傲,骄傲这时似乎又成为对我们错误和缺点的掩饰。骄傲的人,往往用骄傲来掩饰自己的卑怯。骄傲是一个人对自己在某个方面或领域有卓越价值的肯定,是人对自己成绩的认知。骄傲是人难以避免的情绪,但过度的骄傲就是高傲。一个高傲的人,是不会把别人放在眼里的,他们都认为自己比别人强。但这些人都忘了,高傲的人只能让人厌烦,要知道人外有人,过于骄傲只会自找麻烦。

适可而止,留有余地

讲艺术体现在做事上也是非常有必要的,在办事过程中,如果发现对方的做法与自己的要求不符,可以通过巧妙的暗示,这比使对方恼怒的指责要高明得多。如果对方办事的方法不符合你的要求,当面指责只会造成对方的反抗,容易把事搞砸。而巧妙地暗示对方注意自己的错误,这样就轻松地把事情解决了。

卡尔·兰福在奥兰多市当市长时。他时常告诫他的部属,要让民众来见他,他宣称施行“开门政策”。然而,他社区的民众来拜访他时,都被他的秘书和行政官员挡在了门外。

最后,这位市长决定把办公室的大门给拆了。他的助手们知道了这件事,也只好接受了。从此之后,这位市长真正做到了“行政公开”。

这种做法,使人们易于改正错误,又维护了自尊,使他自己以为自己很重要,使他希望和你合作把事情办好,而不是反抗或抵触。

世间的事物没有十全十美的,但也正因为如此,这个世界才得以不断发展。月无常圆,金无足赤,就是因为有残缺,才会激起我们对完美的追求,虽然永远无法达到完美的境界,但这追求本身就是最有意义的。万事万物都在不停地发展,如果有什么东西达到了极致,从某种程度上说也就是停滞或死亡,所以我们经营事业也好,享受生活也好,都要掌握一个“度”。

给事物的发展都留有余地。清初著名学者朱舜水先生就说过:“满盈者,不损何为?慎才!慎之!”

处世为人要有益于人

南北朝时北齐的颜之推在《颜氏家训·勉学》篇写道:“古之学者为已”是说古人用学习来为自己弥补不足,“今之学者为人”是说今人学习只是用来说说罢了。古之学者为人,是说古人学好了用以行道利世,为人做事。今之学者为己,是说今人自己学习是为了步入仕途。这学就像种树,春天观赏花,秋天收获果;讲论文章好比春天的花,修身利行好比秋天的果。

帮助别人做饭可以得到品尝,帮助别人争斗却只能得到伤害。别人做好事可以参加,别人做坏事却要远离,不要去附和帮助别人做不义的事。凡有损于他人的事情,都不要参加。如果飞鸟投入人的怀中,仁人也是怜悯的,何况死士来投靠我,能不管他吗?所以,伍员藏身渔舟,季布藏身广柳车,孔融藏张俭,孙嵩匿赵岐,这

《东周列国志》版画之伍员像。伍员即伍子胥，因被楚国追杀而曾藏身渔舟。

些事为前代人赞赏，也是我认为应当做的。即使因此自己获罪，死也是瞑目的。至于郭解代人去报仇，灌夫怒骂为田蚡来求魏其侯土地的人，这是游侠的行为，不是君子的行为。如果有逆乱的行为，因而得罪于君亲，这又不足怜恤了。亲友有危难，自己的力量和家财自然无所吝惜，若是他们生出计谋，提出无理的要求，则不是我们所赞成的。墨翟一派人，人称热心肠，杨朱这一派，人称冷心肠，而心肠不可过冷过热，所有事都要以仁义为调节依据。

人的脚站于地上，也不过是几寸的地方，但如果路真的只有几寸，走路的人便会跌倒；如果桥梁只由一根拱把的木头筑成，人也常会掉到水中去，这是什么原因？这是由于脚旁没有余地。君子立身处世，或许也可从中得到启发。一个人的至诚之言，别人不一定信他，至洁之行，有人还会怀疑他，这也都是由于他的言行之外名声没有余地。我每每被人不信、怀疑，常因此自责，怪自己平日没有名声上的余地。如果能够开辟平坦大道，加宽渡河的舟桥，那么别人就无所不信了。仲由的话有信用，比诸侯间登坛所立之盟更为人所信，赵熹的言行名声对于降城的作用，相比那些有本事的大将的作用还要大。

君子为人处世，要以有益于人为贵，不能只是高谈阔论，抚琴读书，不做实事，这样是空费国家的俸禄官位。国家需用的人才，大致分起来不过这六方面：一是朝廷上的大臣，这要他们能对政治上的原理看得清，治国的才能又能博雅；二是文史方面的臣子，这要他们在著述中能不忘前代圣贤的遗意；三是武臣，这要他们有决断有谋略，强有力而能干，对军旅的事熟悉；四是地方官员，这要他们对地方风俗明晓能清白爱百姓；五是担任外交使命的臣子，这要他们能随机应变，在外不辱使命；六是营造工程的官员，这要他们能计算工程节省费用，能有计划、执行的本事。

以上六点，都是能勤学、能洁身自好的人才能办到的。人的才能有长有短，难道要求一个人在这六方面都完美无缺吗？非也，只要明晓为人为臣的大旨，能做好自己本身的职务，就无愧于君无愧于民了。

精通进退之道

春秋时期的范蠡认为：飞鸟尽，良弓藏；狡兔死，走狗烹；敌国破，谋臣亡。

即能够功成名就，又能远离灾难，避开祸乱是修身处世的秘诀。世间一切事物都在不断变化，时世的盛衰和人生的沉浮也是如此，所以必须待时而动，顺其自然。这就意味着，为人处世要精通时务，懂得“急流勇进”和“急流勇退”的道理。

兵器就是凶器，作战就是逆行，争斗就是下策。暗中图谋逆行，喜欢玩弄凶器，用自身去尝试种种下策，这样做一定不利，老天爷会惩罚这些人的。

想要保持盈盛的人，必须效法天道的盈而不溢；想要节制事理的人，必须效法地道的因时制宜；想要平定颠覆的人，必须懂得人道的谦卑受益。现在既然打了败仗，只有忍辱退让，用谦卑的言辞和厚重的礼物去乞求和解，无论条件多么苛刻，都得答应，哪怕你亲自去给吴王夫差当仆人。

忍得苦中苦，方为人上人，小不忍则乱大谋。

非善不交，知贤必亲

宋朝时期的邵雍认为：“善”，也就是平时常说的“吉”；“不善”，也就是平时常说的“凶”。所谓“吉”，就是眼睛不看不合乎礼仪的现象，耳朵不听不合乎礼仪的声音，嘴巴不说不合乎礼仪的话，脚不踏不合乎礼仪的地方。不是善良的人不与他交往，不是合理的物品不去索取。亲近贤良就好比接近芝兰香草一样高兴，回避丑恶就好比害怕蛇蝎毒虫一样恐怖。所谓“凶”，就是语言怪诞，行动举止阴险，喜好名利并掩饰自己的过失，贪恋女色并幸灾乐祸，憎恨善良如同与之有冤仇一样，经常违反法令好像天天离不开吃饭一样。小而言之就丧失生命，大而言之就毁灭宗族、断绝后嗣。也许有人会说这不算叫做“凶人”，可我是不会相信的。你们是想为吉人呢，还是想为凶人呢？如果有过错和失误却不去改正，知道是贤德之人又不肯去亲近他，这样的人虽然活在人世上，那根本就算不上人。

善恶是没有多少区别的，就是在于“有过能改不能改，知贤肯亲不肯亲”，这里存在着是小人还是君子的问题，他们也可以在这中间被区分开来。如果有过能改正过来仍不失为君子，如果执迷不悟又时而反复，终归会成为小人。良药有成效才会有利于把病治好，白玉没有斑点才可称为珍世之宝。要想成为有用的材料必须加以雕刻琢磨，有了过失为什么不悔过自新呢？

以其人之道，还治其人之身

南宋时期的朱熹认为：以其人之道，还治其人之身。

古人强调对付和整治恶人，用他的方法，来对付他，直到他改正为止。不能跟多情的人讨论是美还是丑的问题；不能跟重情谊的人讲究孰取孰予的问题；不能跟争强好胜的人争执胜负；不能跟兴致很高的人商量去留问题；不去跟嗜酒而易醉的人辩论是非。

人的胸怀是否宽广，在于自身，检验评价由别人。别人喜欢我，我一定喜欢别人；别人讨厌我，我必定也讨厌别人。人际交往中不必过于在乎别人的意见，对不友好的人不妨也以同样态度回击他。与地位尊贵的人说话，要气宇轩昂；与有钱人说话，要大气豪爽；与穷人说话，要多给予他利益。

自己看不起自己的人，不能与之商谈正事道理；自我鄙弃的人，不能与之一起干

朱熹像，图出自明·吕维祺《圣贤像赞》。

大事；拘泥于礼法的人，不可与之过于亲切随便；墨守成规的人，不可与之讨论变法改革。思想志趣全然不同的人，不必相聚谋事。志同道合，才能共同谋取大事。

多嘴多舌的人，不可与之谋划大事；轻举妄动的人，不可与之长期共事；目光短浅胸无大志的人，不可与之商议重大事情。当着矮人，别说矮话。当着矮个子面前，不要说讥笑矮人之类的话。当面讥嘲别人的缺陷和弱点，无视别人的自尊，这是立身处世大的忌讳，也是不道德的行为。

和聪明的人说话，要学识渊博；与博学的人说话，要善于思辨；与善辩的人说话，要提纲挈领。面对忧心忡忡的人不要表现得兴高采烈，面对哀伤哭泣的人不要喜笑颜开，面对不得志的人不要矜夸自大。对于小人是应当疏远的，但切不可公开与其为敌；对于君子是应当亲近的，但也不能曲意附和。责罚君子，要用使之感到心灵耻辱的办法；责罚小人，则要用肉体惩罚或者使之感到肉痛的方法。避开对手的长处，攻击对手的短处；施展自己的优势，避开自己的不足。

顺势而为

战国时期的庄子认为：知识是无限的，而人的生命却是有限的。以有限的生命去追求无限的知识，就会弄得很疲困；既然如此还要不停地追求知识，就会弄得更加疲困不堪了！做了世人所谓的善事却不去贪图名声，做了世人所谓的恶事却不至于面对刑戮的屈辱。顺着自然的道理以为常法，就可以保护生命，可以保全天性，可以养护身体，享尽寿命也是可以的。

庖丁给文惠君宰牛，手所触及的，肩所倚着的，足所踩到的，膝所抵住的，都发出嚯嚯的响声，进刀割破发出哗啦响声，没有不合于音节，符合桑林舞曲的节奏，又合于经首乐章的韵律。

文惠君说："啊！好极了！技术怎能到达这般的地步？"

放下屠刀的庖丁回答说："我所爱好的是道，已经超过技术了。我开始宰牛的时候，所看见的没有不是一头整个的牛。几年之后，就不曾再看到整体的牛了。现在，我只用心神来领会而不用眼睛去观看，器官的作用停止而只是心神在运用。顺着牛体自然的生理结构，劈开筋肉的间隙，导向骨节的空隙，顺着牛体的自然结构去用刀，从不曾碰撞过经络结聚的部位和骨紧密连接的地方，何况那些大骨头呢！好的厨师一年换一把刀,他们是用刀去割筋肉;普通的厨师一个月换一把刀,他们是用刀去砍骨头。现在我这把刀已经用过十九年了,所解的牛有几千头了,可是刀刃的锋利就像刚从磨刀石上磨过一样。因为牛骨节是有间隙的,而刀刃是没有厚度的;以没有厚度的刀刃切入有间隙的骨节,当然是游刃恢恢而宽大有余了。所以这把刀用了十九年还是像新磨的一样。虽然这样,可是每遇到筋骨盘结的地方,我知道不容易下手,小心谨慎,眼神专注,手脚缓慢,刀子微微一动,牛就哗啦解体了,如同泥土溃散落地一样,牛还不知道自己已经死了呢!这时我提刀站立,张望四方,感到心满意足,把刀子擦拭干净收藏起来。"

文惠君说:"好啊!我听了厨师这一番话,得到养生的道理了。"

求贤明可成就大业

战国时期的吕不韦认为:探寻事物的根本,有十天就能找到,寻求它的枝末,花费很长时间也不一定有收获。功名的建立,经由事物的根本,获得贤人的教化指点,不是贤明之人谁能知道事情的变化?所以说,建立功名的根本还在得到贤人。

有个采桑的女子叫有侁氏,在枯桑中拾到一个婴儿,献给她的君王,君王叫厨师养育这婴儿,弄清楚这是怎么回事。厨师说:"他的母亲住在伊水上游,有了身孕,梦见神人对她说:'看见臼从水中浮出你就往东跑,不要回头。'第二天,就看见臼浮出水,告诉了她的邻人就向东跑了十里。回头再看村庄,已被水淹没,于是自身就变成了枯桑。"所以君王给这孩子起名叫伊尹,这是伊尹生于枯桑的故事。伊尹长大后很贤明。汤听说了伊尹,派人到有侁氏请他,有侁氏不同意。伊尹也想归附汤。于是汤就向有侁氏女子求婚,有侁氏高兴了,让伊尹做有侁氏的女儿的媵人。所以说贤明之王寻求有道之士,是不分方式方法的。

商代名臣伊尹像,图出自清·顾沅辑《古圣贤像传略》。

贤士寻求明主,也无所不用。贤王贤臣能一同共事是很快乐的。不相谋划就很亲近,不相约定就互相信任,共同努力竭心尽智,不怕困难不避危险,心意欢乐,这就是成就大功名的办法。功名的成就必定不是只有一方。士中有孤傲而自恃其能的,人主有自强却喜好独干的,那么他们的美名会熄灭,国家定会危险。所以,黄帝向四方求贤,他因此四面而立,舜得到了伯阳、续耳的辅佐之后才得以成功。凡是四方贤人的德行两位圣王全都了解因而没有失落的。

俞伯牙弹琴,钟子期听。刚弹琴时心志在于泰山,钟子期说:“琴弹得好啊,巍巍然像泰山。”一会儿,伯牙的心志又在于流水了,钟子期又说:“琴弹得好啊,浩浩荡荡如同流水。”钟子期死了,伯牙摔破了琴弄断了弦,终身不再弹琴,认为世上再也没有值得自己为之弹琴的知音了。

不只是弹琴这样,贤明的人也不会为不欣赏自己的人效力。虽然有贤者,却没有礼让地去接近他,贤者又由哪里去尽他的忠心呢?就像驾驭不好,千里马也不能自己驰骋千里。

汤得到了伊尹,在宗庙为他举行除灾祈福的祓。次日,布置了朝堂行礼而接见他。伊尹为汤论说最美的味道。

汤说:“可以做吗?”伊尹对答说:“您的国太小,不足来供置这些东西,成了天子才能具备条件。三群动物:水中的腥、肉食的臊、食草的膻,臭的、恶的、莸草、甘草都有用处。凡味的根本,水为第一。五种味道三种调料,煮九开,火候是关键,或快或慢,减去腥味去掉臊味除掉膻味。味道调和的事,一定用甜酸苦辣咸,谁先谁后谁多谁少,那很精妙,却都从这里产生。鼎中的味道变化很精妙的,只可意会,不可言传,如同射箭驾马的精妙、阴阳的变化、四季的规律。所以时间虽久却不会坏,熟了却不烂。甜、酸、咸、辣,味道正合适。味道清淡而不薄,肥厚而不腻,味道最好的肉有:猩猩的唇,獾的脚掌,燕雀的尾肉,述荡的蹄肉,旄牛的腰。流沙之西,丹山之南,有凤的蛋,沃国人就吃这个。美味的鱼有:洞庭鱼,东海鲕鱼,醴水的朱鳖。六只脚,皮如同百串珠子。叫鳐的鱼,形状像鲤鱼却有翅膀,常常夜里从西海飞到东海。美味的菜有:昆仑的大藻,寿木的花。指姑东面,是中容国,有红木黑木的叶子。余瞀的南边,南极的石崖旁,有菜名叫嘉树,青色。阳华山的芸、云梦泽的芹、具区泽的菁、浸渊的土英草。调和使味道美的调料有:阳朴的姜、招摇的桂、越骆的菌、鲔的酱、大夏的盐、宰揭的露,雪白如玉的长泽的石卵。美味的饭有:玄山的稻禾、不周山的小米、阳山的黄黍,南海的黑黍。美味的水有:三危山的露水,昆仑山的井水,沮江的山丘有瑶水,日山的水,高泉山下有涌泉,是冀州的水源。美味的果子有:沙棠果,常山之北、投渊上游,有百果,是先升天的帝王们所吃的果子。箕山东边的青岛,有甘栌、江浦的橘子,云梦的柚子,汉水上游的石耳。要得到它们,得用“青

成汤像,图出自明·天然撰《历代古人像赞》。

龙”、“遗风”等俊美的快马，只有先成了天子，不然就不可能完全领略这些美味。天子不是可以强取的，而必须先知道素王九主的道。道存在于自身却施与天下万物，自身修养成素王九主的道，也就成了天子，成了天子那所有的美味也就齐备了。所以说，审察近处的就可以了解远处的，成就了自身也就成就了他人。圣人的道简约，哪里用得着耗费大力做功业少的事呢！

穷在闹市无人问，富在深山有远亲

常言说：“富在深山有远亲，贫在闹市无人问。”这句话是世态炎凉的生动写照。从古到今，被利益所驱使的势利眼时时存在、到处可见，他们趋炎附势、嫌贫爱富，是最令人厌恶的。

对于亲戚，都应该平等对待、一视同仁，不宜在这方面注意“门楣”，分“亲”和“疏”。有的人对自己的父母、兄弟姐妹好，对爱人的父母、兄弟姐妹就另眼相待。给自己的父母生活费每月几百元，给爱人的父母却几十元，甚至分文不给；自己的兄弟姐妹结婚办喜事拿彩礼几百，甚至上千元；爱人的兄弟姐妹结婚只有一二百元。这是很不妥当的。当然，也不能搞绝对平均，但也应说得过去。在亲属之间人为地搞“亲”和“疏”，就会造成家庭不和、亲属不满，从而出现矛盾和纠纷。

明朝中朝的重臣张居正，此人为官清廉，秉公办事，在朝野中权力极大，连嘉靖皇帝也要敬他三分。张居正在家里也是一个好丈夫、好父亲，特别是在对待亲戚关系上，不分“亲”和“疏”，深得亲戚间的敬重。张居正的妻子来自一个贫苦的农家，世代务农。她聪明贤惠，在嫁给张居正后，操持家务，颇有大家风范。张居正与妻子互敬互重，举案齐眉，对待亲戚一视同仁，并不因为他们是农民，而不屑于与他们往来，或者分“亲”和“疏”。有一次，张居正的岳父病重身亡，尽管当时身为宰相的张居正公务繁忙，而且从礼法地位上说，张居正不必前往凭吊，但张居正却没有这样做，他向嘉靖皇帝请了假，带领全家人赶回去，尽了孝道。这个举动，深深感动了所有的亲戚，大家都称赞张居正“有情有义”。

所以，不分“亲”和“疏”也是处理“门楣之见”中应注意的一个方面。注意到了，在处理亲戚关系问题上将会游刃有余；忽视了或处理不当，那将会造成亲戚之间的关系破裂或疏远，对谁来说都不是一件好事情。

亲戚之间的交往，要平等相待、一视同仁。逢年过节，你来我往互相应酬，不可厚此薄彼，招待亲戚都要一样热情。婚丧人事，众多亲戚聚会，让座敬茶，宴请吃饭，入席敬酒，先后顺序只能根据年龄辈分来办，而不能以贵贱贫富来定。能够毫不势利地善待穷亲戚的人，才能够在社会上真正长久受到尊重。

每个人因为所处的地位的不同，面临的矛盾也不一样，富人苦恼的是如何更有钱，穷人苦恼的是如何吃上饭。虽然他们愁苦的内容不同，但苦恼的性质和程度是完全一样的。人性的高贵并不在于地位的高低，身份的象征也不在于官位有无。从本质上说，人与人之间是绝对平等的，富贵贫贱都是指身外之物来说的。

毋形人短，不持己长

有些人有点小本事就盛气凌人，由于有些能力，就很自信，往往瞧不起不如自己的人，以至目无一切。人过于自信就容易偏信，傲以待人便就无人，这样意气用事，被人利用，妒人之能，却难自知。一个修养好的人，往往具备公正、无私、诚恳、同情的品性，而偏袒、自私、欺骗、嫉妒则往往在修养较差的人身上表现出来。人有本领、能力强是好事，但如果靠这个而形成许多恶习，就变成了坏事。

三国时期，盘踞汉中地区的汉中太守张鲁，打算夺取西川，扩大势力，登上"汉中王"的宝座。益州牧刘璋急派别驾张松到许都向曹操求援。张松走时，除携带一批准备献给曹操的金银珍宝以外，还暗地藏了一幅西川的地形详图。由于刘璋糊涂而又懦弱，当时川中的有识之士都感到群雄竞争的形势下，刘璋绝对不能保住西川，因此不少人都有另投靠山的打算。张松借出使的机会，带着这幅极有价值的军事地图，就是这么考虑的。

来到许昌后，张松被接待在驿馆里，等了三天才得到接见的通知，心中很有些不高兴。而且丞相府的上下侍从都公开索贿，才肯引见，这使得张松更加摇头。曹操接见张松时态度极为傲慢，责问说："你的主人刘璋，为什么这几年都不来进贡？"张松巧妙地解释："因为道路艰难，贼寇又多，常常拦路抢劫，不能通过。"曹操大声呵斥说："我已扫清中原地区，哪里还有什么贼寇！分明是捏造借口。"

张松像，图出自《图像三国志》。

张松虽然生得头尖额翘，鼻低齿露，身长不满五尺，但嗓音洪亮，说话犹如铜钟之声。他读书很多，有超人的见解，以富有胆识闻名。他早是西川有名的人物，自来许都后，遭到如此慢待，心中早已不快；今天又见曹操这般蛮横，便断了投奔他的念头，决心教训他一番。曹操刚讲完话，张松嘿嘿一笑说："目前江南还有孙权，北方存在张鲁，西面站着刘备，他们中间拥有军队最少的也有十余万人，这算得上太平吗？"

曹操被这一顿抢白窘得说不出话来。曹操一开始见到张松，觉得他个子小，面孔怪，猥猥琐琐，已有五分不喜欢，现在又发现他言语冲撞，让人很不高兴，于是一甩袖子，起身转进后堂去了。

后来，尽管主簿一再在曹操面前夸赞张松，要求重新接见张松。终因双方的观点差距太大，张松又讽刺了曹操一顿，然后离开许都，把身上带着的那张十分有价值的地图献给刘备去了。

可惜曹操一辈子都在搜罗贤才，却因自己一时的骄矜之态而错过了一个极佳的机会。

知退一步，须让三分

多少人把："忍一时风平浪静，退一步海阔天空。"作为处世座右铭。这句话与当今商品经济下的竞争观念似乎不大合拍，事实上，"争"与"让"并非总是不相容，反倒经常互补。在生意场上也好，在外交场合也好，在个人之间、集团之间，也不是一个劲"争"到底，退让、妥协、牺牲有时也很有必要。而为个人修养和处世之道，让则不仅是一种美好的德性，更是一种难得的智慧。

明朝时，有一位姓尤的老翁开了个当铺，有好多年了，生意一直不错，某年年关将近，有一天尤翁忽然听见铺堂上人声嘈杂，走出来一看，原来是站柜台的伙计同一个邻居吵了起来。伙计连忙上前对尤翁说："这人前些时典当了些东西，今天空手来取典当之物，不给就破口大骂，一点道理都不讲。"那人见了尤翁，仍然骂骂咧咧，不认情面。尤翁却笑脸相迎，好言好语地对他说："我晓得你的意思，不过是为了度过年关。街坊邻居，区区小事，还用得着争吵吗？"于是叫伙计找出他典当的东西，共有四五件。尤翁指着棉袄说："这是过冬不可少的衣服。"又指着长袍说："这件给你拜年用。其他东西现在不急用，不如暂放这里，棉袄、长袍先拿回去穿吧！"

那人一声不响拿了两件衣服走了。当天夜里，他竟突然死在另一人家里。为此，死者的亲属同那人打了一年多官司，害得别人花了不少冤枉钱。

这个邻人欠了人家很多债，无法偿还，走投无路，事先已经服毒，知道尤家殷实，想用死来敲诈一笔钱财，结果只得了两件衣服。他只好到另一家去扯皮，那家人不肯相让，结果就死在那里了。

后来有人问尤翁说："你怎么能有先见之明，容忍这种人呢？"尤翁回答说："凡是蛮横无理来挑衅的人，他一定是有所恃而来的。如果在小事上不稍加退让，那么灾祸就可能接踵而至。"人们听了这一番话，都被尤翁的见识而折服。

退后一步，清淡一分

假如世人都有这种"退步宽平，清淡悠久"的处世观，人与人之间就不会有那么多纠纷了。但事实上很难，这就存在一个适时的问题，即在什么样的条件下应该争胜，什么样的情况下应该退让。做人贵在自然，做事不可强求，在大是大非面前，在天下兴亡的大义面前，不争何待？在名利场中，在富贵乡中，在人际是非面前，退让一步又有何妨？

战国时，齐国有三个大力士，一个叫公孙捷，一个叫田开疆，一个叫古冶子，号称"齐国三杰"。他们因为勇猛异常，被齐景公宠爱，晏子遇到这三个人总是恭恭敬敬地

《东周列国志》版画之晏平仲二桃杀三杰图

快步走过去。可是这三个人仗着齐景公的宠爱,为所欲为,每当见晏子走过来,坐在那里连站都不站起来,根本不把晏子放在眼里。

晏子很想除掉他们,又怕国君不听,反倒坏了事。于是心里暗暗拿定了主意:用计谋除掉他们。

有一天,鲁昭公来齐国访问。齐景公设宴招待他们。鲁国是叔孙诺执行礼仪,齐国是晏子执行礼仪。君臣四人坐在堂上,“三杰”佩剑立于堂下,态度十分傲慢。正当两位国君喝得半醉的时候,晏子说:“园中的金桃已经熟了,摘几个来请二位国君尝尝鲜吧!”齐景公传令派人去摘。晏子说:“金桃很难得,我应当亲自去摘。”不一会儿,晏子领着园吏,端着玉盘献上六枚桃子。景公问:“就结这几个吗?”晏子说:“还有几个,没太熟,只摘了这六个。”说完就恭恭敬敬地献给鲁昭公、齐景公每人一个金桃。鲁昭公边吃边夸金桃味道甘美,齐景公说“这金桃不易得到,叔孙大夫天下闻名,应该吃一个。”叔孙诺说:“我哪里赶得上晏相国呢!这个桃应当请相国吃。”齐景公说:“既然叔孙大夫推让相国,就请你们二位每人吃一个金桃吧!”两位大臣谢过齐景公。晏子说:“盘中还剩下两个金桃,请君王传令各位臣子,让他们都说一说自己的功劳,谁功劳大,就赏给谁吃。”齐景公说:“这样很好。”便传下令去。

话音未落,公孙捷奔了过来,得意扬扬地说:“我曾跟着主公上山打猎,忽然一只吊睛猛虎向主公扑来,我用尽全力将老虎打死,救了主公性命,如此大功,还不该吃个桃吗?”晏子说:“冒死救主,功比泰山,应该吃一个桃。”公孙捷接过桃子就走。

古冶子喊道:“打死一只虎有什么稀奇!我护送主公过黄河的时候,有一只鼋咬住了主公的马腿,一下子就把马拖到急流中去了。我跳到河里把鼋杀死了,救了主公,像这样大的功劳,该不该吃个桃?”景公说:“那时候黄河波涛汹涌,要不是将军除鼋斩怪,我的命就保不住了。这是盖世奇功,理应吃个桃。”晏子急忙送给古冶子一个金桃。

田开疆眼看金桃分完了,急得跳起来大喝道:“我曾奉命讨伐徐国,杀了他们主将,抓了五百多俘虏,吓得徐国国君称臣纳贡,临近几个小国也纷纷归附咱们齐国,这样的大功,难道就不能吃个桃子吗?”晏子忙说:“田将军的功劳比公孙将军和古冶将军大十倍,可是金桃已经分完,请喝一杯酒吧!等树上的金桃熟了,先请您吃。”齐景公也说:“你的功劳最大,可惜说晚了。”田开疆手按剑把,气呼呼地说:“杀鼋打虎有什么了不起!我跋涉千里,出生入死,反而吃不到桃,在两国君主面前受到这样的羞辱,我还有什么脸活着呢?”说着竟挥剑自刎了。公孙捷大吃一惊,拔出剑来说:“我的功小而吃桃子,真没脸活了。”说完也自杀了。古冶子沉不住气说:“我们三人是兄弟之交,他们都死了,我怎能一个人活着?”说完也拔剑自刎了。人们要阻止已经来不及了。

看到这个场面鲁昭公无限惋惜地说:“我听说三位将军都有万夫不当之勇,可惜为了一个桃子都死了。”

事在人为

战国时期的吕不韦认为:聪明的人采取行动时一定要顺应时机。即使时机不一定成熟,但人却不能放弃努力,时机成熟也好,不成熟也好,一定不要放弃努力。靠别人所能做到的托举起自己所做不到的,就像船能渡河,车能远行。

北方有一种叫蹶的兽,老鼠一样的前腿,兔子一样的后腿。它要小步快走就会绊倒,要跑就会跌倒,常常拿甘饴的草让蛩蛩距虚吃,而蹶在患难时,这蛩蛩距虚就背着它逃跑。这就是靠自己做得到的托举起别人做不到的。

战国时,齐国的鲍叔牙、管仲、召忽,三个人相互友好,想一同使齐国安定,认为公子纠一定能立为王。召忽说:“我们三个人对于齐国,好比鼎有三足,少一个都不行。公子小白不久肯定立不住了,不如我们三个人辅佐公子纠。”管仲说:“不可以。国人厌恶公子纠的母亲,殃及公子纠;公子小白没有母亲,国人怜悯他。这事情不好料定,不如让一个人去随侍公子小白。拥有齐国的必定是这两个人中的一个。”所以让鲍叔牙做公子小白的老师,管仲、召忽都住在公子纠的住所辅佐他。公子纠能否被立为王的事是出人意料的。虽然这样,管仲的谋虑也是合乎情理的。像这样尽了人力的安排还不周全,那便是天意了。

管仲像,图出自《三才图会》。

齐国攻打廪丘。赵国派孔青率领敢死队去救援。与齐国交战,大败齐军。齐将战死。赵国缴获了战车二千乘,得敌尸三万,堆成两座“京”(尸堆)。宁越对孔青说:“可惜了,不如将尸体还给他们,让他们内部混乱。我听说,古代关于打仗的,使敌人进退两难,匍匐在地,让出屋子存放尸体,车甲都在战斗中消耗殆尽,府库中钱物都在殡葬中用光,这就是内攻之术。”孔青说:“齐国是敌国,他们不收尸该怎么办呢?”宁越说:“打败仗,这是他们第一条罪;让人民出去打仗而没带他们回来，这是第二条罪；给他们尸体还不取，这是第三条罪。人民因这三条罪怨恨他们的君王，君王没法调遣臣民，臣民也不侍奉君王，这可以叫做重重攻击了。”宁越可以说是懂得文武夹攻之道了。运用武力是靠力量取胜，运用文攻就要靠德行取胜了。文武都胜，还有什么敌人不可以战胜呢？

晋文公想与诸侯会合。咎犯说：“不行。天下人还不知道您的义呢！”公问：“怎么办呢？”咎犯说：“天子因异母弟叔带发难，躲出住在郑国。您为什么不营救他，借这个机会定大义呢？而且能借此机树立您的信誉。”文公说：“做得到吗？”咎犯说：“事情如果能成功，就是经营了文公的大业，定了武王的功绩，扩充土地安定了边疆，都在此一举了。事情如果不成功，补了周室的缺，救了天子的难，成就了教化，名垂青史，也在此一举了。您不要疑虑了。”文公听从了他的意见。于是联合戎国、翟国，使天子在成周安定下来。天子将南阳的土地赐给晋文公，于是文公就称霸于诸侯。此举动既获得了义的名声又获得了实利，建立了大功业，文公可说是聪明了。这都是咎犯的谋略。文公离开国土十七年，回国才四年就称霸，都是听了像咎犯这样人的意见呀！

管仲、鲍叔牙辅佐齐桓公处理国事，齐国东郊边远地区的人都是刻苦努力的。管仲死了，佞臣小人竖刁、易牙被任用，国人常常不刻苦努力。不刻苦努力，最后倒成了齐国的好官吏，子孙受用。知道国家的大礼，知道大礼就是知道根本，那么不知道国事都可以了。

切不可妄自尊大

南宋时期的袁采认为：与别人交往，不要管对方地位高低，态度上都必须要平和亲切，切记不可妄自尊大，讲究穿着服饰。如果言谈举止是一副高高在上的派头，那么谁还愿意和你接近呢？然而也不能和人过分亲近。喝酒聚会的时候，固然应该高歌欢笑，尽情畅饮，但也要说话谨慎，否则，在嘲讽中触犯了别人禁忌避讳的事，也许就要引起争吵了。

许多亲朋好友，故交旧识，因为说话不当而交情破裂的，不一定都是因为说了伤害别人的话。很多是因为态度、言辞、语气过于粗暴，所以激起了别人的愤怒。比如规谏别人的短处，话语虽然恳切直爽，却能和颜悦色，纵使不被对方听取，也不至于惹怒对方。平常说话，本无伤人之心，而言辞声色都很严厉，就算是不惹对方恼怒，也会引起别人怀疑。

古人说：“在家里生气后，难免会把怒色带到外面去。正值他生气的时候，和别人说话，一定不会表示谦逊。别人不知道是什么原因，怎么能不奇怪呢！”因此，在大怒的时候和别人说话更应该警惕不要伤害别人。前辈曾经说过：喝酒后戒说话，吃饭时忌生气，要能忍受难以忍受之事，不与自以为是的人争论。如果能经常坚持这样做，对自己是有许多好处的。

亲戚朋友，故交旧识，即使在彼此关系融洽感情深厚的时候，也不能把自己的隐私全部告诉他们。恐怕一旦双方关系恶化，那么从前所说的话就成了他人和你争讼时所凭借的资本。还有在和别人关系恶化的时候，也不要用太过分的言辞侮辱人家，恐怕怒气平息之后还要和他恢复以前的友好关系，甚至成为亲戚，那样从前所说的话可就会令人惭愧了。一般来说，在怒不可遏的时候，切不可揭露别人的隐私和避讳的事情,或暴露别人父辈、祖辈所做过的恶事。我们可能被一时的怒气所驱使,一定要揭露人家的短处来攻击人家,而不知道人家对我们的怨恨因为这个而深入骨髓。古人说:"言语对人的伤害,比长矛剑戟还要厉害。"这是有一定道理的。俗话也说:"打人莫打脸,说人莫揭短。"

谦虚得益骄傲必败

《尚书·大禹漠》中认为:满招损,谦受益。自满会招致损失,谦虚可以得到收益。

展露才华智慧宣传自己,这样做缺乏见识。学问广博的人,虽然饱学却好像还不充实;学识不充足的人,却急于让人知道自己。敲击却不响的,是朝廷的重器黄钟大吕;响声喧嚣刺耳的,是那些低劣的陶盆瓦釜发出的声音。藏在匣子里等待高价售出的珍宝,不达千金不会出卖;在市巷叫卖的东西,一文钱就可以买到。最擅长辩论的人看起来像不善言辞,最聪明的人看起来像个笨拙的人。辽东的白猪并不是奇异的东西,少见多怪,给后人留下笑柄;贵州驴子的技艺,仅仅是踢一下而已,终不能救自己的性命。

金玉满堂,却无法持守。富贵而骄奢,将自食恶果。国君对人傲慢会失去政权,大夫对人傲慢会失去领地。富贵不与骄傲相约,但骄傲自会跟着富贵到来;骄傲和死亡并没有联系,但死亡也自会随骄傲来到。恶果以骄傲自夸为先兆;灭亡以骄奢出现而确定。天下太平自然骄傲奢侈之风容易出现;骄傲奢侈自然会招致危难灭亡。先前贤人的话,人们若不听,会怎么样呢?"骄傲心伴随衰败"这句话让人回味无穷。

只要你不自吹自擂,世人就不会和你争高低;只要你不自夸自大,世人就不会和你比功劳。自夸自吹会因为贬损蔑视别人从而引起别人的嫉恨与竞争。

谦虚对待别人,前来亲近的人就会很多;骄傲自大,拂袖而去的人就会很多。越是谦虚,就越会得到别人的遵从;自我夸耀,必然会遭到别人的怀疑。被人赞誉而能自谦,那么就又增加了一种美德;吹嘘自己而遭失败,还会受到别人的嘲弄。赢得了胜利而不骄傲,更能使世人信服;约束住自己不发怒,因而能与周围的人和睦相处。自我吹嘘的人,是想让别人羡慕自己,却不知会因此遭到别人的耻笑。

脾气切忌不可盛气凌人,心意切忌骄傲自满,才华能力切忌锋芒毕露。讨厌骄傲自满的人,喜欢谦虚谨慎的人,这是人之常情。

"恶盈好谦"是中国人传统的道德取向之一。

顺其自然

战国的庄子认为:要等待绳墨、规矩来校正的,这便是砍削事物自身本性的做法;要等待绳索、胶漆来稳固的,是伤害事物本性的行径。

卑躬屈节来实行礼乐的形式,嬉皮笑脸来显出仁义的样子,让天下人心得到安慰,这实际上是失去了人生本来的正常情态。

正常的情态就是:曲的不靠曲尺取弯,直的不靠绳墨求直,圆的不用圆规画圆,方的不用矩尺取方,附着不需胶漆,捆绑不用绳索。如此,天下事物才能怡然自生,而不知其生长的原因;同样地有所得,但又不知所以得到的原因。

天工人可代，人工天不如，或者人定胜天，征服自然。这都是肯定人有巨大的创造变化之功。

另一方面，自然变化无穷，人也是自然的一部分。阅尽人间春色，常常发现，一场战争，一段历史成就的许多功业，改变了自然，改变了人。但又过一段时间，人们奇迹般地发现，自然与人又回到了原来的状态。

自然变化之功就是这样巨大。

山木因为材质可用而招致砍伐，油脂因为可燃烧照明而自招煎熬。桂树因为可以吃，所以遭到砍伐，漆树因为可以用，所以招致刀割。人们都知道有用的用处，但不懂得无用的更大用处。

对待小人，难于不恶

君子之所以不怕流言，因为他问心无愧。小人看你揭露了他的真面目，为了自保，为了掩饰，他是会对你展开反击的。也许你不怕他们的反击，也许他们也奈何不了你，但你要知道，小人之所以为小人，是因为他们始终在暗处，用的始终是不法的手段，而且不会轻易罢手。别说你不怕他们对你的攻击，看看历史的血迹吧，又有几个忠臣能逃过奸臣的诬陷？

所以，还是尽量不要和小人一般见识，内方外圆地和他们保持距离，小人毕竟不是敌人，不必过于刚直，疾恶如仇地和他们划清界限，他们也是需要自尊和面子的。

唐德宗像，出自《三才图会》。

唐德宗时一个宰相叫杨炎，是中国历史上著名的理财能手，他提出的“两税法”对缓解当时中央政府的财政危机立下了汗马功劳。后来的史学家评论他说：“后来言财利者，皆莫能及之。”可见杨炎确实是个干练之才，受时人的尊重和推崇。此外，还有一个同任宰相的人叫卢杞，杨炎与卢杞在外表上也有很大不同，杨炎是个美髯公，仪表堂堂，卢杞脸上却有大片的蓝色痣斑，相貌奇丑，形象琐屑。

尽管杨炎有宰相之能，性格却过于刚直。特别是对卢杞这样的小人，他压根儿就没放在眼里。两人同处一朝，共事一主，但杨炎几乎不与卢杞有丝毫往来。按当时制度，宰相们应一同在政事堂办公，一同吃饭，杨炎因为不愿与卢杞同桌而食，便经常找个借口在别处单独吃饭,有人趁机对卢杞挑拨说:“杨大人看不起你,不愿和你在一起吃饭。”

因相貌丑陋内心自卑的卢杞自然怀恨在心。

不久,节度使梁崇义,发动叛乱,德宗皇帝命淮西节度使李希烈前去讨伐,杨炎不同意重用李希烈,认为此人反复无常,对德宗说:“李希烈这个人,杀害了对他十分信任的养父而夺其职位,为人凶狠无情,他没有功劳都傲视朝廷,不守法度,若是在平定梁崇义时立了功,以后就更不可控制了。”

然而,德宗却说:“这件事你就不要管了!”谁知,刚直的杨炎并不把德宗的不快放在眼里,还是一再表示反对用李希烈,这使本来就对他有点不满的德宗更加生气。

而这时恰恰诏命下达之后,赶上连日阴雨,李希烈进军迟缓,德宗又是个急性子,就找卢杞商量。卢杞看到这是扳倒杨炎的绝好时机,便对德宗皇帝说:“李希烈之所以拖延徘徊,正是因为听说杨炎反对他的缘故,陛下何必为了保全杨炎的面子而影响平定叛军的大事呢?不如暂时免去杨炎宰相的职位,让李希烈放心。等到叛军平定以后,再重新起用,也没有什么大关系!”

这番话没有一句伤害杨炎的话。看上去完全是为朝廷考虑,德宗皇帝果然信以为真,就听信了卢杞的话,免去了杨炎的宰相职务。就这样,只方不圆的杨炎因为不愿与小人同桌就餐而莫名其妙地丢掉了相位。

从此卢杞独掌大权,杨炎可就在他的掌握之中了,他自然不会让杨炎东山再起的,接着他又诬陷杨炎有谋反之心。

于是,在卢杞的鼓动之下,勃然大怒的德宗皇帝,将杨炎贬至崖州(今海南省境内)司马,随即下旨于途中将杨炎缢杀。

冤家宜解不宜结

清朝的蒲松龄解悟《菜根谭》时认为:立,就是卓然自立的意思。要在怨仇之中,是非之间,站稳脚,站牢身。所交往的都是正派人,所做的都是好事,使了解我的人爱我而不忍伤害,恨我的人怕我而不敢妄动,这样的才可称之为人。有的人能够筹划算计,关起门过日子,家里粮满仓,钱满柜,这也可算是自立了;然而十里而外,没人知道其姓名,亲族之中,多不了解其人,如侥幸无事,才可以暂得安宁,这种人仅仅可说是人而已,实在说是可有可无了。更有不能称作人的:他们高不能读书考察古事,以获取好的名声,低不能费心出力,以换取钱财;只能在卑琐的地方,碎草土堆里,喝几口浊酒,吃两碗脏饭,见到不三不四的同伙,就呼兄唤弟,神气活现,而见到正人君子,却敛声匿气,畏缩避藏。这种人品行越来越乖张,而家业越来越衰败,现在成何样子,将来又会是什么样的结局啊?

人不是圣人贤哲,怎么会没有过失?有了过失能够改正,就是没有过失了。及第之人有的身居高位、听不到别人的忠告;有的处身于偏僻乡里,看不到正事;所作所为不仁不义,竟然习以为常,不以为体。当此之时,就有赖于良友的规劝了。他为声色所迷,我以冷淡的态度提醒之;他暴怒发火,我用宽和的态度缓解之。忠言劝告,从善如流,这才是良友。在燥热之中当头浇盆凉水,能够豁然省悟的,本是势所应该;不过勃然变色、听不进劝谏的人,也是常有的。如果他以怨报德,此所谓当事者迷,这时不宜再做辩白，而应抽身而去。等到他时兴过去，大祸临头，就会悲从中来，痛哭流涕地说："我要是早听某人的话，一定不会落到这步田地的。"到这个时候，我虽然为朋友的败落而难过，然而在朋友情分上却是问心无愧的。倘若当时一味奉承迎合，唯唯诺诺，只为取得对方高兴，那么，朋友的小痛小痒倒是未必喜欢我来搔的，而一经等到为后人所指责，不得好下场的时候，他回想当年某人在场，并未有一言劝告，于是就会喊着名字痛骂："小人！小人！"这样，我还怎么做人呢！

《论语》说："人如果不守信用，真不知道怎么可以。"所以大丈夫不要轻易对人许诺。甚至两国之间交往，不要盟誓而只要季路的一句话，没有别的，只因季路讲究信誉。有的人酒席上说得相互投机，便慷慨许愿，人家还在等待中，许愿者却早已经忘了，这还能够为人吗？更有虚妄荒诞之人，信口胡言，并非出之于心，望风捕影，恍如亲见，乍听起来，煞有介事，因失去信誉，再见到此人，便不被当做人看待，逗引做鸡叫狗吠的样子，当做笑料，也够可悲的了。还有人知人有畏惧心理，就制造凶险的消息吓唬他，知人对什么事抱有希望就编造好消息欺骗他，并在一旁指指画画，取笑取乐，自以为得意。如果是小来小去，闹着玩儿，还可说得过去，倘若事关重大，就会惹出杀身之祸、人命大事来。所谓信，即诚实。没有什么可以不实在，朋友之间自然不例外。父子兄弟之间，诚实固然能够相亲相爱，相疑倒也不必担心；只有朋友原本是疏远之人，而在一起相处的，即便披肝沥胆，尚且怕不能相互信任，如果变化不定，不守信用，谁还拿他当人呢！

人与人没有一点关系的话，怎么会产生怨恨？产生怨恨的人，就算不是乡里故旧，也一定是和我相识的人。即使有小事纠纷，小怨小恨，也应当原谅对方，他本是失之偶然的情绪冲动，内心里实际上没有什么。当怨恨之气刚起时，就应当扪心自问，想自己不对的地方，这样火气便可减去一半。若进一步想道："这人和我在一起打交道的时间最长，这人平时和我要好的时候还是很多。"这样，怒气就全消了。况且，一生起气来就会越想越气，逞起强来时很像英雄似的，然而气头一过，无穷烦恼就会随之而来。相反，没有别的因素干扰，想开时火气就会全消，尽管克制自己有时会因有失面子而不大好受，然而过了这一阵，心情却会十分轻快清爽。再说冤家宜解不宜结，不解怨就会积怨成仇，越积越深，彼此间幸灾乐祸，怨对怨，仇对仇，什么时候能够完结？如果其中有一方能取主动，在对方有喜事时去祝贺，有悲哀事时去安慰，有灾难病患时去帮助，那么，对方没有不被感化释怨的，否则就不是人了。既然这样，为什么我不去主动感化人，反而等着人家来感化我呢？

处世不宜与俗同，亦不宜与俗异

战国末期的韩非子认为：一个崇尚节操义气的人，对世事的看法容易流于偏激，增添些相互理解的温和想法加以调剂，才不至于跟别人发生意气之争；一个功名事业有所成就的人，要保持谦恭和蔼的美德，才不至于招致人们的嫉妒。

处世既不能和一般人同流合污做坏事，也不要标新立异，故作清洁高尚，故意与众不同；尤其做事既不可以处处惹人讨厌，也不能凡事都阿谀奉承博取他人的欢心。

孔子说：不在那个职位上，就不要去管在那个职位上的人应该做的事。君子各专一职，兢兢业业做好自己岗位上的工作。

应该严厉惩罚那些侵官越职管闲事的人。有这样一个故事:韩昭侯有一次喝醉了酒,伏在几案上睡着了,专门为他管理帽子的人怕他受寒,就在他身上披了件衣服。韩昭侯一觉醒来,看见身上加了衣服,很高兴,问旁边的人:"谁给我加的衣服?"旁边的人回答说:"管帽子的。"韩昭侯于是下令,把管衣服和管帽子的一同治罪。韩昭侯这样做,是因为他觉得办事不力的应该受罚,越职管事的应该处死。作为法家要强调政治权术的绝对地位。

孔子像

随遇而安才是福

南宋时期的袁采认为:人生活在世间,自从有了知觉、见识,就有了忧患和不称心的事。小孩子哭闹,都是因为有些事情没达到他的要求。从幼儿到少年到壮年再到老年,顺心如意的事很少,而不如意的事却常常很多。即使大富大贵的人,即使天下人都羡慕他,认为他过的是神仙一般的日子。但是,这种人也都会有各自的烦恼不称心处,跟平民百姓没什么两样。只不过他所忧虑的事情跟普通人不一样罢了,所以我们把这个世界叫做缺陷世界。人生活在世上没有谁能处处如意、事事美满。能深刻地明白这个道理而在遇到挫折不如意时,安心泰然处理,就能感到心里顺畅一些。

人是否富贵是有定数的。造物主既把每个人的命运都注定了,但又留给人一些莫测的变化。这样就驱使着人们为了权势、钱财奔走忙碌,而到死都不醒悟。反过来说,如果不是为了利益忙碌,那么天下的人就没有什么事可做了,而造物主也没有办法驱使人们去干什么了。可是,人们虽然奔走忙碌,而真正能得到荣华富贵的仅是很少的人;奔走忙碌一生什么也得不到的人却成千上万。然而,世上的人就因为有很少的人争得了富贵,便去劳心费力,殊不知别人成功也是命中早已注定了的。如果命中注定你富贵,即使不奔忙,多等待些时候,你也终究能得到富贵。所以世上那些见识高,能看破红尘的人,只是顺其自然,心中就会非常平静,没有什么值得他们忧愁和高兴的,也没有什么值得他们去怨忧,而为利益而奔忙或与人相互争斗的念头从来就没有在胸中萌生过。像这样,能与人有什么争执呢?前辈的人说:人的生死富贵都是命中注定的。注定你是君子你就肯定能成为君子;命中注定你是小人,你再折腾也还是个小人。这话说得非常正确而又切中了要害,只不过是人一般都不知道而已。

圣人说:"对待仇怨,须以正直之道来对待。"这句话最符合中庸之道,可以通行无阻。一般来说，以怨报怨的说法当然不值得称赞，而有的士大夫为了博取仁厚长者的名声，放纵奸邪之人而不去惩治，都是虚伪不合情理的做法。圣人所说的正直，就是他人贤德，不因仇怨而废掉人家；他人不肖，也不因为仇怨而庇护他。是非取舍应当根据实际情况来定。以正直报怨恨，就不可能会有无休无止地互相报复了。

如果人善于忍耐，并且逐渐习以为常，即使别人对他施以非礼到不可忍耐的地步，他也能处之泰然，和往常一样。人如果不善于忍耐，也逐渐习以为常，即使别人对他有一点儿小小的怨恨与非礼，根本不值得去计较，也总是竭尽全力去打官司，不到取胜绝不罢休，但他不知道自己失去的东西远远要比得到的东西多。人如果有明确的见解和主张，不被外界事物所干扰，那么他的身心就会得到极大的安宁。

生存于世间的人，能常常对自己做错的往事悔恨不已，对过去说错的话后悔不已，对过去的无知感到羞愧不已，那么他在品德方面就有了日益的长进，对这种渐渐的进步，人们往往自己认识不到。古人称年纪到了六十岁，就应该知道五十九的过错，难道我们不能以此自勉吗？

人自己行为公平正直的，可以以此来侍奉神，而不能倚仗此来怠慢神。可以用此来对待人，而不能倚仗此来轻慢人。即使孔子也敬畏鬼神，侍奉大夫，顺从圣人，何况庶民百姓呢？自己行事没有道理时，心中应有所畏惧，这样才能躲避过灾祸，保全自身。至于君子有时也会遇到一些灾难，多半是他过于自负所引起的。人做好事时不能成功，向神祷告，请求神暗中帮助，即使没有收到成效，说起来也没有什么可羞愧的。至于干坏事不能成功，也向神祷告，请求神暗中帮助，这不是荒诞至极吗？如果想去偷盗而祈求神的保佑，打些无理官司而祈求神的保佑，假使神果真听从你的请求而帮你成功了，这便是惹怒神明，自求麻烦了。

“忠”、“信”这二个字，很少有君子不奉守它，而小人往往却不守“忠”、“信”。小人在市场上卖东西，质量低劣的东西，也能够修饰得新颖奇特；假冒伪劣的东西也能做得跟真的一样。比如用胶糊来处理丝绢布帛使之更有光泽，在米麦或肉里加上水，来增加重量，用便宜的东西来代替名贵药材。花言巧语，目的是把东西卖出去，根本不管是否会影响别人的饮食、使用，这些小商小贩就是这样的不讲忠信。欠人钱财物品拖了很久也不偿还，人家如果向他索要，他就答应一个月以后偿还，到时候向他要，他又不给，说再过一个月后偿还，到时候索要他仍然不会偿还。有的甚至约了十多次偿还日期可还是没有偿还。请工匠制造东西，给了他定金，向他要所制造的东西，他说一个月后给，到了日期向他要，他不给，又说再过一个月给，到时候向他索要他又不给，以至于约了十多次日期还是像当初一样没能拿到东西。这些人就是这样不讲信义，至于其他事情就更是不可胜数了，那些小人每天都做不讲信义的事，所以也不以为怪，而君子对这些行为却深感气愤，只想严厉惩罚他们，甚至于殴打控告他们。如果君子能够经常反省自己，不做不忠不信的事，并且可怜小人的无知，考虑到他们是因为不得已，并且是为了自己方便才作假骗人的，君子如果能够这样想，那么也就不把他们的所作所为放在心上了。

减少有余的，供奉不足的

春秋时期的老子认为：人活着的时候身体是柔软的，死后就会变得僵硬。万物草木活着时枝干柔脆,死后就会变得枯萎。所以坚强的东西应该属于死亡的一类,而柔弱的东西才是属于生存的一类。因此,军队强大了就不能取得胜利,树木粗壮了就会遭到砍伐。坚强的往往处于劣势,而柔弱的反而占据优势。

天底下最柔弱的东西,往往能够驾驭天底下最坚硬的东西,无形的力量,往往能穿透不留任何空隙的东西。我因此而认识到无为所带来的种种好处。就空谈的教化而言,无为的好处天下极少有能赶得上的。

自然的规律,难道不就像是和拉开弓弦射箭的道理一样吗?弦位偏高了就把它压低一些,弦位偏低了就把它抬高一些;拉得过满了就把它松缓一些,拉得不够满就把它绷紧一些。自然的规律,是减少有余的,用来弥补不足的;社会的规则却不是这样,总是减少已经不足的,用来供奉已经有余的。谁能把多余的拿出来奉献给天下不足的?只有得"道"的人才能做到。因此,圣人推动了万物的发展而不自以为尽了力,大功告成却不以功臣自居,并不愿意表现显示自己的聪明才干。

过犹不及

春秋时的孔子认为:为人处世既不要过分也不要不及。用心尽力去做事本来是一种很好的品德,但是过分认真而使自己心力交瘁,使精神得不到调解就会失去生活的乐趣;把功名利禄看得很平淡本来是一种高尚的情操,但是过分的清心寡欲,对社会大众就不会作出什么贡献了。

不管多么完美的声誉和节操,都不要一个人独占,只有分一些给旁人,才不会惹起他人的嫉恨而招来灾害;不管多么耻辱的行为和名声,都不可以完全推到别人身上,要自己承担一部分,只有这样才能掩饰自己的智能。

现在的人说快意话,做快意事,都用尽心机,做到十分尽情,一点也不留余地,一毫也不肯让人,这样才心满意足。以前的人说,话不能说尽,事不可做尽,势不可用尽,福不可享尽,便宜不可占尽,聪明不可用尽。这是教导我们,处理事情必须要留有余地,劝人做善事切记不要把话说绝。批评责罚别人的错误,要给他留下改正的余地和出路,劝勉别人做好事,要考虑到他可能接受和达到的程度。

中庸这种道德,是境界最高的。为人处世,不要过分,也不要不及,过分与不及,都是偏离目标的。天下可以达到人人均平富裕(智),高官厚禄可以断然辞让(仁),锋利的刀刃可以毅然相向(勇),智、仁、勇俱全,但要做到中庸,还是不可能。中庸是儒家心目中的妙境,是艺术,是至高至美的理想,是需要我们时时警醒,并要不懈努力去追求的。

以不变应万变

清朝的曾国藩解悟《菜根谭》时认为:我们没有必要太深于世故,如果天下仅仅只有世故是深误国家大事的。天下的堂官、掌印司官、总督、巡抚、司道、首府及一些红人,专门揣摩奉迎上级的意图,吃醋捣鬼。应该痛改这种恶习,不受干扰地去实现自己的远大志向。世故深的人,也怕完全不通世故的人,我们不必计较个人的得失。所谓应该走人间的正道,怎么能够用巧诈权术来和别人争长较短呢!

我自信我也是十分诚实的人，只是因为阅历仕途很长，饱经世事变故，以至于处世稍微掺杂些权术，让自己学坏了。实际上这些小伎俩，作用万不如人，只是招人笑话、叫人怀恨罢了，有什么益处呢？近日在家守孝期间猛然省悟，一味向平实处用心，恢复还我原来笃实的本质和作用，恢复我原来固有的面目。即使别人以机巧来，我仍以朴素对应，以诚实愚拙回报。久而久之，别人的机巧之意也会消失。如果钩心斗角，相迎相拒，那么，相互报复就会没完没了。

一味只讲求含糊厚重，绝不轻易暴露自己，将来修炼得十分成熟，身体也健康，子孙也会受用无穷。如果不习惯于机巧变术，那么时间越久，人越觉得你厚重。只有忘掉机谋诈术，才能消解众人的机谋诈术，只有懵懵懂懂，才能去掉不祥之事。胸中自有清浊泾渭，但不用语言来评头品足、毁誉人物，这是圣人先贤们的良苦用心；如果一定要分辨黑白，遇到任何事都要求真，这是士大夫轻薄的浅陋习俗、唱戏的戏子卖弄风情的姿态。如果我们认识不到而效仿他们，动辄区别善恶，品评高下，使优秀的人才未必激动，而庸劣的人几乎无地自容，这是轻薄之德习。

种瓜得瓜，种豆得豆

俗话说："种瓜得瓜，种豆得豆。"就是说种什么因，就会结什么果。

假如你对他人不真诚、不友善，又怎么能期望从他人身上得到友善的回报呢？请记住这句格言：投之以桃，报之以李。

在日常生活中，当我们被他人激怒，并且说了一大堆气话之后，的确可以消除自己的不满情绪，让自己得到一些轻松。但是别人会怎么样呢？

相信如果我们握紧双拳来找他，相信他也会不甘示弱。

这就要求我们有彼此沟通的耐心、诚意和愿望，我们就能沟通。

1915 年的美国，洛克菲勒在科罗拉多州声名狼藉，受到人们极度的轻视。那次是美国工业史上流血最多的工潮，震惊了这一州有两年之久。那些愤怒的矿工要求科罗拉多州钢铁公司提高工资；而那家钢铁公司就是洛克菲勒所负责的。那时许多房产被矿工所毁，最后不得已调动军队前来镇压。流血事件接连发生，有很多矿工死伤在枪口下。

在这民怨沸腾的情况下，小洛克菲勒后来却赢得了罢工者的信服，他是如何做到的？小洛克菲勒花了好几个星期结交朋友，并向罢工者代表发表谈话。那次的谈话可称之不朽之作，它不仅平息了众怒，并且还为他自己赢得了不少赞赏。

他是这么演说的：

这是我一生中最值得纪念的一天，这是我第一次有这样的荣幸，和公司方面劳工代表、职员及督察们会聚在一起，像这样的聚会，使我毕生难忘，使我感到荣幸。如果在两个星期前举行这个聚会，我站在这里简直就是个陌生人，我即使有认识的人，在你们中间也不多。前些日子，我有机会去南煤区的住所，跟各位代表作一次个别的谈话，拜访你们的家庭，见到你们的太太和孩子们，所以今天我们在这里见面，都是朋友，而不是陌生人了。在我们这种友好、互助的精神下，有这样的机会我很高兴，跟你们讨论有关我们共同利益的事。这次的聚会，包括了公司的职员和劳工代表，我能来这里，都是承你们的厚爱，因为我不是公司的职员，也不是劳工代表。可是我觉得，我和你们之间的关系是非常密切的，因为我是代表股东和董事方面的。

一番如此出色的演讲，可能是化敌为友的一种最佳的艺术表现形式之一。假如小洛克菲勒采用的是另一种方法，与矿工们争得面红耳赤，用不堪入耳的话骂他们，或用话暗示错在他们，用诸多理由证明矿工的不是，你想结果怎样？只会招惹更多的怨愤的暴行。

如果有一个在心里已对你有成见、恶感的人，你就是找出所有的逻辑和理由来，也不能使他接受你的意见。

如果用强迫的手段，更不能使他接受你的意见，向你屈服，但是如果我们用和善的，温和的言语，我们可引导他同意。

同流合污，英名尽毁

处世行事的尺度是很难的，因为要做到这一点非常需要良好的道德水准，还要有丰富的人生历练的经验作为基础。不同流合污是对的，但还要尽量避免小人的打击排挤和威逼利诱。不与小人同流合污，就像是浪和水的关系，同是一个性质，但表现形态不同，在相容的情况下，保持各自的样子。

秦时，丞相李斯随秦始皇外出旅行。不料秦始皇途中去世，这是帝国最大的变故和最重要的机密。李斯以行政第一长官的身份认为，现在銮驾还在回咸阳的途中，皇上已去世，太子却没有即位，如果一旦将这个消息散发出去，必然会引起一小撮别有用心的人的骚动。于是，当时知道这个消息的只有李斯、赵高和胡亥等五六个人。

为了掩盖尸体可能发出的臭味，秦始皇的尸体被放置在他一直乘坐的辒辌车上，秦始皇的坐驾后面紧跟了一辆装满咸带鱼和鲍鱼之类水产的车。秦始皇每天要吃的饭，也照常由侍者送入车内，再由胡亥等人趁人不注意时拿出来倒掉。文武百官要上奏的，照例由李斯在一旁代为处理。

在这个时候，胡亥要想篡位。没有李斯的援手，一切都只是镜中花水中月。

赵高就是赵高，言语之中，天生就具有煽动性。他对李斯说："您知道，皇上去世前，写了一封遗书给长子扶苏，要他回咸阳主持丧事，即位为君。但这封信还没有送走，皇上就去世了，除了我以外，还没有任何人知道这件事情。现在，这封信和皇上的印章都在我手里，让谁当太子继承皇位，也就是你我二人的事了。您觉得我们该怎么

赵高李斯改遗诏图，出自《秦并六国平话》。

办呢?”

李斯当即正色道:“你哪里来的这种亡国之言?这种事是我们当臣子的人可以讨论的吗?”

赵高却不慌不忙地向李斯说:“丞相啊,你还是自我掂量一下吧。论才能,你能与蒙恬相提并论吗?论功劳,你能与蒙恬分高下吗?论谋略,你能与蒙恬一比高低吗?论得民心,你能与蒙恬并驾齐驱吗?论和即将即位的扶苏的关系,你能赶得上蒙恬吗?”

蒙恬作为名将和皇长子扶苏的心腹的存在,确实也是李斯心中难以抹掉的阴影。李斯回答:“这五者我都不如蒙恬。”

赵高接着说:“我在内宫之中管事二十多年了,从没见到过有哪位丞相级别的高级官员得到过善终,一朝天子一朝臣,都没有能经历过两代的。皇上有二十多个儿子,长子扶苏为人刚毅正直,深得人心,一旦他真的成为天子,肯定会起用和他私交甚好关系很铁的蒙恬代替你。你只能告老还乡,郁郁而终罢了。而皇上幼子胡亥是我的学生,此人礼贤下士,轻财重义,完全有人君的风范,要是你肯在关键时刻帮他一把。他难道不知恩图报?”

李斯虽然内心有着太多的阴影,但在这之前从来就没有想到过要背弃秦始皇遗诏另立新君。他引述历史,想反过来说服赵高:“我听说晋国因废立太子之故,造成国家三代不得安宁;齐桓公兄弟争夺继承权,闹得祸起萧墙;商纣王杀兄屠叔,弄得国破家亡。这三者都是前车之鉴,我李某如何敢违背先帝的旨意,参与这种非人臣所为之事呢?”

赵高顿时厉声道:“当今的大权即将操作在胡亥手里,你如果识时务的话,自然免不了继续享受荣华富贵,泽被子孙;反之,完全可能落个家破人亡的结局。”

李斯知道赵高的这番话可不是威胁,呆了,“仰天而叹,垂泪叹息”,说:“天啊,我李斯生逢乱世,既然不能以死来报答先帝,我的命运又将托付到哪里呢?”

就在李斯这声愧对先帝的叹息中,他已经开始与赵高和幕后的胡亥同流合污,结成了秦帝国的掘墓同盟。而大秦帝国的朗朗乾坤,也蒙上了越积越重的阴霾。

时变我变,及时收缩

在斗争中,时刻要占住先机,必须抢在敌人再次“变化”之前,改变已经“过时”的作战计划,掌握战场的主动权,先发制人。

因为,战场上的情况瞬息万变,因此,选择作战方向、制订作战方针以及实施作战计划都必须随变化而变化。纸上谈兵、墨守成规、按图索骥,只能被战争的汪洋大海所淹没。

清朝末年晋商中,大德通票号的伙计高钰聪颖机灵,善于交际,票号就叫他在外面跑业务拉客户,他善于通过其他人了解客户的性格和癖好,然后上门揣摸他们的心理,投其所好,到了一定火候,才提出建立业务关系的要求。这样,他拉到的业务和建立的客户群最多,深受大德通票号的管事们的器重。经过二十来年的努力,他成为大德通票号的总经理,是当时各大票号中最年轻的总经理。

高钰本人崇尚务实,力求实效,他的这种经营理念与众不同,认为一个人能干的事就不要分配给两个人，每个人职责分明，并非常重视号内同仁的精诚团结，避免内耗。因此，大德通票号业务量大，但用人却不多，经营效率很高。

同时他还是一个非常具有远见卓识的商界精英，他通过与许多清廷要员建立的良好关系及频繁交往，对清廷的政情内幕了解很深，因而对时局演变判断较准，并能及时调整大德通票号经营策略。山西票号发展过程中的几次灭顶之灾，高钰都有所预见，及时收缩了放贷规模，使大德通票号在颠沛动荡的时局中始终没受到很大的损失。

1900年庚子事变，各个商家受到严重挫折。而前一年，当义和团运动受到清朝官府的怂恿，声势大振时，高钰根据自己对时局的深刻洞察，预感到大乱将起，便急命各地分号减少存款，调回放款，收缩业务经营规模，因此大德通票号在庚子事变中损失轻微，事变结束后又抢占定银赔款业务成功，生意增长速度惊人。

大德通在高钰的全力经营下，业绩蒸蒸日上，仅光绪十五年(1889年)就获利24723两。高钰去世后，王宗禹于1919继任大德通总经理。王宗禹虽年近六旬，但精力不减，一切按高钰遗志办事，十数年中尚能保持不衰。

社会随时都处于变革之中，一个优秀的商人总是能根据时局的变化，调整自己的经营策略，该发展时发展，该收缩时收缩。审时度势，处变不惊。这是一种大商人的素质，有了这种素质，必有大的作为。

第七编　洞世体物篇

夜深观心，得大机趣

夜深人静，独坐观心[1]，始觉妄穷而真独露。每于此中，得大机趣。既觉真现而妄难逃，又于此中得大惭忸[2]。

【注释】 ①观心：观察心性，即自我反省。

②惭忸：羞愧不安。

【译文】 每当夜深人静的时候，独自端正地坐下来进行反省，就会觉得杂念都没有了，心灵的真性显露无遗。这时常可以获得许多启发，从而达到归真除伪的状态，从中可以反省过失，为之感到惭愧。

【解评】 每个人在夜里是最贴近自己的心灵的，也许是黑夜抹去了白日的灯红酒绿，人声鼎沸，让我们浮躁的心灵暂时安静下来，在夜里，我们脱掉白天的面具，不用再扮演各种角色，这时候，我们才是真正的自己。所以，在夜里静思，可以直抵我们内心深处。反观白日种种烦恼痛苦，在宁静的夜里，也许会有不一样的感受。《围炉夜话》可以说是最好的注脚，夜里围坐在火炉旁，细细地品味生活，领悟生命。以其言之真其情之切，这本书流传了几个世纪。

神酣布被窝中，味足藜羹饭后

神酣布被窝中，得天地冲和之气；味足藜羹[1]饭后，识人生淡泊[2]之真。

【注释】 ①藜羹：用藜草煮成的羹，泛指粗劣的食物。藜，草名，又叫灰菜。

②淡泊：不追求名利。

【译文】 能在用粗布做成的被子中酣然入睡的人，自然就会得到天地的谦和之气；能香甜地品尝着粗茶淡饭的人，才能领悟出恬淡生活的乐趣。

【解评】 每个人有物质上的需要，但更应该去追求精神上的自足。物欲是永无止境的，一旦陷入物欲的泥潭，你就永远也不知道哪里才是尽头。而精神自足的人，过着粗茶淡饭的日子，却远比那些锦衣玉食的贵人要来得幸福。布被窝里的酣眠，未必就不如锦被里的香眠，关键还是在于睡觉的人本着一种什么样的心态来接物洞世的。不知满足的人，吃多了山珍海味，终有一天会觉得无味，反不如老农天天吃青菜来得香甜。之所以洪应明将该书命名“菜根谭”，就是引“嚼得菜根，百事可为”的老话，来讲人要淡泊自守的道理。

居安虑患，坚忍图成

衰飒[①]的景象，就在盈满中；发生的机缄[②]，即在零落[③]内。故君子居安宜操一心以虑患，处变当坚百忍[④]以图成。

【注释】 ①衰飒：衰落萧条，指境遇衰败。

②机缄：指开闭机关的关键，比喻事物变化的紧要关头。

③零落：指衰败。

④百忍：指极大的忍耐力。

【译文】 衰弱败肃的种种景象，往往在发达时就有所表现出来了；事情发展的苗头，孕育于事物衰败的时候。所以君子身居安逸时要做可能发生灾难的准备，风云变幻时要坚忍才能取得成功。

【解评】 任何事物都包含着对立的因素，有促进其发展的一面，就有抑制其进步的一面。当事物发展到顶峰的时候，也就是它开始转向衰败的时候。俗话说："泳者易溺；康者易疾。"就是因为善于游泳的人十分相信自己的技术、身体健康的人自持百病不侵，所产生的优越感使他们失去了应有的警惕。一个有智慧的人首先是个清醒的人，不会被成功的喜悦冲昏了头脑，得意之时也要考虑到将来的隐患。《左传·襄公十一年》载："居安思危，思则有备，有备无患。"如果我们能够未雨绸缪，即使发生变动也不会乱了阵脚。沧海横流，方显出英雄本色。能够经得起大风浪的考验，一定能看见风雨后的彩虹。

过而不留，空而不著

耳根[①]如飙[②]谷传声，过而不留，则是非俱谢；心境如月池浸色，空而不著，则物我两忘。

【注释】 ①耳根：佛教语。耳为听根。六根之一，指耳朵对声境产生的知觉。

②飙：旋风，狂风。

【译文】 对所听到的事情，都要像大风吹过山谷所发出的声音那样，什么都没有留下，这样就不会有是非打扰；对于所想过的事情，要像清潭中月亮的倒影那样没有办法长驻，这样就会更加超脱。

【解评】 生活中好像有非常多的绝路，遇到挫折的人不免灰心丧气。但是，"绝路"也许并非绝路，只是这条路不适合你。碰到自己不擅长的事情是自然而然的，挫败不可怕，可怕的是心里放不下，也就是禅宗所说的"执著"。这时，不妨想想王维的诗句："行到水穷处，坐看云起时。"遇到逆境要能放下得失，才会发现新的机会。这两句诗仅从字面上看也是极具禅意的，沿着水流追溯，直至尽头，似乎会觉得失望。但为什么不抬起头看看天上的云生云灭，难道不是另一种收获？

气无凝滞，心无障塞

霁青天，倏变为迅雷震电；疾风怒雨，倏转为朗月晴空。气机何尝有一毫凝滞①，太虚②何尝有一毫障塞。人心之体亦当如是。

【注释】 ①凝滞：即停止流动。

②太虚：古时有关哲学的一种概念，认为宇宙万物最原始的实体一气。

【译文】 万里无云，一转眼又会雷鸣电闪；暴风骤雨，转眼间又会皓月当空。自然界的风云变幻，在运行的时候哪里有丝毫的迟缓凝滞，博大的苍穹，又怎么会运转不灵！为人处世也应该如此。

【解评】 “率性而行谓之道，得其天性谓之德”。是《淮南子·齐俗》中说的。意思是说，依照事物的本性行事叫做道，掌握了事物的本性叫做德。君子求道修德，就是参悟天地之本质。自然也应该以天地为生命之范式，春秋冬夏岁月轮回，风和日丽狂风骤雨，天地间的气息时时刻刻都在流动，这就是造化之气。为人亦当如此，《庄子·天地》篇中说：“性修反德，德至同于初。”意即本性经过长期的修养便可返回到德，最高的德和太初一样。心如自然造化，没有凝滞阻塞。遇到问题就努力解决，问题过去也不必放在心里，但如果整日算计自己的利益得失，那就是把心灵障塞起来，还怎能同于太初？

热恼须除，穷愁要遣

热不必除，而热恼①须除，身常在清凉台上；穷不可遣，而穷愁②要遣，心常居安乐窝中。

【注释】 ①热恼：指因为燥热而给人带来的烦恼。

②穷愁：指因为贫穷而给人带来的忧愁。

【译文】 心中的燥热清除不了，倘若把因为燥热而产生的烦恼去掉，就好像置身于风凉的亭台上；生活的贫穷摆脱不了，倘若把因为贫困而产生的忧愁忘却，就会像生活在安乐窝中。

【解评】 我们不能改变这个世界，让它围绕着自己转，宇宙自有它的本来与去处。但也不必怨天尤人。我们有幸得以在茫茫天地间得一立足之地，能够品味电光火石之间的酸甜苦辣，还要抱怨吗？我们能够改变的是我们自己，改变自我顺应外物的变化，就不会让身外的变化牵着走，而是主动地掌握了先机。天气炎热是我们不能改变的，但我们能够清凉自己的心性，不是有这么一句话吗？叫“心静自然凉”。若是心中欲火烈烈，估计冰天雪地也会满头大汗罢！贫穷或许没有办法改变，但只要不为贫穷苦恼，那贫穷又如何能影响你？古语说得好“安贫乐道，恬于进取”！

心无可清，乐不必寻

水不波则自定，鉴[1]不翳[2]则自明。故心无可清，去其混之者而清自现；乐不必寻，去其苦之者而乐自存。

【注释】 ①鉴：是指古代用青铜制成的镜子。

②翳：遮蔽。

【译文】 水面没有风吹过自然就平静，镜子无落上灰尘自然就明亮。因此，外界环境的影响使人的心灵无法保持清静的状态，只有去除杂念才会显露出纯洁的心灵；不用去主动寻找欢乐，只要摆脱心里的痛苦，自然就会每天都会有快乐。

【解评】 唐代神秀大师做偈语云："身是菩提树，心如明镜台；时时勤拂拭，莫使惹尘埃。"弘忍大师看后，认为神秀之偈"未见本性，只到门外，未入门内"。慧能大师亦做一偈云："菩提本无树，明镜亦非台；本来无一物，何处惹尘埃。"弘忍大师看后非常赞赏，就将衣钵传给了慧能。平静快乐本来就在心中，只是"乱花渐欲迷人眼"，执著于世间的欲望情感，而蒙蔽了心灵的本真。于是看山是山，看水是水；这个时候抛却杂念，那么看山不是山，看水不是水；假如是达到了"动动不如"的境界，那么看山只是山，看水只是水。无须再刻意追寻，一切真意自在其中。

节义傲青云，文章高白雪

节义傲青云[1]，文章高白雪[2]。若不以性情陶镕之，终为血气之私、技能之末。

【注释】 ①青云：比喻高官显爵，即身居高位的人。

②白雪：指古乐曲名。喻杰作。

【译文】 高尚的节操气势凌云，奇妙的文章胜过"白雪"名曲。但是假如节操不用纯真朴实的性情来陶冶锤炼，那么终究只是一时冲动的幼稚之举，而文章也不过是不值一提的雕虫小技。

【解评】 《论语·宪问》篇中记载孔子说："有德者必有言，有言者不必有德。仁者必有勇，勇者不必有仁。"在孔子看来，有道德、有修养的人，一定有文章著作流传后世，即有德又有言。有道德的人因为有言，那是来自道德的体验与实践。有些人文章写得很好，说起仁义道德来也像模像样，但事实上不一定有很好的道德修养；一个仁者必定是个勇者，而一个勇敢的人并不一定有仁爱的心肠。因此，不管是文章还是人格，都要有真诚的内心信念作为支撑，要不然只能是水中之月、镜中之花，一时的虚幻而已。

心虚性现，意净心清

心虚[1]则性现，不息心[2]而求见性，如拨波觅月；意净则心清，不了意而求明心,如索镜增尘。

【注释】 ①心虚:谦虚。

②息心:指勤奋地修炼佛法,以使自己的恶行杜绝。

【译文】 内心淳朴,人的本性才能显现出来,不能够保持恬静的心境而发现自己的天性,就好比在水面寻找月亮,越搅动水面越是找不到;保持意念清楚,头脑才能清醒,不排除杂念而保持思维清晰,就像用落满尘土的镜子来看自己的面容一样,很难看得清。

【解评】 如今生活的节奏越来越快,社会现象变化多端,令人眼花缭乱,越来越多的欲望与情感冲塞在我们的心灵,时间长了,我们都看不清自己的模样,也不清楚内心的真实了。其实很多困扰是我们自己制造出来的,因为贪婪,因为执著……很多利益都舍不得放弃,于是越来越疲倦,越来越烦恼。倘若能把外界的诱惑摒弃,返回自己的内心,我们就能发现另一个与外在社会中全然不同的自我——一个真实的自我。当然,前提是静心平息,不为外物所动。要不然不但没有办法找到自我,反而又增加了一段烦恼。

为鼠常留饭,怜蛾不点灯

为鼠常留饭,怜蛾不点灯。古人此等念头,今人学之,便是一点生生[1]之机[2]。无此,便所谓土木形骸[3]而已。

【注释】 ①生生:繁衍不息。

②机:契机。

③土木形骸:土木指泥土树木的躯壳,形骸指人的身体。

【译文】 常常为家中的老鼠留些饭菜,怜惜飞蛾而不点灯。古人的这种大慈大悲的做法,现在的人能够学习,就表明还有着一点珍惜生命的善念,还算得上是一个充满生机的人。不然,就成为常言所说的行尸走肉。

【解评】 "谁道群生性命微,一样骨肉一样皮!"这是唐代大诗人白居易说的,人类一直有一种人类优越论,由于人是地球上唯一有智慧的生物,于是就拥有凌驾万物之上的权力,可以为所欲为。动物猎食出自维持生存发展的本能,但它们只猎食够自己吃的食物,从没有什么动物为了从其他动物濒临死亡的痛苦中获得快感而猎杀。只有人类,残忍地杀害藏羚羊,只为了给自己织一条披肩;活吃猴脑,就为了那一口所谓的新鲜……请记住约翰·穆尔的这句话:"人类的爱、希望和恐惧,基本上与动物没有两样。它们就像阳光出于同源、落于同地。"也请记住印度圣雄甘地的这句话:"我们从一个人对待动物的态度,可以判断这个人的人品;我们从一个民族对待动物的态度,可以判断这个民族有没有能力建立一个伟大的国家。"

登山耐侧路,踏雪耐危桥

语云:登山耐侧路,踏雪耐危桥。一"耐"字极有意味,如倾险[1]之人情，坎坷之世道，若不得一耐字撑持过去，几何不堕入榛莽坑堑[②]哉！

【注释】 ①倾险：指人心邪僻险恶。

②榛莽坑堑：指树木杂草丛生的深渊，形容人生的困厄之境。

【译文】 俗话说：登山要能攀得了陡峻的路径，踏雪要能过得了很滑的桥面。这里面的"耐"字意味深远，世界上人情如此险恶，人生的道路如此坎坷不平，要是不靠着一个"耐"字而闯过去，怎么能保证不掉进荆棘丛生的深渊！

【解评】 人生一帆风顺的时候很少，即使眼下风平浪静，也要在心里做好迎接大风大浪的准备。有道是不经风浪，难成大器，古来成就大事者，多有一段坎坷的经历，接受过困难的考验。人生的坎坷，对于弱者来讲，会是无法逾越的障碍；而对于强者来讲，却不过是砥砺自己的磨刀石。在困难面前，要善于忍耐，杜牧诗云"忍过事堪喜"，留得青山在，不怕没柴烧，这个时候低一下头，将来还哪怕壮志难酬？越王勾践被吴王夫差打败，当时如果忍不得一时的屈辱，不但身死国灭，连卧薪尝胆的机会都没有了，哪里还谈得上报仇雪耻，复兴越国呢？

烈士暮年，壮心不已

日既暮而犹烟霞绚烂。岁将晚而更橙橘芳馨[①]。故末路晚年[②]，君子更宜精神百倍。

【注释】 ①芳馨：芳香。

②末路晚年：即风烛残年，比喻随时可能死亡的晚年。

【译文】 当太阳落山的时候，满天的彩霞无比的灿烂。到了暮冬的时候，满山的柑橘就会散发出香气。因此就算是风烛残年，君子也要老当益壮，百倍精神。

【解评】 曹操在《步出夏门行》中写道："老骥伏枥，志在千里；烈士暮年，壮心不已。"这是多么的壮阔气象啊！传说有一个小国家认为老人是没有用的，他们有个风俗，每家的老到了六十岁，就扔到山里去。有一家的儿子非常孝敬他父亲，就把老父亲藏在地窖里。后来这个国家发生了灾害，一种虫子把所有的庄稼都毁了，但没有人知道这种虫子，也不知该怎样对付。只有那个老父亲年轻

曹操像，图出自《三才图会》。

的时候遭遇过这种虫灾，于是他教导众人制伏虫灾，挽救了全国。从此，这个国家的风俗就改成尊敬老人，因为他们明白了老人是最有智慧的。所以君子应老当益壮，焕发人生最成熟的光辉。

聪明不露，才华不逞

鹰立如睡，虎行似病，正是他攫[①]鸟噬人法术。故君子要聪明不露，才华不逞，才有任重道远[②]的力量。

【注释】 ①攫：禽兽用爪抓取。

②任重道远：指担子很重，路程又很长，比喻责任重大。

【译文】 鹰站立在那里好像睡觉，虎走起路来像是生病，这正是它们捕鸟食人的手段。因此，君子要使自己的聪明深藏不露，使自己的才华露而不显，这样才有机会肩负重任。

【解评】 俗话说："满瓶子水不响，半瓶子水晃荡。"真正大智慧有才华的人往往都不露于表面。老鹰站立的时候像是睡着一样，那是为了不泄露实力，迷惑敌人，但一旦出击则有千钧之力。君子不标榜自己的才华实力，倒不是要欺骗别人，毕竟动物的行为皆出自本能，而人类与动物的区别则在于追求知识与道德。谦虚朴实正是道德中美好的部分，卢梭说过："伟大的人是绝不会滥用他们的优点的，他们看出他们超过别人的地方，并且意识到这一点，然而绝不会因此就不谦虚。他们的过人之处越多，他们越认识到他们的不足。"只有骄傲自满或者华而不实的人才到处夸耀自己，而"自负对任何艺术是一种毁灭。骄傲是可怕的不幸。"

浓夭不及淡久，早秀不如晚成

桃李虽艳，何如松苍柏翠之坚贞[①]；梨杏虽甘，何如橘绿橙黄之馨冽[②]。信乎浓夭[③]不及淡久，早秀不如晚成也。

【注释】 ①坚贞：节操坚定不变，在此指树木四季长青。

②馨冽：香气浓郁。

③浓夭：浓艳。

【译文】 桃李的花朵虽然鲜艳，也比不上松柏的绿色四季不变。梨杏的果实虽然香甜，也比不上绿橘黄橙的那种爽口芳香。看来浓艳早凋不如淡雅持久，幼年聪明不如大器晚成。

【解评】 植物学研究表明白色的花和淡黄色的花的香气最浓，一项数据统计表明白色花中有香味的品种比其他颜色花中有香味的品种都要多，可见浓艳的花并不是最香的，最淡雅的才是最持久的。或者由于生长中的能量是相同的，用到颜色上的多了，分到气味上的就少。像小孩子在成长过程中，假如没有什么外界的事物影响他的心性，始终保持着一个孩子的淳朴，按照生命发展的进程，他的智慧以后自然会显露出来。这好比愈是珍贵的艺术品,愈是需要时间的琢磨。小时候显得聪明的孩子,大多是较早接受了规定性的事物,却也因此失去了孩童独有的创造性,因此长大以后反而平庸。

喜事不如省事,多能不若无能

钓水[①],逸事也,尚持生杀之柄[②];弈棋,清戏也,且动战争之心。可见喜事不如省事之为适[③],多能不若无能之全真。

【注释】 ①钓水:临水垂钓。

②柄:器物的把儿,在此指权力。

③适:适宜,适合。

【译文】 水边垂钓,其实是很高雅的事情,但是在这个过程中却掌握着鱼的生死;对坐下棋,本来是很有趣的活动,然而在它的中间却孕育着争斗之心。可见多事者要比无事者更费心,多能者要比无能者更劳神。

【解评】 垂钓是件闲适轻松的事情,但如果想到被钓上来的鱼就此成了人们的盘中餐,不免就沾染了杀气。因此,垂钓的人当学姜太公,直钩垂钓,垂钓之意不在鱼,在于水光山色,在于自己的心境。对弈也是这样,本是惬意轻松的休闲,若是在意棋局的输赢,那对弈就不再是休闲,而变成了争战,不但不能放松心情,反而加重了心情的负担。故关键在于心灵的超脱,若能像欧阳修所说:"醉翁之意不在酒,在乎山水之间也。山水之乐,得之心而寓之酒也。"忘却筌蹄,才能体会真意。

吕尚磻溪垂钓图,出自清·马骀《百将传图》。

乾坤之幻境,天地之真吾

莺花茂而谷艳山明,总是乾坤[①]之幻境;水木落而崖枯石瘦[②],才见天地之真吾。

【注释】 ①乾坤:天地,在此是大自然的意思。

②瘦:峭削,细小。

【译文】 在春天里花开莺啼,风

光秀丽，草色青青，但它们只不过是天地间的短暂时光；当秋季时树木凋零，水落石出，秃岩一片，这个时候才能够看到天地的本来面目。

【解评】 春华秋实，风霜雨雪都是天地之间的新陈代谢、自然轮回。人生也是这样，有虚就有实，有悲就有喜。春和景明、万物复苏之时，不管人还是事都是一派祥和好气象；秋冬降临，则天地肃杀，万物都收敛起了生机。如果放开胸怀，就能发现无论春之生机，冬之死寂，都是自然的真实面目。草木凋零即使悲凉，但那是为了下个春天蓄势，若没有收敛起来，积累、沉淀力量的岁月，哪来生机勃发？人生亦同，无论登上成功的顶峰还是暂时落在挫败的低谷，只要用一颗平常心对待，则处处是风景，或华丽之丰美，或险峻之凛冽。

鄙者自隘，劳者自冗

岁月本长，而忙者自促[1]；天地本宽，而鄙者[2]自隘；风花雪月自闲，而劳攘者[3]自冗。

【注释】 ①自促：自己觉得时间短促。

②鄙者：心胸狭窄的人。鄙，庸俗，浅陋。

③劳攘者：指劳碌的人。

【译文】 漫长岁月，本来是无垠无期的，然而那些忙碌的人却觉得时间很短促；天地本来非常宽阔，然而心胸狭窄的人却把自己局限起来；春花秋月本来是调剂身心的闲情逸致，但是那些劳碌之人却认为，观赏它们纯粹是因无事可干。

【解评】 永井荷风在《论浮世绘之鉴赏》一书中说道：“雨夜啼月的杜鹃，阵雨中散落的秋天树叶，落花飘月的钟声，途中日暮的山路的雪，凡是无常的，无望的，无告的，使人无端地嗟叹尘世只是一梦的，这样的一切东西，于我都是可亲，于我都是可怀。”在最平凡、最普通的生活中蕴涵着最美丽的事物。日本女诗人千代有一首俳句：“啊，牵牛花，把小桶缠住了，（我）去提水。”可以想象到，诗人清晨去打水的时候，发现水桶被牵牛花藤缠住，她被深深地感动，然而只说了一句：“啊，牵牛花。”但却体会到了花的一切意趣。因此说生活中美无处不在，关键是要有发现美的眼睛与体会美的心灵。

光阴究有几何，世界究有许大

石火光中，争长竞短，光阴究有几何；蜗牛角[1]上，较雌论雄，世界究有许大。

【注释】 ①蜗牛角：比较非常小的地方。见《庄子·则阳》：“有国于蜗之左角者，曰触氏；有国于蜗之右角者，曰蛮氏。时相与争地而战。”后来将为一点利益而争夺不休称为蜗角之争。

【译文】 在击石所迸出的火花那样短的时间内计较时间的长短，又能争到多少时光呢；在像蜗牛触角那样非常小的地方厮杀，会争到多大的世界呢？

【解评】 “蜗牛角上争何事，石火光中寄此身。”这是唐代诗人白居易说的。天下熙熙，皆为利来；天下攘攘，皆为利往。但若是有一双眼睛从天上俯视，是否会觉得人世间的钩心斗角计较钻营很是无谓？人生不过百年，而光阴似箭、岁月如梭，与“上古有大椿者，以八千岁为春，八千岁为秋”相较，大概只算朝菌蟪蛄。白居易在《不如来饮酒七首》中也写道：“相争两蜗角，所得一牛毛。”蜗角相争再激烈，得到的也不过如一丝牛毛。为这微不足道的利益，却忽略了人生更为重要的东西，这真是太不值得了。

白居易像，图出自清·上官周绘《晚笑堂画传》。

雪上加霜，虽败犹荣

寒灯无焰①，敝②裘无温，总是播弄③光景；心似死灰，身如槁木④，未免堕落顽空。

【注释】 ①焰：火苗。在此是熄灭的意思。

②敝：破旧，破烂。

③播弄：捉弄。

④槁木：干枯的木头。槁，干枯。

【译文】 当寒夜里孤灯熄灭，破旧的大衣到处漏风时，总是感觉到老天在捉弄世人；心中的希望完全破灭，身体衰弱好像枯木一样，这时难免会相信命运的捉弄。

【解评】 遇到寒冷的夜晚但没有取暖的火炉，破旧的衣服一点也不能保暖，此时任谁都难免心灰意冷。人生难免遭受挫折，有时候还会“屋漏偏逢连阴雨，船破又遇打头风”，这时节真能体会雪上加霜的意味了。可是就因为这样而灰心丧气、一蹶不振，那就从此做了生活的弱者。雪莱在诗中说过：“冬天来了，春天还会远吗？”对于积极的人来说，任何困境都不能困住他，因为他能看到挫折后的顺利。人总是要有一点精神的，像海明威的小说《老人与海》中的那位老人，形象地证明了“人生来不是为了被打败的，人能够被毁灭，但是不能够被打败。”

当断不断，反受其乱

人肯当下休①，便当下了。若要寻个歇处，则婚嫁虽完，事亦不少；僧道虽好,心亦不了。前人云:“如今休去便休去,若觅了时无了时。”见之卓[2]矣!

【注释】 ①休:罢休,停止。

②卓:高。在此是指高明、高见的意思。

【译文】 人在干事情的时候假如想罢手就应该立即罢手,假如总是想等到找个机会再停下来,就像虽然举办了婚礼,但要办的事情还是不少;出家为僧为道虽然好,但他们的烦心事也依然存在。古人曾经说过:“如果现在能罢手就罢手,想要找机会就永远找不到机会。”真是高见啊!

【解评】 战国“四公子”之一春申君黄歇,他辅助楚顷襄王、考烈王成就功业,闻名于天下。考烈王没有儿子,赵人李园想把自己的妹妹献给考烈王,可惜没有成功,于是就把妹妹献给了春申君。不久,李园的妹妹有了身孕。李园兄妹与春申君串通,又把李园的妹妹献给了考烈王。后来李园的妹妹生了一个男孩,被立为太子。李园担心事情败露,就谋划着想害死春申君。春申君的幕僚朱英多次提醒他要提防李园,但春申君却不放在心上。考烈王死了之后,李园果然派人刺杀了春申君。司马迁评价说:当断不断,反受其乱。因此,在应该做决断的时候犹豫不决,以后再想找机会也没有了。做人做事一定要拿得起、放得下,当机立断。

春申君像,图出自《东周列国志》。

由冷视热,从冗入闲

从冷视热人,然后知热处之奔驰[1]无益;从冗[2]入闲境,然后觉闲中之滋味最长。

【注释】 ①奔驰:指(车、马等)很快地跑,在此是奔忙的意思。

②冗:忙,繁忙。

【译文】 当人失意之后,再冷眼去看那些热衷某事者的奔忙,就会觉得他们并不会得到什么好处;当人休息之后,再去回想高度紧张的生活节奏,就会感受到悠闲自在生活的乐趣。

【解评】 俗话说:“当局者迷,旁观者清。”当你位高权重的时候,无数人迎合奉承,很多人就此飘飘然,忘乎所以。一旦失势或者退休,立刻就“人走茶凉”,往日踏破门槛的人再也不见上门来了，就算路上碰到都可能装作没看见你，这时候回想自己那时被人们逢迎的时候，才能明白什么叫世态炎凉。时过境迁再回头打量，每个人都能成为哲人，都能明白当时不自知的真理。这是因为你已超越了当时的状态。超越了功名利禄就会觉得追名逐利的可笑，超越了盲目才能明白悠然的乐趣。

苏轼像，图出自清·上官周绘《晚笑堂画传》。

不栖岩穴，有心即可

有浮云富贵之风，自不必岩栖穴处[①]；无膏肓泉石之癖，亦常自醉酒耽[②]诗。

【注释】 ①岩栖穴处：居住在深山中修身养性，过着隐居的生活，目的是为了逃避世俗社会。

②耽：喜爱，欢乐。

【译文】 如果能把富贵荣华看成是过眼烟云，就没有去深山中修身养性的必要了；倘若对山川秀色没有什么兴趣，那么经常饮酒吟诗也能获得不少乐趣。

【解评】 苏轼与佛印禅师是好朋友，有一天两人相对而坐，苏轼问佛印说："佛印你看我坐着像什么？"佛印禅师说："像一尊佛。"苏轼非常高兴。佛印禅师反问他："那你看我这样坐着像什么？"苏轼看了看胖胖的佛印穿着褐色的袈裟，就笑着说："你看起来像一堆牛屎！"佛印听了只微微一笑，双手合十念了句"阿弥陀佛"！苏轼回家后很是得意，告诉小妹说今天占了佛印的上风。结果小妹大笑，说："你今天输得太惨了！佛印禅师心中是佛，看待一切众生就是佛。你的心里是牛屎，因此看到的世界都像牛屎一样！"可见最重要的是自己的心念，假如一定要隐居到山林中才能逃脱世俗的诱惑，哪里是超脱呢？只要心中有道，哪里都是绿水青山。

延促由于一念，宽窄系之寸心

延促[①]由于一念，宽窄系之寸心。故机闲者，一日遥于千古；意广者，斗室[②]宽若两间。

【注释】 ①延促：在此指时间长短。

②斗室:指狭小的房子。

【译文】 时间的漫长短促出于主观的感受;物体的宽窄大小也出于主观的感受。因此,对悠闲的人来说,一天长过千古;对心胸开阔的人来说,斗室好像有两间那样宽。

【解评】 世界上最短的东西是时间,世界上最长的东西也是时间。“一日不见,如隔三秋。”“人生不满百,长怀千岁忧。”在盼望的时候,过一分钟就像过一百年一样长;在忙碌的时候,一天不过一眨眼就过去了。所以我们要时时反省自己的心态,不要让自己被环境所左右,反而失去了主张。工作忙起来,恨不得一天有四十八小时,无聊的时候,一个人待上几分钟就像过了一个世纪那么漫长。这些时候都容易出问题,就需要适当地放松一下,调整心情。放宽心,想得开,就能知足常乐;放不下,就会郁结在心中。方寸之间放得下大千世界,才是豪迈气象。

有意者反远,无心者自近

禅宗[①]曰:“饥来吃饭倦来眠”。诗旨曰:“眼前景致[②]口头语”。盖极高寓于极平,至难出于至易;有意者反远,无心者自近也。

【注释】 ①禅宗:为我国佛教宗派之一,以静坐默念为修行方法。相传如来以心印付嘱迦叶为禅宗初祖,二十八传至达摩,南朝宋末由和尚菩提达摩从印度传入我国。

②景致:风景。

【译文】 佛教有一句名言,即“饥来吃饭倦来眠。”关于作诗也有一句名言,即“眼前景致口头语。”大概最高境界常存在于最普通的事物中,最深奥的哲理产生于最简单的事实中;刻意地去追求难以如愿,无意寻找反而近在眼前。

【解评】 关于作文也有一种说法:“文章本天成,妙手偶得之。”“清水出芙蓉,天然去雕饰。”说的都是自然才是最高的境界。国学大师王国维所著《人间词话》中概括了治学的三种境界:“昨夜西风凋碧树,独上高楼,望尽天涯路。”此第一境也。“衣带渐宽终不悔,为伊消得人憔悴。”此第二境也。“众里寻他千百度,蓦然回首,那人却在灯火阑珊处。”此第三境也。当我们刻意去寻求的时候,却可能发现目标离我们越来越远。当放下功利心,一切顺其自然,反而能在无意之中触摸到真理,这也许就是“有心栽花花不发,无意插柳柳成荫”的道理。

和而不同,心内了了

出世之道,即在涉世[①]中,不必绝人以逃世[②];了心之功,即在尽心内,不必绝欲[③]以灰心。

【注释】 ①涉世:是经历世事的意思。

②逃世:即逃避人世。

③绝欲:断绝一切欲念。绝,断绝。

【译文】 要想做到超凡脱俗,就要在平常时加强修炼和修养,不必谢绝交往与世隔绝；要想做到清静无欲，就要尽力去做好应做的事情，不必断绝一切欲念而丧失斗志。

【解评】 有两个和尚结伴同行，遇到一条小河，还有一个女子被阻挡在岸边。其中一个和尚抱着那个女子过了河，然后和同伴继续赶路。过了一会儿，另一个和尚说，你怎么能抱一个女子，不是犯了色戒？这个和尚笑着说：我已经放下了，你还没放下吗？如济公和尚的“酒肉穿肠过，佛祖心中坐”的法相，其实也就是周敦颐在《爱莲说》中所表述的“中空外直，濯清涟而不妖，不蔓不枝，出污泥而不染”的“理想境界”。和而不同，故可在红尘漫游而不受俗世的规范所牵绊。因此心中了了，又何必非得在外表上表现呢？

宋代学者周敦颐像，图出自明·天然撰《历代古人像赞》。

身放闲处，心在静中

此身常放在闲处，荣辱得失，不受拘牵[①]；此心常安在静中，利害是非，谁能瞒昧[②]。

【注释】 ①拘牵：受束缚，牵制。在此指不要放在心上的意思。②瞒昧：隐瞒欺骗。

【译文】 要常常让自己置身于安逸的状态，对于荣辱得失不必放在心上；要使内心经常保持平静，这样对是非利害就会看得非常清楚。

【解评】 生活中烦恼似乎无处不在，但人们是否该反省有多少烦恼都是自己制成的？明代朱载堉有一首散曲《十不足》，入木三分地刻画了贪婪之人的形象：“逐日奔忙只为饥，才得有食又思衣。置下绫罗身上穿，抬头又嫌房屋低。盖下高楼并大厦，床前缺少美娇妻。娇妻美妾都娶下，又虑出门没马骑。将钱买下高头马，马前马后少跟随。家人招下十数个……”人心不足蛇吞象，而人生短短百年，弹指间灰飞烟灭，争来的财富和功名又有什么意义呢？天玄子曾说：“争名夺利，不如抱残守陷。穷奢极欲，不如乐道怡心。”从容面对生活中的风雨，就会达到“宠辱不惊，看庭前花开花谢；去留无意，随天外云卷云舒”的自得境界。

何忧利禄香饵，何畏仕宦危机

我不希荣[1]，何忧乎利禄之香饵[2]；我不竞进，何畏乎仕宦[3]之危机。

【注释】①希荣：希，希罕；荣，荣华。

②香饵：渔猎用的诱饵，在此用来比喻引诱人上圈套的事情。

③仕宦：做官，在此指仕途官场的意思。

【译文】我不希罕荣华，又何需担心别人用利禄来诱我上钩呢；我不愿意做高官，又何须害怕官场上的险恶呢？

【解评】晚明"公安派"的代表人物袁宏道，在文学理论上提倡"独抒性灵"，为人亦坦荡率性。根据《明史》记载，袁宏道做过吴县的七品知县，官至礼部主事。他为官的五六年间，动辄请假、辞职，大多的时间都在游山玩水、饮酒做诗。尺牍《丘长孺》中他自述为官之苦："弟作令备极丑态，不可名状。大约遇上官则奴，候过客则妓，治钱谷则仓老人，喻百姓则保山婆。一日之间，百暖百寒，乍阴乍阳，人间恶趣，令一身尝尽矣。苦哉！毒哉！"其实他做官时名声很好，但认为官场生活过于压抑人的个性，于是宁可舍弃荣华富贵，这真是"不必矫情，不必逆性，不必昧心，不必抑志，直心而动"的境界！

任幻形之凋谢，识本性之真如

发秃齿疏，任幻形[1]之凋谢；鸟吟花笑，识本性之真如[2]。

【注释】①幻形：佛教用语，即幻化形状。

②真如：永恒不变的实体，即宇宙全体。

【译文】从头发逐渐脱落牙齿变得稀疏，就可以看得出形体是会消亡的；从鸟儿鸣叫花儿开放，就可以看得出精神是能永存的。

【解评】一个修行者问师父说："槿花凝露，梧叶成秋，此中如何提倡现成之事？"其意思是说早晨的牵牛花带着露水，梧桐的黄叶已随秋风飘落，从中怎样获得现实的人生呢？他的师父回答说："不雨花犹落，无风絮自飞。"就是说即使不下雨，花朵也依然会凋落；即使不起风，柳絮也自会飘舞。花朵凋落常常被认为是因为风雨肆虐，其实花朵在刚刚绽放的时候就已经开始凋谢，死亡的原因早已在生命体的内部，风雨不过助缘罢了。故此才能真正体会"无常"，有生就有死，任何形体都有泯灭的时候，但其中的生命力却会代代相袭，生生不息。

扰其中者不见其寂，虚其中者不知其喧

扰其中者，波沸寒潭，山林不见其寂[1]；虚其中者，凉生暑夜，朝市[2]不知其喧。

【注释】 ①寂：清静，安静。

②朝市：即朝廷和市集，后来泛指名利之物。

【译文】 人的内心不安静，冰冷的深潭也会像沸水那样翻腾，就算在深山老林中也难以感到清静；人的内心没有杂念，就好像炎夏夜晚吹来一阵凉风，就算身居闹市也不会感觉到喧嚣。

【解评】 人心就好比潭水，正因为有欲望在其中搅和，因此才纷扰不止；能摒除物欲，心灵自然就能够获得宁静。心中没有杂念，好比本来无一物，当然不会沾惹俗世的喧嚣。老子说："致虚极，守静笃，万物并作，吾以观其复。"达到了虚静的境界，就能够观万物之变，而不为之所乱，因为知道变化再复杂，最后也会回归其虚无静谧的本原。禅宗六祖慧能见两个和尚争论，一个说旗子在动，一个说风动所以旗动，慧能说，你们都错了，那是你们的心在动。

不复知有我，安知物为贵

世人只缘[1]认得我字太真，故多种种嗜好，种种烦恼。前人云："不复知有我，安知物为贵"。又云："知身不是我，烦恼更何侵[2]"。真破的[3]之言也。

【注释】 ①缘：由于，因为。

②侵：渗透，在这里是进入的意思。

③破的：此是发言切中要害的意思。

【译文】 世人因为把自我看得过于重要，所以才会有了各种嗜好，非常烦恼。古人说："假如不知道有自我的存在，又怎么能知道事物的可贵呢？"又说："既然知道连身体都不是我能永远占有的，那么在这个世界上还有什么可值得烦恼的呢？"这些话真是一语道破，切中要害。

【解评】 有个僧人问惟宽禅师："道在何处？"禅师说："只在目前！"僧人说："我何不见？"禅师说："汝有我故，所以不见！"问："我有我故，即不能见，和尚见否？"禅师回答说："有汝有我，展转不见！"又问："无我无汝还见否？"禅师回答："无我无汝，阿谁求见。""我执"是世人烦恼的根源，事事以"我"为出发点，故患得患失不可终日。最好的办法就是换位思考，事事从他人角度思考，就能体谅他人的态度，自己也能够心平气和。想想自己的身体不过一副臭皮囊，不过百年身，何须忧千岁？心动此念，我执即破。

自老视少，在瘁视荣

自老视少，可以消奔驰角逐[1]之心；在瘁视荣[2]，可以绝靡丽纷华[3]之念。

刘禹锡像，图出自《吴郡名贤图传赞》。

【注释】 ①奔驰角逐：拼命争夺利益。

②在瘁视荣：瘁，憔悴，困苦。视，看。荣，富贵荣华。

③靡丽纷华：靡丽，奢靡，奢华。纷华，富丽，繁华。

【译文】 当年老的时候再回想起年轻的事情，能够打消争名夺利的念头；当心力交瘁的时候再去看富贵荣华，能够断绝追求奢侈的念头。

【解评】 古城南京有一条巷子，是三国时东吴的禁军驻地，因为那时禁军都穿黑色军服，因此称“乌衣巷”。东晋时，士族中名望最高的王、谢两家都居住在此，一时富贵聚集，鳞次栉比的豪宅，出入也尽是当朝权贵。但入唐以后，乌衣巷沦为废墟，刘禹锡游览到此，感慨万千，便写下了那首脍炙人口的绝句：“朱雀桥边野草花，乌衣巷口夕阳斜。旧时王谢堂前燕，飞入寻常百姓家。”自老视少，在瘁视荣，都是从过来人眼中看出来的，既有“不过如此”的豁达，又有盛衰烟云的醒悟，结果正应了南宋戴复古的词句——“老来万事付无心”。

人能常作如是观，便可解却胸中罥

人情世态[1]，倏忽[2]万端，不宜认得太真。尧夫云：“昔日所云我，而今却是伊[3]；不知今日我，又属后来谁。”人能常作如是观，便可解却[4]胸中矣罥。

【注释】 ①世态：世间万物。

②倏忽：极快，转眼之间。

③伊：他。

④解却：解除，化解。

【译文】 人世间的人和事，总是不断地在发生着变化，不要过于认真地去看待他。邵雍说过：“以前所说的‘我’，今天却成了他；不知今天的我，以后又成为谁。”人们如果都能有这种看法，那么心中的烦扰都能被解除了。

【解评】 “我是谁？我由何处来，我将往何处去？”这是一个关于人的天问，的确是哲学中的一个终极命题。邵雍也是从这个问题着眼，去发现人生的真谛。我是谁？

当年的人无不自知有我，然而当年的"我"，如今早已化作尘土，成为我们眼中的"他"了。由此观之，今日的我，也无非如当年之人，百年后也会变成不知谁的"他"。佛教讲破"我执"，不要把自我看得太重。在历史长河中，人不过是世间万物中的一粒微尘，有了这样的认识，性情自然就会变得豁达。

热闹中著一冷眼，冷落处存一热心

热闹[①]中著一冷眼，便省许多苦心思；冷落[②]处存一热心，便得许多真趣味[③]。

【注释】 ①热闹：指景象繁盛活跃，在此是指急切追求名利权势的场所。

②冷落：冷静寂寥，在此指凄凉的处境。

③趣味：兴趣，意味。

【译文】 在景象繁盛活跃中如果能够保持头脑的清醒，就会省去许多不必要的麻烦；在处境穷困时如果能保持乐观的态度，就会领略到人生许多的乐趣。

【解评】 热衷于名利的人，如果不能看清名利背后所藏的祸患，不能懂得盛必有衰的道理，那就再不能从欲海中脱身，而且要丧失许多人生的真趣。人生的真趣，往往在那些不为人注意的地方，自然的幽美，艺术的陶醉，知识的漫游，亲情的温馨，一饭一饮，无不包含，这些都不是热衷名利的人所能体会的。《红楼梦》中贾宝玉喜欢热闹，最怕冷清，一热闹就忘了种种烦恼；林黛玉却怕热闹，因为她知道没有不散的筵席，热闹终究还得归于冷清。林黛玉可以说是能在热闹中着一冷眼的，然而她反倒因此多愁多病，可见这样子也未必能省许多苦心思。但若只是名利场上的热闹，那就不能不着一冷眼了。

贾宝玉像

心地上无风涛，性天中有化育

心地[①]上无风涛，随在皆[②]青山绿树；性天中有化育，触处见鱼跃鸢[③]飞。

【注释】 ①心地：心中，即人的内心世界。

②皆:都。

③鸢:鸟名,即老鹰。

【译文】 倘若心中没有波澜,那么就会觉得随处都是青山绿水的美景;倘若本性善良,那么就会感到鱼游水中鹰击长空那样自在。

【解评】 有个叫明慧的和尚在深山中的一座寺庙里修行,他每次打坐入定时,都会看到一只大蜘蛛爬过来干扰他,使得他无法静下心来清修。明慧很苦恼,就向祖师求教:"我一入定,大蜘蛛就出现了,无论我怎么赶它,它也不走,请祖师指点迷津。"祖师就让他下次入定时,拿一支笔,蜘蛛出现时在它肚子上画个圈,看看它是何方妖怪。明慧就照办了,在蜘蛛肚子上画了个圈,蜘蛛就走了,他也安然入定。待他清醒后一看,发现那个圈居然画在了自己的肚子上。魔由心生,心念不止,自然觉得外物纷纷扰扰;心念一止,那么到处都是清静福地。

盛衰何常,强弱安在

狐眠败砌[①],兔走荒台[②],尽是当年歌舞之地;露冷黄花[③],烟迷衰草,悉属旧时争战之场。盛衰[④]何常,强弱安在,念此令人心灰。

【注释】 ①败砌:废墟残垣。

②荒台:荒,废弃,弃置。台,高而平的建筑物。

③黄花:植物,即菊花。

④盛衰:兴旺衰败。

【译文】 当年歌舞繁华的地方,正是现在狐狸做窝,野兔出没之地;当年刀光剑影的战场,正是现在满地凝露黄花、雾罩枯草之地。兴旺衰落并没有常理,不管强大还是弱小现在都已烟消云散。每想起这些不禁使人心灰意冷。

【解评】 苏轼的《赤壁怀古》中说:"大江东去,浪淘尽、千古风流人物。故垒西边,人道是三国周郎赤壁。乱石穿空,惊涛拍岸,卷起千堆雪。江山如画,一时多少豪杰。遥想公瑾当年,小乔初嫁了,雄姿英发。羽扇纶巾,谈笑间,樯橹灰飞烟灭。故国神游,多情应笑我,早生华发。人生如梦,一尊还酹江月。"时光最为无情,红颜白发,英雄迟暮,世间还有什么更为不忍吗?然而过于消极也就犯了"我执"。"长江后浪推前浪",新陈代谢本是自然之道,风流人物也"大浪淘尽",那还有什么理由不旷达呢?

胸中无物欲,眼里自空明

胸中物欲[①],半点都无,已如雪消炉焰冰消日;眼里空明[②],一段自在,时见月在青天影在波。

【注释】 ①物欲:对物质的欲望。欲,欲念,欲望。

②空明:指空旷澄净的天空,比喻心性透明而灵明。

【译文】 心中追求物质欲望的想法，要像火炉化雪、阳光融冰一样不留半点；不去留意眼前的争斗，仿佛只看到当空皓月的水中影像而神清气爽。

【解评】 俗话说："欲不除，如蛾扑灯。"人们总是由于欲望得不到满足烦恼，而眼前欲望满足之后，又会生出新的欲望，这样循环往复，永无休止。无欲是福。人间最自在的生活，就是无欲的生活；人间最快乐的生活，也是无欲的生活。苏轼在《超然台记》，里面说："凡物皆有可观。苟有可观，皆有可乐，非必怪奇玮丽者也，哺糟啜漓，皆可以醉；果蔬草木，皆可以饱。推此类也，吾安往而不乐？"之所以能够超然，能够无往而不乐，就在于能游于物外，而不受物欲的纠缠。

念净境空，虑忘形释，游行其中

人心有个真境[①]，非丝非竹[②]而自恬愉，不烟不茗[③]而自清芬。须要念净境空，虑忘形释，才得以游衍[④]其中。

【注释】 ①真境：指人内心的理想世界，即仙境的意思。

②非丝非竹：没有音乐。

③不烟不茗：烟，焚香起烟。茗，茶的一种。

④游衍：肆意游乐，用来形容从荣自如，不受拘束。

【译文】 人的内心要有一个理想的世界，在那里没有音乐伴奏也会感到舒适愉快，就算不煮水烹茶也能感受到淡雅清香。只有做到清心寡欲，忘却自我，才能悠闲地生活在理想的世界中。

【解评】 有一个叫爱里巴的人，每当遇上生气的事情，就会围着自己的房子与土地跑，人们问他为什么，他回答说："看到我的房子这么小土地这么少，我就觉得没有精力与时间和他们生气。"到了晚年，他遇到生气的事，还是围着房子与土地跑。人们又问他："你现在有很多的房子和土地，为什么还要跑呢？"他说："我现在家大业大，有那么多的财产，还有什么值得我生气的呢？"身外的世界在不断地变化，但我们内心的信念却能始终如一。如果能坚持自己的信念，无论外部的世界怎样变化，也不会使我们的心灵变质，生活中持一颗恒心才是最重要的。

后思非早智，先知显卓见

遇病而后思健之为安，处乱而后思平[①]之为福。非早[②]智也；幸福而知其为祸之本。贪生而知其为死之因。其卓见[③]乎！

【注释】 ①平：太平，安定。

②早：预见，先知。

③卓见：即真心灼见的意思。是指对事物有正确而透明的见解，不是人云亦云。

【译文】 人只有在生病之后才能体会到健康的可贵，只有在遭受离乱之苦后才会感到太平盛世的幸福。其实这都不是什么高深的见解；幸福喜运降临的时候能清楚这也是灾祸的原因,爱护生命能预见生死的根源,那才是所谓的真知灼见!

【解评】 有那么一句话叫"事后诸葛亮",确实是,等事情发生以后,谁都会变得聪明无比,知道事情的关键在什么地方。但这种聪明,也只限于"早知……"罢了,时光不能后退,事后的聪明是没有用的。人要有先见之明,就得明白事情的好与坏是可以互相转换的道理。古人说:"福兮祸之所伏,祸兮福之所倚。"塞翁失马,而知这未必非福;失而复得,而知其未必非祸。人不能够只局限于眼前,眼前顺利就以为将来顺利,眼前困窘就以为一生困顿,那样顺利的就不懂得防祸,困窘的也无心进取,那么都会被短浅的目光所害。

妍丑何存,雌雄安在

优伶[①]傅粉调朱,效妍丑[②]于毫素。俄而[③]歌残场罢,妍丑何存;弈者争先竞后,较雌雄于枰间。俄而局尽子收,雌雄安在?

【注释】 ①优伶:古时称戏曲演员。

②妍丑:美丽和丑陋。妍,美好,美丽。

③俄而:不久,一会儿。形容时间短暂。

【译文】 演戏的人上了浓妆,用笔画上美丑不一的脸谱。不一会儿戏散人去,刚才的美丑现在何处;下棋的人你攻我守,为了决一雌雄而杀得难解难分。不一会儿对局结束,刚才的胜负又在何处呢?

【解评】 用"人生如梦"来比喻生活中的戏剧化事件,其实这其中大有意味。京剧大师梅兰芳成名之后,拜大画家齐白石为师学画。一次,他去参加一个宴会,宴会上社会名流济济一堂。齐白石也参加了宴会,但穿着非常简朴,显得很是"土气"而被众人冷落在一旁。梅兰芳挤入人群,恭敬地向老师问安,在场的人都非常惊讶。事后齐白石还作了一幅《雪中送炭图》赠给梅兰芳,题诗曰:得前朝享太平,布衣尊贵动公卿。如今沦落长安市,幸有梅郎识姓名。人生何曾如梦呢?只不过在那些势利人的眼中才会有这样戏剧性的事情,那是因为他们只以衣冠、声名看人,自然会制造很多闹剧。

达人撒手悬崖,俗士沉身苦海

笙歌正沸时,便自拂然长往[①],羡达人[②]撒手悬崖;更漏已残[③]时,犹然夜行不休,笑俗士沉身苦海。

【注释】 ①拂然长往:毫不留恋地离去。

②达人:指胸襟开阔、通达事理的人。

③更漏已残:夜色深沉。

【译文】 当歌舞的场面达到高潮的时候,便抬起身来扬长而去,胸襟开阔的人,在这种紧要之处能猛然回头的做法真让人羡慕;当夜深人静的时候,却依然有忙着赶路的夜行人，那些目光短浅的人即便身坠苦海但无所察觉，真令人发笑。

【解评】 俗话说："当断不断，反受其乱。"为人处世都要适度，不仅要明白急流勇退的道理，还要有见好就收的决心与毅力。常言道："好景不长在。"聪明的人会在事物发展到极致而凋败之前离开，这样就能在心头永留一份美好的回忆。而世人往往为蝇头小利琐屑小事执迷不悟，将那些外在的标签当做真正的自己，于是就难以体达真正的事、理，不能如实地知觉事、物，在碌碌无为的生活中消耗了自己的生命。对任何事物都不要过分地贪恋，要不然就很难保持清醒的头脑，还是古人说得好："事能知足心常泰，人到无求品自高。"

机息之时，心远之处

机息[①]时便有月到风来，不必苦海人世；心远处自无车尘马迹，何须痼疾[②]丘山。

【注释】 ①机息：人的内心淳朴，巧诈之心停止。

②痼疾：病经久不愈，这里指长期执著。

【译文】 人的内心淳朴，自然就会感受到月明风爽，生活一片美好；人的内心平静，自然不会觉得世俗的喧闹，也没有必要隐居山林。

【解评】 倘若我们的心灵充满了欲望，那么外界五光十色的诱惑就会把我们的头脑迷住，从此不复纯净轻松的生活，而是在欲望的驱使下疲于奔命，到最后还不知道自己这般的劳累是为了什么。如果能沉心静气，返回自己的内心，就能摆脱外界的压力和外物的劳役。从某种程度上讲心境决定生活态度，心静自然凉，好像善能禅师听说："人皆畏炎热，我爱夏日长。"普通人只感受到夏天炎热的天气令人不能安睡，恨不得夏天早早过去，而禅师却因为夏天的白昼最长，以致有更多的时间读书和思考而喜爱夏天。

【解悟】

心境如月，空而不著

六根清净，是指眼、耳、鼻、舌、身、意六者都要不留任何印象。而物我两忘是使物我相对关系不复存在，这时绝对境界就自然可以出现。可见想要提高人生境界必须除去感官的诱惑，六根清净，四大皆空。在现代人看来，绝对的境界即人的感官不可能一点不受外物的感染，但要提高自身的修养，加强意志锻炼，控制住自己的种种欲望，排除私心杂念，完全可以建立高尚的情操境界。

在公元 1643 年 9 月 20 日，皇太极病死于沈阳清宁宫。虽然皇太极临终前已有了安排，但围绕皇位继承问题还是闹了风波。少数少壮派贝勒想立皇太极的长子豪格，因为豪格年龄较大，在青年贝勒中有一定的影响。代善之孙阿达礼(多尔衮之侄)和其叔硕托亲王想立多尔衮，按当时的情况来看，多尔衮一派力量较为强大一些，尤其是多尔衮本人，既军权在握，又骁勇善战，在军队中颇有威望，性格也刚毅果断，所以才为他人所拥立。但多尔衮考虑到自己若登皇位将会引起内乱，尤其是皇太极的长子豪格一派的力量更是难以制伏，最终，他还是决定立福临为帝。

其实多尔衮立福临为帝的用心大家是看得很清楚的，当年福临年仅 6 岁，即位后必然由多尔衮摄政。多尔衮就会一步步地剪除异己，控制局面，在适当的时机再登皇位。因此，一些亲王不愿意同多尔衮合作，阿济格就称病不出，撒手不管。

福临即位，即顺治皇帝。嫡母和生母吉特氏俱被尊为皇太后，多尔衮摄政，被尊为皇父。

庄妃心里也十分明白，孤儿寡母秉政，若无人尽心辅佐，必然权位不保，所以对多尔衮一意笼络。不久，多尔衮亲自告发并主持审理了阿达礼、硕托叔侄的谋逆案件，杀了阿达礼，并罪及其妻子，以表明自己的心迹，这使得庄妃极为感激，从此更加信赖多尔衮。

多尔衮也可谓"兢兢业业"，凡事无论大小都一概禀告庄妃，庄妃也让多尔衮随便出入宫廷，便宜行事，不必事事奏告，也不必多避嫌疑。于是，多尔衮随意出入宫禁，有时甚至留宿宫中。

多尔衮其人据说长得一表人才，十分精干秀拔，但是很好色，庄妃也正值盛年，时间一久，便有了苟且之事，宫廷内外便有了一些闲言碎语，连顾命大臣济尔哈朗也说三道四。多尔衮知道以后，告诉了庄妃，让她拟了一道圣旨，派济尔哈朗前去攻打山海关。

多尔衮嗜色如命，庄妃既年轻美丽，又聪慧能干，多尔衮想渔猎其色，可想而知。多尔衮的好色无耻，还可以用另一件事来证明。

一次，多尔衮在庄妃那里见到了一位十分美丽的妇人，与庄妃之美不相上下，他十分眼馋。回去一打听，才知道原来是皇太极的长子、肃王豪格的福晋。从此，多尔衮又迷上了这位福晋，最后竟然使肃王豪格死于狱中。

这一时期，努尔哈赤的几个有兵权的儿子相继病死或战死，孝端皇太后也驾崩了。平时，庄妃虽与孝端皇后同为皇太后，但毕竟名分上有差，一是正室，一是侧室，所以虽时有专权之举，还是多少有所顾忌。好在孝端皇太后并不过问朝政，庄妃也就放心了。孝端皇后一死，庄妃再无顾忌，便大胆地处理起政务来。就在这时，多尔衮那边又发生了变化。

原来，多尔衮的元配妻子听说多尔衮与侄媳鬼混，就经常与多尔衮吵闹，多尔衮一如既往，无丝毫的改悔，她极为气愤，日久生疾，竟得了气鼓病，不久就死了。多尔衮办完了丧事，竟明目张胆地娶了豪格的福晋，福晋正式做起夫人来了。

庄妃知道，如果任其发展下去，自己同多尔衮的关系难保，于是当机立断，派小太监把多尔衮请来，与他密谈了半日。回去以后，多尔衮忙找范文程等极为老成持重而又大有学问的老臣来商量，他们耳语了半天，只见多尔衮面上有红羞之色，范文程则眉头皱了几皱，但最后还是范文程大有主意，向多尔衮献了一计，多尔衮大喜，忙拜托他们几个人立即办理。

范文程等人给顺治帝上了一道恐怕是中国历史上最为奇怪的一道奏章，其内容是要皇上嫁母的，皇父(多尔衮)刚刚死了老婆，而皇太后又独居寡偶，秋宫寂寂。这不合我们皇上以孝治天下的办法。根据我们这些愚陋的臣下的见解，应该请皇父皇母，到一个宫室里居住，以尽皇上的孝敬之道。

这千古一绝的奏章一上，立即交由内阁讨论，大家都知道多尔衮势大，皇太后又同意，哪个还敢反对，于是大家都随声附和，连连说好。

朝廷内外忙了好多天，大婚之时，朝臣全往拜贺，十分热闹。

庄妃与多尔衮结婚之后，倒也恩爱，但多尔衮还忘不了那位侄媳，不免偷寒送暖，经庄妃盘问，多尔衮据实相告。最后，庄妃只得让多尔衮把豪格的福晋立为侧福晋。

后来多尔衮宠爱朝鲜的两位公主，经常出外打猎，让两位朝鲜公主陪伴，很长时间不回宫廷。侧福晋备受冷落，多有吵骂，多尔衮生就的喜新厌旧的脾气，对她不再理会。至于对待庄妃，多尔衮一则敷衍，一则命令宫中的太监使女紧密封锁消息，不让庄妃知道。

不久，多尔衮因纵欲过度，在喀喇城围猎时，不幸得了咯血症，最终不治身亡。

多尔衮死后，平时怨恨他的大臣就纷纷趁机上书攻击多尔衮，起初庄妃还从中调解，后来大臣得知顺治帝隐恨多尔衮，便放胆揭发，把多尔衮宠爱两位朝鲜公主的事告知了庄妃。庄妃大怒，才知道之前为什么多尔衮时常出猎，于是发狠说："如此看来，他死得迟了。"

至此，许多大臣罗列了多尔衮的罪状：收受贿赂，逼死豪格，引诱侄媳，私制御服，私藏御用珠宝等。最后顺治下诏，诛除多尔衮的党羽，追夺多尔衮家属所得的封典。

德在人先，利居人后

生活中人的品质修省是从实际的利益中体现和磨炼出来的。范仲淹说"先天下之忧而忧，后天下之乐而乐"，这是一种传统的优良的人生态度。现在提倡"吃苦在前，享乐在后"，表现的同样是"德在人先，利居人后"的境界。在名利享受上不争先，不分外；在德业修为上时时提高，是个人走向品德高尚的具体表现。

曾经在"苛政猛于虎"、百姓不堪重负的元代，董文炳在县令任上，敢于为民获罪，设法隐实不报实际户数，使百姓大为减少朝廷加的赋敛的负担。后又拒绝府臣的贪得无厌，最终居然以"理终不能剥民求利"的情怀，弃官而去。

董文炳出任县令，逢朝廷开始普查百姓的户数，以便按户数征收税赋，并且下令敢于隐瞒实际户数的，都要处以死刑，没收家财。董文炳看到百姓的税赋太重，要百姓聚居一起，以减少户数，众官吏都反对此举，董文炳说："为百姓犯法而获罪，我心甘情愿。"百姓中也有人不太愿意这样做，董文炳说："他们以后会知道我要他们这样做的好处；会感谢我而不会怪罪我的。"由此，赋敛大为减少，百姓都因而很富足。董文炳的声誉波及四周，旁县的人有诉讼不能得到公正判决的，都来请董文炳裁决。董文炳曾到大府去述职，旁县的人纷纷聚拢来看他，有人说："我多次听说董县令，无缘一见。今看到董县令也是人，为何明断如神呢？"当时的府臣贪得无厌，向董文炳索取钱物，董文炳拒不肯给。同时有人向府里进谗言诋毁董文炳，府臣便欲加以中伤陷害，董文炳说："我到死也不会剥削百姓。"说完就辞去官职不干。

董文炳不仅"终不能剥百姓求利"，而且处处为百姓谋利，除上述他冒死罪要百姓聚居一起减少户数，以减轻赋税外，他还多次慷慨地为百姓捐私产。《元史·董文炳传》载：当地十分贫穷，加之干旱，蝗虫肆虐，而朝廷的“征敛日暴”，使得百姓无法生存，董文炳自己拿出私粮数千石分给百姓，以使百姓的困境有所宽解。又因为前一任县令“军兴乏用，称贷于人”，而贷家索取利息数倍，县府没办法还贷，欲将百姓的蚕丝和粮食拿来偿还。这时，董文炳站出来说：“百姓实在太困苦了，我现在位当任县令，义不忍视百姓再遭搜刮，由我来代偿吧！”于是将自己的“田、庐若干亩，计值与贷家”，同时“复籍县间田以民为业，使耕之”，使得流离失所的百姓逐渐回来安居乐业，几年后百姓都能吃饱穿暖了。

只做有利于百姓的事情，即使是违犯了朝廷的法令也不在乎，不怕丢官，甚至不怕丢命，“为民获罪，吾所甘心”，贪婪的府臣索贿不成，欲借机加以陷害，董文炳弃官而去，其理由则是至死也不愿为个人的前程去剥夺百姓，满足那些贪官污吏难填的欲壑。董文炳勇于舍弃前程，给贫民捐粮，他不忍心取百姓的衣食还前任县令的借贷，而是将自己的田地、房舍抵贷，这些都是为苍生百姓着想。不谋私利，不敛钱财。为民请命，体察民情，在世俗官吏的眼中董文炳没有为官一任，富己一人，是大大的糊涂，但百姓没有忘记这样的糊涂。

董文炳领兵进入福建后对百姓秋毫无犯，《元史·董文炳传》有记载：“文炳进兵所过，禁士马无敢履践田麦，曰：‘在仓者，吾既食之；在野者，汝又践之，新邑之民，何以续命。’是以南人感之，不忍以兵相向。”后来，“闽人感文炳德最深，高而祀之”。百姓和历史都会记住这样的良吏。

浓夭淡久，大器晚成

人到晚年固然有夕阳黄昏之叹，“岁寒尔后知松柏之苍劲”。但“老当益壮”，“老骥伏枥”之雄心更显得辉煌。人的一生，没有精神追求，即使是正当少年，但颓靡自堕，又有何用？有精神追求和理想抱负，即使在老年却生机勃勃，又何来“徒伤悲”之叹呢？

清代学者戴震像，图出自《清代学者像传》。

戴震（1723－1777年），字慎修，又字东原，是安徽休宁隆阜（今屯溪市）人。我国18世纪杰出的大学问家、思想家和教育家，尤长于考据、训诂、音韵，为清代考据学派的重要代表人物。

戴震的祖父和父亲，都是大字不识的小贩，养家糊口也很难。戴震稍长时，在乡从塾师学习。他十分珍惜学习机会，勤学好问，善于独立思考。

戴震青少年时，家庭生活困难，

他不得不放弃上学的机会，肩挑小货担，出外做些小买卖。在做小商贩的行途中，他一有机会就拿起书本边走边看，边看边诵，边诵边记。往往出门做一回生意，他就要背诵数页书。就这样，他对《十三经注疏》了如指掌。

戴震生活艰辛，但总忘不了读书。后来，他随父做生意客居南丰，在这里他开始“课学童于邵武”。他一边教童蒙学馆以维持生活，一边努力读书，研究学问，故经学日益长进。20岁时，他结识了当时著名的学者江永，即受学于江氏门下。近40岁时，他才参加乡试并中举。从此，生活才有了些安顿。

尽管戴震成了举人，但在后十余年里，却屡试不第，只好以教书为业。50岁时曾主讲于浙东金华书院，被钱大昕称为“天下奇才”，推荐给尚书秦蕙田协助修《五经通考》。后会试不第，应直隶总督方观承之聘，修《直隶河渠志》。尔后又游山西，讲学于寿阳书院，修《汾州府志》和《汾阳县志》。乾隆三十八年（1699年），清政府开四库馆，由《四库全书》总编纪昀等人引荐，奉诏入四库馆为纂修官。乾隆四十年，戴震已53岁，奉命与当年贡士同赴殿试，赐同进士出身，授翰林院庶吉士。他在馆校书五年间，除《仪礼集释》、《大戴礼记》外，还校有《九章算术》、《海岛算经》、《孙子算经》、《五曹算经》、《夏侯阳算经》等，对于中国古算学的恢复与发展作出了不少贡献。最后他因积劳成疾而去世，享年55岁。

非上上智，无了了心

现实生活中有形的东西可感可觉，如功名利禄，人们逐之如蝇。但从茫茫宇宙，从人生来看，人何其渺小，功名利禄转眼而空。苏东坡在《念奴娇·赤壁怀古》中，以“大江东去，浪淘尽千古风流人物”的博大气派而发人生宇宙之兴叹，胸怀何其广，气度何其宏，可称得上豁达之人，彻悟了人生。也正因为他有远大的抱负，厚实的修养，高尚的智慧，所以才能明山川之真趣，弃名利于身外。

宋神宗熙宁七年秋天，苏东坡由杭州通判调任密州知州。我国自古就有“上有天堂，下有苏杭”的说法，北宋时期杭州早已是繁华富足、交通便利的好地方。密州属古鲁地，交通、居处、环境都不能与杭州相媲美。

东坡说他刚到密州的时候，连年收成不好，到处都是盗贼，温饱成问题。东坡及其家人还时常以枸杞、菊花等野菜作口粮。人们都认为东坡

苏东坡像，出自《西湖拾遗》。苏东坡即北宋著名文学家苏轼，他曾在杭州做官。

先生过得肯定不快活。

谁知东坡在这里过了一年后，脸上长胖了，甚至过去的白头发有的也变黑了。东坡说，我很喜欢这里淳厚的风俗，而这里的官员百姓也都乐于接受我的管理。于是我有闲情自己整理花园，清扫庭院，修整破漏的房屋。在我家园子的北面，有一个旧亭台，稍加修补后，我时常登高远眺，放任自己的思绪，作无穷遐想。往南面眺望，是马耳山和常山，隐隐约约，若近若远，大概是有隐君子吧！向东看是卢山，这里是秦时的隐士卢敖得道成仙的地方；往西望是穆陵关，隐隐约约像城郭一样，姜尚、齐桓公这些古人好像都还存在；向北可俯瞰潍水河，想起淮阴侯韩信过去在这里的辉煌业绩，又想到他的悲惨命运，不免慨然叹息。亭台既高又安静，冬暖夏凉，一年四季，朝朝暮暮，我时常登临这个地方。自己摘园子里的蔬菜瓜果，捕池塘里的鱼儿，酿高粱酒，煮糙米饭吃，其乐无穷。

从小处着手

春秋时的墨子认为：不听诬陷和邪恶的话语；不说粗野和蛮横的话语；损伤别人的心思，不要隐藏在心里。这样，即使有专事诽谤和说长道短的小人，也无所依附了。

行恶而遭灾祸，夏桀、商纣、周幽王和周厉王这些暴君就是例证；爱护帮助他人而得到幸福的，夏禹、商汤、周文王和周武王这些圣王就是例证。

《东周列国志》版画之周幽王烽火戏诸侯图

处世的谋略很多，从大处着眼，从小处入手是其中最基本的一条。人世间的活动无始无终、无穷无尽，概括起来则简单不过，两句话囊括一切：少什么补什么，多什么减什么。

少什么呢？少财富，于是，一代又一代，世世代代地创造财富，少友爱，于是，人们不断地呼唤爱，寻找爱，数千年如一日，因为友爱是人的精神需求。

多什么呢？多灾难，自然的灾难，社会的灾难，没完没了地威胁着人类，让人类不敢有片刻的疏忽大意；多仇恨，人类共处，怨恨难免，消除怨恨，是人类梦寐以求的。财富和友爱人人喜欢，灾难和仇恨人人讨厌。然而，少的永远少，多的永远多。财富友爱再多也是少，灾难和仇恨再少也是多。何况，现实生活中，财富友爱并不算多，灾难仇恨却不见少。增补少的，减去多的，是代代相袭的主题。知道缺少而努力去增添，知晓多余而努力去削减，这就是智慧。该补时补，该减时减，这就叫自然。如果违背了这种法则，就是聪明反被聪明误，搬起石头砸自己的脚。

时不待我

战国时期的吕不韦认为：圣人为人处世，外表看缓慢而实际急切，好像迟宕而实际迅速地在等待着时机。文王因为父季历被殷拘困而死，所以很痛苦，他不忘自己被囚在笼子里的耻辱，只是时机未到。武王侍奉纣王，日夜不懈怠，也不忘王门被拘之辱。武王即位十二年，就成就了甲子日擒获纣王的事业。得到时机并不容易。

伍子胥想见吴王见不到，请人和王子光打了招呼。王子光见到子胥后却讨厌他的相貌，不听他说话就拒绝了他。门客为这事询问王子光。王子光回答道："他的相貌恰恰是我最讨厌的那种。"门客将王子光的话传给了伍子胥。伍子胥说："这是容易事。让王子光坐在堂上，用几重帷幕挡住再接见我，看见他的衣服就像看到他的手，就如见其人。请这样对他说。"王子光同意了。伍子胥说到一半，王子光就掀开帷幕，拉着伍子胥的手与他一起坐下，听他说。王子光听后非常欢喜。伍子胥认为拥有吴国的必定是王子光。王子光后来代替吴王僚成了王，重用伍子胥。于是子胥就修订法制，礼下贤士良才，选练兵士，演习战斗；吴王阖闾六年，在柏举大胜楚军，九战九胜，追赶败兵到千里之外。楚昭王逃奔随国，吴占了楚都郢。子胥亲射王宫，鞭打楚平王坟三百下。从前在吴耕作，子胥不是忘了父仇，他在等待时机。

有个才子田鸠想见秦惠王，然而留在秦国三年都未见到。有门客将此事告诉了楚王。后来田鸠见楚王时，楚王非常喜欢他，最后叫他拿将军的符节出使秦国。田鸠到了秦国后，见到秦惠王后对人说："到秦国的路，还得从楚国来吗？"原来就有离得近没有相见如同隔得远的道理，路远却能见到，远的也就近了。时机的道理也是如此。光有汤、武的贤明，却没有桀、纣混乱的时机，汤、武也成就不了王业；光有桀、纣的混乱时代，却没有汤、武的贤明，也成就不了王业。

圣人眼里时机与人事的关系如同竿子与影子形影不离。所以有道之士没遇到时机便隐藏不露，勤勉地准备，等待时机。时机一到，有人从百姓成为天子，有人从诸侯得到了天下，有人从卑贱成为帝王的辅佐，有人从平民成为万乘之王。所以圣人重视时机。水刚结冰，后稷不种植，后稷要种植一定要待春天到来。

所以说，时机并不一定能建立功名。叶子正茂盛时，整天采摘也不觉得它少了，

《春秋五霸七雄列国志传》版画之伍子胥鞭尸报仇图。

秋霜一到,整个树林都会凋零。事情的难与易,不在于大小,只在于知道时机。

马厩里充满了饥饿的马,却没有声音,是因为没见到草料;地窖里满是饿狗,没有声音,是没见到骨头。看见草料与骨头,自然会躁动起来。乱世的人民无言,是没看见贤明的人,看见了贤明的人,就会禁止不住地向往他。向往他不是形式,而是人心。齐国因为闵王僭称东帝让人民与他离心离德,而鲁国趁势掠取了徐州。赵国邯郸因造寿陵扰民,民心不附,而卫国趁势掠取了茧氏的城邑。凭鲁、卫的弱小,却都在大国得了手,就是抓住了时机。天不会给人第二次机会,机不可失,失不再来,有能力也不会两次同样成功,举事就在与时机相合。

相合才得以相遇。时机不合,就一定要等到合适的时机才能行动。所以,比翼之鸟没遇到合适的时机就老死在树上,比目之鱼没遇到合适的时机就老死于海中。孔子周游列国,不止一次接触过当世君主,从齐国到卫国见了八十多位君王,拜在孔子门下做弟子的就有三千人,有七十二位得意的弟子。这七十二人,万乘的君王得一个用就可以做君王之师,就不会抱怨没有人辅佐了。孔子凭修行明道周游列国,自己的官职是鲁国的司寇,这就是周天子绝灭、诸侯大乱的原因。混乱中愚人就大多很难侥幸了。而君王宠幸愚人让他们任职,他们必定不能胜任。任职长久却不胜任,那宠幸反而变成祸殃。越受宠幸,对国人的祸害就不只是殃及自身。所以君子不居宠幸地位,不做苟且之事,一定要衡量自己然后才任职,任职之后应量力而行。

不宜遇合的人却受到遇合,就必定政教财坏;宜于遇合的人却不受遇合,最终导致国家混乱世道衰落。天下的人民,他们的苦愁劳务就是从这种情况产生的。大凡举荐提拔人的根本,第一是心志,第二是做事,第三是功劳。如果这三种情况都不能受到举荐,那么国家一定残亡,坏人都到来,自身也定遭受死殃。

不加功于无用

东汉时期的班固认为:不加功于无用,不损财于无谓。不做徒劳无益的事情,不在毫无意义的事情上耗费钱财。

必死之病,不下苦口之药;朽烂之材,不受雕漆之饰。

不可能成功的事情就不去做,不贪求不应得到的东西,不立足于不能持久的地位,不去干不可再行的事情。肯定行不通的事,绝不要轻易去做;肯定不听劝告的人,用不着多费口舌去劝说。说话得当合乎情理,是聪明睿智;恰到好处地保持沉默,也是聪明睿智。

宁愿向能够解决问题的人央求一次,不愿向不能解决问题的人再三请求白费气力。求人办事要摸清情况,找到主攻方向和关键所在。

不说不该说的话,需要说的就一定要说得恰当;不必做的事不做,需要做的事就一定要把它做好。

万事不能失去依托

战国末期的韩非子认为:借助车子走远路,凭借船只渡江海。贤士要立功成名,就需有资产、财物的援助。古代最好的木匠公输班能用国王的木材建成宫室、台榭,

《武王伐纣书》版画之周文王求姜太公图

却不能为自己建一间小屋，这是因为木料不足；善铸剑的欧冶子能用国王的铜铁铸成金炉大钟，却不能给自己做一些日常用具，这是因为没有用料的缘故。君子能够通过君主的朝政，使百姓和睦，对百姓施恩，却不能使自己的家庭富有，是情况不允许的缘故。所以舜在历山耕种，却不能给州里的人带来任何恩惠；姜太公在商朝的国都朝歌宰牛，却不能使自己的妻子儿女得到。他们有了实权后，他们造福于民众的恩泽遍布四面八方。所以舜只有通过尧，太公通过文王，才能恩流八荒，德溢四海，造福于民。有道德的人应借助大道来修炼自己，而不是图谋私利。

螣蛇驾雾，飞龙乘云，等到云开雾散时，它们就跟蚯蚓没有区别，为什么会这样呢？因为失去了它们所凭借的东西。千钧的重量有船的支撑就不会沉下去，细小的东西没有船的承载也不会浮起来。这不是因为千钧轻而锱铢重，而是因为他们有依托。所以失去了依托，事情就不能成功。秦国的大力士乌获能举起千钧重物，从而使自己的身体也显得很沉重，然而却不能使自己的身体变轻而使千钧变重，因为他不能形成那样的依托；离娄走一百步轻轻松松，却无法在睫毛上行走，不是百步的距离近而睫毛的距离远，而是在道理上就行不通。

少说多做

宋朝的周密认为：守口如瓶，防意如城，意思是说话谨慎就像将话封装在瓶子里一样，防止私欲膨胀就像把守城池防御敌人一样。言必有防，行必有检，意即说话必须有所防备，行为检点。杰出的人物不一定能言善道，胸有成竹而沉默不语的人才令人回味无穷。言之有物，简明扼要，没有废话，是最好的语言。不道人短，不显己长。

尚未取得别人信任就直言批评其过失，别人会以为你是在攻击他，为人处世说话柔顺可以避免灾祸。意志坚定的人发表意见简明而有分量，意志刚强的人发表意见果断有气势。

如果有两分业绩而只有一分名誉，这名誉就能确定而不会毁坏；事情做了五成而只说三成的话，这话语就很少有差错。说话谨慎是立身处世的根本。做事不能随心所欲，说话不能口无遮拦。信口雌黄容易遭人反感，所以说话要谨慎是自我修养的要点之一。

不要趁着一时高兴就口没遮拦喋喋不休，不要因为一时痛快就轻易答应某件事情,高兴之时的许诺多半不能兑现,发怒之时的话语往往不得体。人在感情冲动时,说话一般难以深思熟虑。话语虽然十分恰当,但对着全然不听劝告的人来说就成了荒谬之说。说话须看对象,不必说无用的话。

言语最要谨慎,交友最要审择。多说不如少说,多识一人,不如少识一人。

三思而行

清朝时期的王庭奎解悟《菜根谭》时认为:人无远虑,必有近忧。事不三思,终会后悔。说话必须考虑后果,做事必须考察不利的因素。讲话不宜求多,但一定要求主旨;做事也不宜求多,而必须弄清为什么要这样做。置其身于是非之外,而后可以明是非之因;置其身于利害之外,而后可以观利害之变。人必须借鉴前人的经验教训,审慎地做人处世,才能够使自己的一生不出现大的失误。

人有前后眼,富贵一千年。人如果能看清楚一切事物,那么保持长久富贵并不难。

轻浮急躁,容易莽撞行事,导致烦恼与悔恨;因循守旧,不敢逾越常规,不算英雄好汉。浮躁固然当戒,而谨慎亦不可过分。过于谨慎,就会流于因循。忧时纵酒愁更愁,肯定会有害健康;怒时作札欠考虑,容易写出不恰当或失礼的话。拘泥于小节的人做不成大事业,忍受不了小耻辱的人绝对不可能建立功勋声名远播。谨慎不是拘泥于细枝末节。

站在对方听驳论

宋朝时期的司马光认为:兼听则明,偏信则暗。不能轻信诋毁他人的话,要看诋毁者和被诋毁者的人品如何,并经过一段时间观察。如果听到诋毁他人之辞,便如获至宝,也不想想毁谤之言从何而来,这样必然就有人受冤。

轻易听信别人的议论,怎么知道其人不是在诬陷中伤?所以应当仔细思考再做决定;遇到事情与人争执,怎么知道自己到底对不对?所以必须冷静考虑,才能看清事情的真面目。

不能仅仅因为某人能言善辩而予以推荐重用,不能因为不满意某人而不听取其正确的意见。

“智者”也有“千虑一失”,聪明能干的人未必事事周详、言可尽信;反之“愚人”也有“千虑一得”,愚蠢笨拙的人未必事事糊涂,言无可取。不传播没有根据的荒唐议论,不理睬流言飞语。听信错误的意见会带来诸多害处,听信荒谬的意见会招致失败。

不要随便听信别人的话而急忙做出反应。搬弄是非的流言飞语耳边总会有,不去听自然就没有。听别人说话固然可以了解一个人,然而轻信别人的话也会导致对人做出错误的评价。

冷静地看待世间万物

明朝时期的吕坤认为：不怕权贵，只畏惧公理，不倚仗别人，只倚仗天理的才是大丈夫。

用超然物外的心境去看待世间万物，好比用照妖镜降服妖怪一样，一丝一毫都看得分外清楚。

追求品德上上进的人最忌讳“心浮气躁，心胸狭窄”。要除去这八个字，只需要用一个字就可以了，这就是“静”。静能使人稳重深沉，宁静中心境自然海阔天空。

正人君子应该修心养气，一旦心中的正气衰竭，一切事情都无法做了。孔子的弟子冉有就是个心气不足的例子。

保持冷静的力量胜过千头牛，勇猛要超过十只虎。

君子如果能做到将身心洗涤干净，那么二者将会一尘不染；如果让清净充满身心，就不怕那一点点障碍；若身心彻底得以修养，那就不会怕见到任何恐怖的情景了；若坚定不移地保持这种心境，那么一切事情就会迎刃而解了。

人只要身心不随意放纵，将不会有什么过失与差错；只要精神不懈怠，不疏忽，就不会有遗憾和忘却。

人只要心中能摆脱贪恋，就会觉得非常爽快明净，十分自由自在。人生最痛苦的地方就是心底藕断丝连，拖泥带水，明知无法拥有，却还是执迷不悟地不割舍。

盗窃就是欺骗他人。只要内心有一丝欺骗别人的念头，有一桩欺骗别人的事情，有一句欺骗别人的话，即使没被人发现察觉，也是盗窃。表里不一，自己的话就是行动的窃贼；心中所想与嘴上所说不一致，语言就是思想的窃贼。刚刚萌生一个真实的念头，又突然生出一个虚伪的想法，这是自欺欺人。有句谚语讲：“瞒心昧己，这句话令人玩味啊！”做出欺世盗名的事情，它的罪过实在很大；瞒心昧己，实在是罪过深重。

人的心中如果有不能扭曲的真知灼见，有不能屈服的坚定见解，哪怕舌头被割断也不能表达出来，也绝不人云亦云，也绝不盲目认同别人的见解。

刚说要睡觉，却又睡不着；刚说要忘记，却又忘不了。

我的心随处都存在。去掉了我这颗私心，就会四通八达了，感觉整个宇宙海阔天空无边无际。要忘却私心，就该时刻自我反省，这心中的念头是为了天下万物，也是为了我自己。

眼里容不得一粒灰尘，齿缝间容不下一丝菜茎，这并不是我一个人特有的感觉。可是，在人们的心里却有许多荆棘丛生，那人们怎么能容得下？

手有手的功用，脚有脚的功用，耳朵、眼睛、鼻子、嘴巴都各自有各自的用途。只不过它们都像奴婢一样，听从大脑的指挥。大脑让它们干正经事，它顺从；让它们干坏事，它照样顺从。它们自身并没有过错。如果说有什么罪过的话，那么责任都应当由大脑来承担。

人的心思一旦松散，一切事情都无法收拾；心思只要有疏忽大意，所有事情都不堪进入耳目，心思一旦过于固执，一切事情都难以适应自然规律。当一个人身处庄严的场合，在大庭广众下或目睹让人恐怖震惊的场面，而心神不安，这就说明他的涵养不够。

长时间注视着熟悉的字，反而觉得那个字不认识，长久地注视着静止的物体，反而觉得那个物体在动。由此可见疑虑积累太多就会干扰大脑正常运行，过分地思虑也同样会使人对正确的事物感到迷惑。

身处局中，心在局外

做事就怕执迷不悟，这样可能会把谬误当真理，把错误的当正确的。而要超然于事外，超脱于尘世，除了自身要有高尚的修养与较好素质之外，还要学会善听谏言，多了解实际情况，所谓当局迷而旁观清，偏信暗兼听明。人处于事中不仅易迷且往往被其势所左右，变得激情磅礴，不能理智思考，冷静处之。故处事应身在局中而心在局外。

贞观元年(627 年)，有一次唐太宗李世民意外得到了一只漂亮活泼的小鹞(即雀鹰，可帮助打猎)，他喜出望外，戏逗入迷。忽见魏征进来奏事，怕魏征责怪自己玩物丧志，忙将鹞子藏到怀里。魏征佯作没看见，却故意唠唠叨叨，说个没完没了。等魏征退下，唐太宗才敢取出鹞子，可它早已被闷死了。又有一次魏征出外办事，回来后对李世民说："听说陛下要外出巡幸，浩大的装备都已布置妥当，怎么还没起程。"唐太宗笑着说："前阵子有此打算，想到卿必定要来劝谏阻止的，所以干脆在卿谏阻前打消了念头。"魏征是贞观年间也可以说是我国古代最杰出的谏官，在短短的几年里，魏征所陈谏的事情多达两百余件，且其中多被采用，深得唐太宗的赞赏。

敬贤怀鹞图，出自明·张居正《帝鉴图说》。魏征以直言敢谏著称，深为唐太宗敬畏。史载唐太宗喜爱一只罕见的鹞鹰，一次置于臂上时魏征前来奏事，唐太宗怕他看见，忙把鹞鹰纳入袖中，待魏征奏完事走后，鹞鹰已然死去。

魏征虽然有名，但当时敢于直言忠谏且劝谏有功的大臣不只是魏征一人。贞观年间，君臣共商国是，谏诤蔚然成风。这是我国封建社会政治史上的特异光彩，也是唐初"贞观之治"之所以引人注目的重要方面。像王珪、刘洎、房玄龄、褚遂良、杜如晦……甚至包括长孙皇后，都是敢于忠言犯颜且卓有成效的进谏者。

王珪被荣封为侍中，便奉诏入谢。见有一美女侍立在李世民身旁。王珪觉得面熟，便故意盯着美女看。李世民见势向他说明："这是庐江王李瑗的姬人。李瑗听说她长得漂亮，就杀了她的丈夫而娶了她。”王珪听后故意问：“陛下认为庐江王做得对还是不对?”李世民答：“杀人而后抢人妻子，是非已很清楚，何必要问?”王珪说：“臣听说齐桓公曾经向郭国遗老询问郭国败亡之因，遗老说是因为善的不用而恶的不除。今陛下纳庐江王侍姬，臣还以为圣上要肯定李缓的做法，否则便是想自蹈覆辙了。”李世民一惊，随后觉悟：“不是卿来提醒，朕差点要怙恶不悛，坚持错误了。”等王珪一离去，李世民立即把美女放回娘家去了。

贞观六年三月，一次退朝后，唐太宗厉声怒骂道：“总有一天我要杀死这个田舍翁!”长孙皇后忙问田舍翁是谁。唐太宗道：“就是魏征！他多次在我身边絮叨，还常在大廷上屈辱朕躬，除掉他才能解朕心头之恨!”长孙皇后听后惊讶不已，随后赶快退下。一会儿，她正儿八经地换上了上朝司礼用的严整朝服，向唐太宗拜贺道：“妾听说君主清明，臣下才会忠直。当朝既有魏征这样的忠直之臣，便可以想见陛下当政无比圣明了。”唐太宗听后，立即转怒为喜了，于是打消了心中的念头。

贞观年间谏诤之风盛行一时，犯颜直谏、面折廷争的事例屡见不鲜，当时上自宰相御史，下至县官小吏，旧部新进，甚至宫廷嫔妃，都不乏直言切谏之人。人们不禁要问：“何以在漫长的历史长河中，单单在贞观年间出现如此令人惊喜的开明局面呢?”

这不能不归功于唐太宗“恐人不言，导之使谏”的“采言纳谏”之计了。魏征说得好：“陛下导臣使言，臣所以敢言。如果陛下本是个不愿采言纳谏的君主，臣下自然不敢触犯忌讳，以卵击石。”唐太宗非常欣赏“兼听则明，偏信则暗”的哲理。有一次，他把生平所得而珍藏的数十张“良弓”送给工匠验看，不料工匠看后却说，这些弓木心不正，脉理皆邪，统统不是良弓。于是唐太宗感叹说：“天下之务，其能遍知乎!”既然人无完人，就只能依靠“采言纳谏”来弥补。他对大臣们说：“朕高高居于皇位，无法看清天下的各种细节。卿等分布各处，应该力求像朕之耳目一样，帮助朕增长见识。”

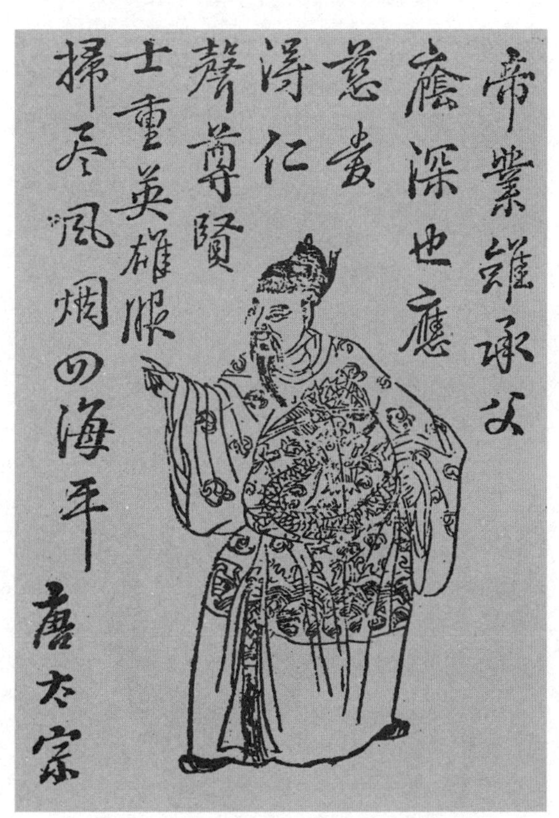

唐太宗像，出自《异说征西演义全传》。

唐太宗既深知不“采言纳谏”，必使自己愚昧固执，最终必然会使国家昏暗衰败，因而千方百计要使“采言纳谏”之计得以切实施行。因此，他竭力鼓励极言规谏。早在他刚被立为皇太子时，就“令百民各上封事”，广泛提出治国意见与建议。登基后，为打消臣下进言的顾虑，力求使自己和颜悦色，诚恳和气，并多次表示，即使是“直言忤意”，他也决不加以怒责。

而且，唐太宗还从制度上来促进广开言路、"采言纳谏"的施行。他沿袭了隋朝三省六部制，同时又让一些职位稍低的官员以"参与朝政"的名义，加入最高决策层。特别规定重要政务都须经过各部门商议，经宰相筹划，认为切实可行时，再向他申报。如果诏书有不稳妥之处，任何人都必须扣住，不准顺旨便立即施行，而应恪尽臣下上谏之责。唐太宗还特别注重选择谏官，并敢把杰出的谏官直接升为宰相。

不忧利禄，不畏仕危

在古代官场中四处布满陷阱充满荆棘，从而有"善泳者死于溺，玩火者必自焚"，"香饵之下必有死鱼"的说法。所以要想不误蹈陷阱误踏荆棘，最好是把荣华富贵和高官厚禄都看成过眼烟云。的确，一个人如果不希冀官场的升迁就自不会去投机钻营，不会去阿谀奉承，就会无所畏惧，那权势又奈我何？权势对于小人，对希图荣达者自有一番诱惑。名利对于想图功名者来说才是陷阱，他绝对不会陷到轻名利者。

有一次，孟子本来准备去见齐王，恰好这时齐王派人捎话，说是自己感冒了不能吹风，因此请孟子到王宫里去见他。

孟子觉得这是对他的一种轻视，于是便对来人说："不幸得很，我也病了，不能去见他。"

第二天，孟子便要到东郭大夫家去吊丧，他的学生公孙丑说："先生昨天托病不去见齐王，今天却去吊丧。齐王知道了怕是不好吧？"

孟子说："昨天是昨天，今天是今天，今天病好了，我可以办我自己想办的事情。"

孟子像

孟子刚走，齐王便打发人来问病，孟子的弟弟孟仲子应付差役说："昨天大王有命令让他上朝，他有病没去，今天刚好一点，就上朝去了，但不晓得他到了没有。"

齐王的人一走，孟仲子便派家丁在孟子回家的路上拦截他，告诉他不要回家，快去见齐王。

孟子仍然不去，而是到朋友景丑家住了一夜。

景丑问孟子："齐王要你去见他，你不去见，这是不是对他太不恭敬了呢？况且这也不合礼法啊。"

孟子说："哎，不能这么说，齐国上下没有一个人拿仁义向王进言，难道是他们认为仁义不好吗？不是的。他们只是认为够不上同齐王讲仁义，这才是不恭敬哩。我呢，不是尧舜之道不敢向他进言，已经够恭敬了，曾子说过，'晋国和楚国的财富我赶不上，但他有他的财富，我有我的仁，他有他的爵位，我有我的义，我为什么要觉得比他低而非要去趋奉不可呢？'爵位、年龄、道德是天下公认为最宝贵的三件东西，齐王哪能凭他的爵位便轻视我的年龄和道德呢？如果他真这样，那么我没有必要同他相交，没必要委屈自己去求见他！"

自老视少，瘁时视荣

世事经历多了之后，自然能悟出其中的道理，大有曾经沧海难为水之叹。不管是道家奉劝世人消除欲望，还是儒家提倡贫贱不移的修养工夫，或者佛家清心寡欲的出世思想，都在告诉世人，不要在富贵与奢侈、高官与权势中去争强斗胜，浪费心机。在得意时，要多想想失意时的心情，以失意的念头控制自己的欲望。

自老视少，可以消除奔驰角逐之心，自瘁视荣，可以断绝纷华靡丽之念，这是一种正向、逆向思维相结合的方法。

《南史》里记载了一位渔父的故事。据说，南朝宋时有很有才学的渔父，但人们不知其姓名，也不知其乡居何处。孙缅在浔阳担任太守时，有一天傍晚，他到江边漫步，见一叶扁舟在波涛中时隐时现，一会儿便看见渔父驾船而来。渔父神韵潇洒，垂纶钓鱼，并发出阵阵长啸。孙缅感到十分奇怪，便问道："您钓鱼是为了卖钱吗？"渔父笑着回答说："倘若我钓鱼并不是钓鱼，又怎能是卖鱼之人？"听了渔父的回答孙缅更加惊奇。于是他提着衣服蹚着河水靠近小船，对渔父说："我暗中观察先生，知道您是一位有才学的人。但是你每日驾舟捕鱼，也十分劳苦。我听说黄金白璧是重利，驷马高车为显荣，当今之世，王道昌明，海外隐居之士，靡然而归。您为何不向往天下的光明，反而隐藏自己的才华呢？"渔翁回答道："我是山海间的一位狂人，不通达世间杂务，也分不清荣贵和贫贱。"说完便悠然划桨而去。

渔翁的高明之处就在于他能逆向思维，世人若是把官场的起落看成贪饵吞钩，那么他就是一条上钩的鱼。

热心助人，其福必厚

待人应该热情，而不应当像秋风扫落叶那么无情，和气待人，给困难之人以援手，历来都是中国人所尊崇的。待人热情，首先不孤独，乐于助人，显然能帮助人们，度过生活的难关。胡雪岩的"好运自然来"，其实是他乐于助人的结果。

胡雪岩，名光墉，字雪岩。1823 年出生于徽州绩溪。徽州多商，徽商遍布各地。受经商之风的影响，胡雪岩在父死家贫的窘境中，12 岁那年，便告别寡母，只身去杭州信和钱庄里当起了学徒。

开始，胡雪岩和其他伙计一样在店里站柜台，后来东家和"大伙"都看他顺眼，就派他出去收账，胡雪岩认真操办，从来不曾出过纰漏，深得东家赏识。

有年夏天，胡雪岩在一家名叫"梅花碑"的茶店里跟一个叫王有龄的攀谈，知道他是一名候补盐大吏，打算北上"投供"加捐。

清代捐官不外乎两种，一种是做生意发了财，富而不贵，美中不足，捐个功名好提高身价，像扬州的盐商，个个都是花几千两银子捐来的道台，那么一来便可以与地方官称兄道弟，平起平坐，否则就不算“缙绅先生”，有事上公堂，要跪着回话。再有一种，本是官员家的读书子弟，就是运气不好，三年大比，次次名落孙山，年纪大了，家计也艰窘了，总得想个谋生之道，走的就是“做官”的这条路，改行也无从改起，只好卖田卖地，托亲拜友，最后凑一笔钱去捐个官做。

王有龄就是属于后者，他的父亲是候补道，没有什么好差事，分发浙江，在杭州一住数年。老病浸夺，心情抑郁，最终不幸死在异乡。身后没有留下多少钱，运灵柩回福州，要很大一笔盘缠，而且家乡也没有什么可以投靠的亲友，王有龄就只好奉母寄居在异地了。

境况不好，且又举目无亲，王有龄穷困潦倒，每天在茶馆里穷泡，消磨时光。虽然捐了官却无钱去“投供”。

在清代，捐官只是捐了一个虚衔，凭一张吏部所发的“执照”。取得某一类官员的资格，如果要想补缺，必得到吏部报到，称为“投供”，然后抽签分发到某一省候补。王有龄尚未“投供”，更甭说补缺了。

胡雪岩认定眼前这个落泊潦倒的王有龄必定会扭转乾坤，从而大富大贵，只是火候未到，还缺一位帮他的贵人罢了。胡雪岩年龄尚轻，20 出头，正处于多梦时代，他想象自己正是刚肠侠胆、救人危难的豪爽之士，虽算不上“贵人”，但手里尚握重金——那五百两未交给老板的银子，亦是助人成就大业的本钱。

王有龄却不知胡雪岩的心思，他心不在焉地呷口茶，冲胡雪岩拱拱手，然后起身告退。

“老哥不忙走，请看一样东西，”胡雪岩说罢从衣兜里掏出布包，一层层理开，露出一张 500 两的银票，原来老板当初交代胡雪岩去讨一笔倒账，并无十分把握，即使讨不回来，也并不怪罪他。故而胡雪岩未把银票交回钱庄，他寻思把这钱作本钱，投资一笔大生意，如今瞅准了王有龄，正好在他身上下工夫。胡雪岩见识高明，他认定以钱赚钱算不得本事，以人赚钱才是真功夫，倘若选人得当，大树底下好乘凉，今生发迹才有靠山。这种思想一直左右着胡雪岩，才使他成为一代大贾巨富。

当时，王有龄盯住银票入定一般，半天回不过神来。当他听胡雪岩说这些银票要送给他进京“投供”时，他双手乱摇不肯接受。这么大一笔钱，没有人敢替他作保，他实在还不起！

然而当他感知胡雪岩是真心实意，绝非儿戏时，顿时又感动万分，热泪盈眶，曲腿便要下拜。胡雪岩慌忙扶住他，两人互换帖子，结拜为弟兄。胡雪岩重又唤来酒菜，举杯庆贺，预祝王有龄马到成功、衣锦荣归。两人如同亲弟兄一般，说不完的知心话，道不尽的手足情。

第二天，王有龄买舟起程北上，胡雪岩到码头相送，两人依依惜别。秋风鼓动白帆，客船飞快远去，运河水面百舸争流，千帆竞发。胡雪岩站在码头上，望着此情景，忽然生出念头：运河犹如大赌局，不知王有龄能赢否？

但胡雪岩能肯定一点，那就是王有龄一旦发迹是绝不会忘记他的。

胡雪岩资助王有龄的这笔款子原是吃了“倒账”的，就钱庄而言，已经作为收不上来的“死账”处理了，如果能够收到，完全是意外收入。

欠债的人背后有个绿营的营官撑腰，钱庄怕麻烦，也知惹不起他，只好自认倒霉。

但巧的是此人偏偏跟胡雪岩有缘,两人很谈得来。他欠的债别人收不来,可胡雪岩一开口就另当别论了。而此人最近又发了财,当胡雪岩登门说明来意后,他立即把钱如数交到了胡雪岩手中。

胡雪岩当时心想,反正这笔款子钱庄已当无法收回处理,转借给困境中的王有龄,将来能还更好,万一不能还,钱庄也没有损失。

如果胡雪岩把这事悄悄办了也不会出问题,可是他竟然和盘托出了,而且自己写了一张王有龄出面的借据送到总管店务的"大伙"手里。

钱庄老板听说后对胡雪岩的自作主张非常震怒,认为把店里的钱拿去做人情,不仅给钱庄带来了经济损失,而且在店员中树起了一个恶例。尽管胡雪岩坦言相告,但并不能保证其他店员不跟胡雪岩学这类似的转手把戏,长此下去,还不把钱庄给砸了?

同行和熟人那里,也有人私下议论,绝不相信以胡雪岩的精明,会做出损己利人的事。所以他们都不相信胡雪岩的坦言,而且觉得大可从这些交代中怀疑下去。保不准是狂嫖滥赌,欠下一屁股债,现在没办法了,就挪用款项,然后编造出一个"英雄赠金"的故事来。

总之这种人不能用。不但原店不能用,而且同行也不能用,同业中虽都知他是一把好手,但恶名一传,别人想用也不敢用。胡雪岩在杭州无法立足,只好离开到上海去了。

胡雪岩到上海后,生计窘迫,只好去做苦力,每日以烧饼白开水充饥,艰难时只得把自己的袍子也送进了当铺。

他一度求职无门,最后回到杭州托人介绍他到妓院去给别人扫地挑水做杂务。

这是一段茫无尽头的苦日子。因为胡雪岩只是把钱赠给了王有龄,但是王有龄是否能捐官成功,何时能捐官成功,并不确定。他只能在心里默默念道:"王有龄啊王有龄,但愿你一帆风顺,如愿以偿,我胡雪岩才有出头之日!"

王有龄花银子加捐为候补知县,分发浙江,拿了一张簇新的"部照"和交银收据,打点回程,到杭州候补。

不久,被委为浙江海运局坐办,主管海上运粮事宜,是个很有油水的差事。

王有龄到"海运局"上任后的第一件事就是帮胡雪岩重新找回饭碗。

王有龄有意到钱庄摆一摆官派头,替胡雪岩出一口恶气,但胡雪岩并不愿意让钱庄的"大伙"难为情。胡雪岩很细心地考虑到他那些昔日老同事的关系、境遇、爱好,花了整整一上午的时间,替每人备了一份礼,然后雇了一个挑夫,担着这一担礼物跟着他去了钱庄。

钱庄上下人等都知道以前错怪了胡雪岩,现在胡雪岩有王大人撑腰,这次胡雪岩重回钱庄他们准没好果子吃,大家惴惴不安地等着胡雪岩的到来。

可他们万万没想到胡雪岩满脸微笑,好像从前的事从没发生过似的,更出乎意料的是胡雪岩竟还给每个人备了份礼。众人收下礼物后在背后不住地摇头叹息:"嗨!咱当初是怎么对待人家的呀,这……嗨!"

就这样,胡雪岩就把众人给收服了。人人都有这样一个感觉:胡雪岩倒霉时,不会找朋友的麻烦,他得意时,一定会照应朋友。

胡雪岩的所作所为,为王有龄所叹服,对他这位莫逆之交越发敬重,大事小事总要先向胡雪岩请教之后才去办理。

胡雪岩最终能出人头地,平步青云,都是因为他能够善待他人。

小人窃善，行以济私

判断道德品行的标准，自孔子开始，以君子与小人作为分类，成为传统文化中著名的议人评人观。一般来说，君子是指有德行者，如《礼记》论及君子标准，是："博闻强识而让，敦善行而不怠，谓之君子。"小人则是指那些背逆君子之道的无德行者。

不同的时代都有不同的道德伦理规范。在儒家伦理意识起着主导作用的古代，君子及其作为得到了社会的推崇，赢得了人们的赞誉；小人则受到了社会的轻落，最终被人们所唾弃。

正因为道德舆论的作用是不可忽视的，所以，在各个朝代中，都有一些心怀叵测而又颇有心计的小人，说君子之言，作君子之行，先用君子的面具出现在世人的面前，关键时刻露出嘴脸。

这正如洪应明所说：君子勤勉敏捷地实行着德义之行，俭朴地生活，对于财物金钱看得很轻很淡。君子的这些立身处世的风范与标准，却被世间的小人所利用了，他们表现出的勤勉，只是为了满足自己的贪欲；他们借助节俭的外表，只是为了掩饰自己的吝啬。即使是读圣贤书、仿效历史上的伟人们的言行，那些世间的小人也仅是表面地模仿古人的高尚言行，重复古书的至理名言，目的不外是将此作为牟取私利的手段，掩盖错误。对此，洪应明大摇其头，认为如此读书学古，恰似将兵器与粮食送给敌寇强盗一样。

为了更好地理解以上的说法，不妨回顾并思考以下的事例。

西汉末年，皇太后王政君倚仗临朝实权，给自家的兄弟子侄封侯许爵，使外戚王家掌握了汉朝的实权。

王氏家族一朝得势，其成员也一个比一个骄横，争豪华，赛奢侈。然而，身为皇太后侄子的王莽，并没有随波逐流。

王莽因父亲早死，未赶上封侯。所以，他一直生活俭朴，勤奋读书，平日只与京城的名士结交，疏远权贵豪门的纨绔子弟，待人恭敬有礼，行事谨慎小心，对于自己的几个叔父，更是恪尽孝心，病床前奉汤奉药，全无怨言……总之，他是温良恭俭让，样样俱全，以至朝里朝外人，多盛赞王莽为王家中最贤明的子弟，堪称道德的典范。

不久，王莽因此而被封侯，成为他同辈的王家子弟中最显贵的人。他越是升官，就越谨慎，从来不积蓄财富，尽其所有来赡养投奔他的宾客，以网罗天下的名士，又靠着这帮游说名士的鼓簧之舌，王莽的德望更如日中天，万众仰慕。

更令天下人感动的是，当王莽的儿子王获杀死了一个官奴后，在那个奉行"刑不上大夫"的时代，本来很易蒙混过去，而且即使是按照当时的刑律，王获也罪不当死。但是王莽却不然，为了维护他自己多年来克己奉公的名声，他硬逼着王获自刎而死。

王莽这种大义灭亲、严于律己的作为，震动了朝野。王莽因此被颂扬为功比周公的有德者，朝廷要加封他为"安汉公"。对此，王莽先是谦让推辞了多次，舆论制造得够了，他才接受了封号，但却推辞了一切的赏赐，因为他说自己有这样一个宏愿：在天下的百姓都富足后，自己才愿接受赏赐。

几年之后，王莽抓住一件猪狗血洒上家门的事件，逼他自己的长子王宇服毒而死。然后再网罗罪名，杀了包括他自己叔父和堂弟在内的数百人，这依然是在大义灭亲的幌子下进行的。不久，朝廷要封给他几百万亩的土地，也被他推辞了。

王莽的表演就此结束，那么他的真面目就被掩盖了。因为他不久就毒死了汉平帝，自己先是当了“摄（代理）皇帝”，然后又公然篡权，把汉朝改为“新”朝，当上了“新皇帝”，进行复古改制。这一系列举措，直接导致了阶级矛盾的急剧激化，加深了民众的苦难。此时，人们才看清了王莽原来的真面目，知道他以前的俭朴、忠孝和勤政，只不过是为了捞取政治资本、实现其政治野心的手段，他的所谓“大义灭亲”，不过是从杀子出发，以达到铲除自己政治对手的目的的手段。

王莽用毒酒给汉平帝上寿图

称帝后，王莽的种种倒行逆施，终于引致了绿林、赤眉军大起义。当义军最终攻入长安时，王莽还亲执短刃，守在六十万斤黄金及别的珍宝旁，最终死在义军刀下。

王莽前后半生的反差，足以说明了他是一个借君子之行来营小人之私的典型。他的伪善具有极大的隐蔽性和欺骗性，白居易提出了这样的疑问：“……王莽谦恭未篡时，向使当初身便死，一生真伪复谁知？”——假若王莽在他谦恭没有篡位时就死掉了，又有谁能知道他一生的真伪面目呢？

可见，要真正看清小人的伪善与私心，还需相应的时间展开长期综合的考察，不能仅就一事或一个时期的作为而轻易下结论。正如白居易所言：“试玉要烧三日满，辨材须待七年期。”而这，又正是判别君子与小人的难处之所在。

值得警惕的是，那大大小小王莽式的戴着君子面具的小人，并没有随着时间的流逝而消逝。大者如20世纪初的“窃国大盗”袁世凯，小者如现实生活中的那些假公济私者，都是很好的鉴证。

仅就相当一段时期的严打斗争所揭露出的贪污受贿犯来看，相当一部分罪犯在事发前，有着显赫的荣誉称号，或为劳模，或为先进生产工作者，他们正是巧妙地利用这种保护色来掩盖自己的违法行为，欺人耳目。他们看似聪明，而且也逞狂一时，也曾有一些物质上的得益，最终都聪明反被聪明误，搬起石头砸了自己的脚。

事实上，那戴着种种君子面具的小人，不独是出现在决定或影响着国计民生的政治与经济领域中。作为普通老百姓，即使是看似远离敏感而又关键的政治与经济领域，也不可能完全摆脱其相应的影响，而且就在日常生活中，如果缺乏一双雪亮的眼睛，难免就受经过了伪装的小人的蒙蔽欺骗，乃至身受其害。

学会趋福避祸之道

苏洵像，出自清·上官周《晚笑堂画传》。苏洵是北宋文学家，与其子苏轼、苏辙并称“三苏”。

宋朝时期的苏洵认为：车轮、车辐、车盖、车轸，对车来说都不可或缺。而设在车厢前供人扶手用的横木——即“轼”似乎用处不大。虽然如此，但如果去掉轼，展现在我们面前的就不是一部完整的车子了。轼啊！我担心你锋芒毕露而不注意外表的掩饰，某一天会招致祸患啊。

普天之下的车子，没有一部不留下车轮碾过去的印迹，这个印迹就是“辙”。可是，人们讲车子的功用时，却往往没有辙的分。虽然如此，但如果车翻马死，祸患却不会波及辙。这个辙，是善于在祸福之间自处的。辙啊！原来你有避祸趋福之道了。

揣摩之术

战国时期的鬼谷子认为：所谓“摩”，就是揣测的权术；所谓“内符”，指揣测的对象。在运用这种揣摩之术时要有道，揣摩这种道必须暗中进行。进行初步揣摩时，必须有一定的目的，然后进行侦察刺探，其内部必然暗合呼应。呼应时，必然有所表现，因此适当地加以排除，这就叫做“堵塞漏洞、隐匿痕迹、伪装外表、逃避实情”，而使他人不知，所以事情成功也不会招来他人攻击。先进行“揣摩”，使对方发生“内符”，两相呼应，那就没有什么事不能成功的了。

古人善于运用“揣摩之术”，就像拿着钓钩来到深渊钓鱼一样，只要他把带有鱼饵的钩投进深渊，钓到大鱼就不难，所以说：“所主持进行的事成功了还没人知道，所指挥的军事行动成功了还没人感到恐惧。”圣人进行的谋划都是在暗中进行的，所以才被称为“神”；而其成功都显现于光天化日之下，所以才被称为“明”。所谓“主事日成”的人，就是积有暗德的具体表现；而人民有安全感，却不知道其中的好处，这就是积有善行的具体表现。假如人民以此为正道，而不知其所以然的话，那就可以把天下比作神明。所谓“主兵日胜”的人，是说经常在不争不费的情况下作战，以致使人民不知所从，不知所畏，而且把天下比作神明。

运用“揣摩之术”时，有用和平进攻的，有用正义责难的，有讨好的，有用愤怒激励的，有用名声威吓的，有用行为逼迫的，有用廉洁感化的，有用信义说服的，有用利害诱惑的，有用谦卑套取的。和平就是安静，正义就是直爽，讨好就是取悦，愤怒就是恐吓，名声就是声誉，行为就是成功，廉洁就是清高，信义就是明智，利害就是追求，谦卑就是谄媚。因此，圣人所单独使用的“揣摩之术”，众人也都能明了。然而运用不成功，那就是运用的不当。因此谋略要周密最难，游说最难的莫过于要对方全部听信，做事最难的莫过于每事必成。如果谁能做到这三方面那么他真的是有才能。

谋略必须要做到周密，而且要选择跟你通好的人游说，所以才叫做“如果要结交就应没有嫌隙”。要想把事情做成功，必然跟揣摩之术相合，所以说“道理、权术、天时三者合一才能成事”。所游说的内容能被对方接受，首先肯定是内容合理，所以说“合乎情理才有人听”。万物都各归其类，例如抱着柴草往火堆跑，干燥的柴火必然先燃烧；往平地倒水，低的地方必然先进水，这就是物类互相呼应的道理，在这种情势下那是必然的结果。而“内符呼应外摩”也是如此。

假如对他人的揣摩也能这样的话，又怎么会有不呼应的呢？再顺着对方的欲望去揣摩，又如何有不听从的呢？至于那些精通关节的人，都不可以坐失良机，他们都是功成不居的圣人，时间长了自然可以改变世界。

宽大为怀

唐朝时期的魏征认为：大山是因为不立好恶的标准，因而能容纳各种土石堆积成高山；江河海洋不拒绝溪流的加入，所以能形成浩瀚的水域。处世待人应当兼容并蓄，吸取各方长处，只有这样才能增长见识才干。

士君子为人处世应当追求“宽”。然而“宽”并非是达观，并非是恣纵放荡，它既不是放任自流，也不是装聋作哑。“宽”应当是用学问培养、以世事锻炼，使之自然达成的一种无所不容的境界。

做人要能做到“宰相肚里能撑船”，保持自己的独立人格和主见；做人应当宽容而庄重，柔和而能干，正直而平易近人。为人胸襟开阔，能兼容并蓄博采众长，只有这样才能成就大的德行。

开阔心胸宽容天下万物，虚心恭谨吸收天下长处，平心静气议论天下事情，专心致志观察天下情理，镇定心神适应天下变化。所以君子能尊贤，也容庸；鼓励有才干的人，同时也同情能力低下的人。

魏征像，图出自清·刘源绘《凌烟阁功臣图》。

鹌鹑焉知凤凰之志

唐朝时期的赵蕤认为：眼力相同看到的东西才会相同，听力一样的人才能听见同样的声音。同心同德的人才会相亲相爱。声音的频率相同，即使在不同的地方也会互相呼应。志趣相同才会彼此欣赏，怎么才能证明这一点呢？楚襄王问宋玉说："先生你莫非哪些地方做得不够好吗？为什么大家都不钦佩你呢？"宋玉这样回答："鸟中有凤凰，鱼中有巨鲸。凤凰一飞，冲上九万里云霄，翱翔于清空之中，那笼中的鹌鹑怎能知道天有多高？鲸鱼早发昆仑，晚宿孟津，水沟里的小鱼，怎能知道海有多大？所以不单是鸟中有凤，鱼中有鲸，士人中也有与凤和鲸一样的人啊！圣人心志瑰玮，超然独处。世俗之人，是不能了解我的所作所为啊！"

我们可以这样来讨论这一问题：世间的善恶，不容易了解。如果不是聪慧之人，是分辨不出善与恶的。文章被士人嗤笑，不一定就不好；被扬雄、司马迁所嗤笑，那才是真的不好呢！大臣被桀、纣否定，不一定真的愚蠢；被尧、舜否定，才是真的愚蠢。世俗的毁谤与赞誉不值得相信。智慧与众人相同的人，不能做人的老师；技艺与众人相同的人，不能做一流的匠人。老子曰："凡夫俗子听到'大道'时，就会哈哈大笑，如果他不大笑，就不是'道'了。"其实常人所嘲笑的，恰好正是圣人所重视的。

路遥知马力

明朝时期的宋濂认为：人人皆知路遥知马力，日久见人心。经过大风吹刮，才能看出坚韧的草挺立不倒；危难之中，才显示出人的坚强意志和正直气节。人用财试，金用火烧。意思是考验一个人可以用钱财的诱惑来测试，检验金子可以用火烧的办法来测验。

君子不会仅凭举止神情而轻易对他人有所怀疑，也不会仅凭言谈而轻易相信他人。不能仅仅根据一时一事的赞扬或诋毁，来判断一个人是君子或是小人。

俗话说人不可貌相，海水不可斗量。外表过分恭顺的人，内心必然刻薄；当面奉承别人的人，背后必定诽谤别人；擅长议论别人的人，往往不会自我反省，刻意揭发攻击正直人隐私或过失的人，发言中常会有诽谤不实之词而露出马脚。言语谨慎，不苟谈吐的人，说出的话经得起推敲；口若悬河，滔滔不绝的人，说话往往不负责任。观操守在利害时，观精力在饥疲时，观度量在喜怒时，观镇定在震惊时。

小人总是推卸罪责于人，掠取功劳归己；掩饰所犯过失，夸耀自己的功劳，这是一般人的作为；美名谦让于人，成绩归于人，这是君子的作为；分担过失的责任并承受批评指责，这是道德高尚之人的作为。

待人傲慢以为人不如己的人，必定见识浅薄；怀疑别人行为不正的人，往往是品德不佳的小人。喜欢一个人，也应了解他的缺点；讨厌一个人，也应知道他的优点。看待一个人应当避免以情感好恶取代是非判断。

脱颖而出

有独特追求的人，往往是非常注重自我生命价值的人，也是不愿按照世俗流行的生活和奋斗模式进行重复的人。其实，正是无数人长期的相互模仿和重复才造成了世俗流行，这种流行就像泛滥的潮水一样，淹没了所有加入其中的人，任何人在其中都无法明确地辨认出自己来，因为你跟别人已无本质上的不同之处，每个人都活在一种共性之中，一个人的生活就能代表绝大多数人的生活。这种世俗生活和群体追求在有些人看来是很要命的，因此就要另辟自己的人生蹊径，在人群中活出一个异样来，使自己的人生价值和志趣追求打上鲜明的个人色彩和独特印迹。可是有独特追求者，要从世俗潮流中超脱出来，显然是要有胆魄和境界的。要能冲出世俗惯性的牵绊，要有牺牲世俗利益的决心，从而苦心孤诣地达成自己的理想目标。

东汉末年可谓是一个乱世，这好像是一个无道的时期，在我们的印象里，一切似乎都是为了战争，一切似乎都服从军事，至于国计民生，似乎考虑不到了。但实际上并非完全如此，否则，这些军阀们就无法支持战争。就是在这样的乱世里，也还是有一批清官存在的。

司马芝，河内郡温县人。他为人正直，足智多谋，善于断案，又能依法办事，不徇私情，是当时有名的清官。曹操平定荆州之后，任命司马芝当济南郡菅县的县令。当时，战争刚刚结束，地方上的秩序非常混乱，特别是一些豪门家族，经常违法乱纪，无人能够管制他们，百姓都极为愤恨。郡里的主簿刘节，是豪门家族子弟出身，他手下有一千多个宾客，仰仗着他的势力，经常在官署中扰乱治安，还盗抢百姓财物，当地官吏都十分畏惧，无人敢管。司马芝上任不久，正值征兵开始，司马芝就命令刘节的门客王同等人去当兵。手下人劝司马芝说："刘节家里从来没有人服过劳役，恐怕他们不会同意去当兵的，到时候他们躲起来，你这里就会缺额了，对上面不好交代，不如改派别人为好。"司马芝是个敢于碰硬的人，不同意改派别人当兵，提前写信警告刘节说："您是在郡里担任要职的官员，黎民百姓的眼睛都盯着您，您的宾客经常不服劳役，百姓们早就有怨言了，长官早已了解到这个情况。现在召征王同等人入伍当兵，希望您遵纪守法，按时派遣他们到郡里集合。"但刘节不听，根本不把他的命令放在眼里，还是将王同等人藏匿起来了。县里管征兵工作的掾吏完不成征兵的人数，只好请求让自己顶替王同去服役。司马芝知道后，立即写信，详细列举刘节的种种罪状，派人骑马将信送到济南太守郝光那里。郝光是他的好友，历来信任司马芝，立即决定，由刘节本人顶替王同去服兵役。老百姓听说司马芝竟然敢令郡内无人敢惹的主簿刘节去当兵，都觉得出了一口恶气，人人赞颂，拍手称赞。广平县有个叫刘勋的征虏将军，是司马芝的同事，倚仗着自己的功劳，很是横行霸道，他的宾客和子弟在他纵容下，经常做犯法的事情。司马芝后来调到广平县当县令，刘勋的宾客依然如故，仍无收敛。刘勋还经常给司马芝写信，要求司马芝看在原来同事的情面上，不要追究他手下人的罪过。司马芝连信都没有回，一律依法办事，惩处了刘勋手下犯罪的人。后来刘勋自己也因触犯刑律被诛戮，那些与刘勋案情有牵连的人，一个都没有漏过，全都判了罪。魏明帝即位后，十分倚重司马芝，就封他为关内侯。不久，魏太祖曹操堂弟的奶妈与临汾公主的侍者一起私下祭祀无涧水神，这在当时属于被朝廷禁绝的淫祀，因此，触犯了法令，被关入监牢。卞太后知道后急忙去找司马芝说情，要求减轻处罚。司马芝为了不惹这个麻烦，就回避不见。卞太后不依不饶，派了黄门官到官府中传达她的命令，企图逼迫司马芝就范。司马芝下令，只要是太后的人求见，就不许通报，同时他立即命令洛阳监狱的狱吏，以审讯为名，将两人拷打致死。事情完毕以后，司马芝才给明帝上奏章说："按照常规，凡是判处死刑的人，都应当先上表奏明，等候圣上批准，再施行死刑。而这两个犯人兴妖作怪的罪行，刚刚开始审讯出供词，太皇太后就命黄门官传来懿旨。臣不敢接受太皇太后的命令，害怕命令中有袒护罪犯的内容，圣上知道后，会不得已将犯人保护下来。故臣违反了先奏后斩的规定，已将犯人拷打致死，请圣上给臣处罚。”魏明帝看了他的奏章，明白司马芝的真实用心，不但没有责怪他，还对他的行为十分赞赏，亲自批复说：“你为了执行禁止淫祀的法律，所以才便宜行事，做得对啊！有什么罪呢？这只能说明你的忠心，以后黄门官再去你那里，你一定要小心谨慎，千万不要轻易接见他们啊！”

司马芝当官十多年，从来不谋私利，不徇私情，秉公办事。后来他做过大司马、河南尹，是魏国历任河南尹中最杰出的清官。当他死在任上时，家无余财。从司马芝的身上，我们是否可以看出这样的道理，那就是，在任何乱世，在任何无道之世，人的道德和良心都不会灭绝，人的正义感都不会丧尽。其实，正是这些道德良心，正是这些正义感，才为我们的民族提供了永不衰竭的精神文化动力。这样的人虽然在世俗的评价系统中会被认为大有所失——因为众人皆争皆有之利，他却放弃了、没有了，但在另一种意义和另一种境界，他却是绝对的大赢家——因为众人皆无的东西他却独有了，他成了一个无人能够代表和替代的人了！人生活到这个分儿上，夫复何求，岂不快哉？

老子说：“众人皆有余，而我独若遗。我愚人之心也哉！俗人昭昭，我独昏昏。俗人察察，我独闷闷。”意思是说：众人皆以学得外饰伪学为学有所余，以能够理解和趋随社会潮流为学有所得，而我却与道合同，并无所增益，故相对而言是若有所失。老子这里所说的愚人，实际是对淳朴真诚之人的一种别称，也是对世人视虚伪奸猾、盲从潮流为精明的一种反讽。老子认为，有容乃大，无欲则刚。修道之人淡泊寡欲、抱诚守真，故而自己的思想意识才能够从种种流行观念的局限中超脱了出来，达到胸襟广大、宽厚包容。因为勇于从世俗潮流中超脱出来，才成就了独特之自我。

恶语伤人六月寒

我们做任何事都要讲究个“度”，说话也是一样，一定要把握分寸，力度不够，就达不到预期的效果；话说得太过，就会适得其反，伤害别人。我们每个人都会有缺陷、弱点，这也许是生理上的，也许是隐藏在内心中的不堪回首的经历。尤其是在生理上的缺陷，本人无法去改变它，而且内心也许常为此懊恼。不可以拿对方的缺陷来开玩笑，就算为自己的利益着想，也不应去触痛别人的“疮疤”。因为对任何人来说，被击中痛处，都会引起不快。我们在与任何人交往时，要时时注意别冒犯别人，给人留个面子。

中国文化中友道的精神，在于“规过劝善”，这是朋友的真正价值所在，有错误相互纠正，彼此向好的方向勉励，这就是真朋友。但规过劝善，也有一定的限度。因为不给别人留面子的人，自己往往也会跌了面子。

《三国志·周群传》中说刘备“少须眉”。在古代，胡子、眉毛稀少，被认为是没有男子汉气概。刘备下巴是光秃秃的，可能跟太监长得很相似。刘备刚来到西蜀时，嘲笑刘璋手下的官员张裕胡须茂盛，他说：“我从前住在涿县，那里的许多人都姓毛，而且四面八方散落居住，涿县县令就说：‘诸毛绕涿居’。”涿和啄谐音，指嘴的颜色，诸和猪同音，刘备的话的意思是：“猪毛绕嘴居”，这是在嘲笑张裕的嘴像多毛的猪嘴。张裕马上反唇相讥，道：“从前有个人是做上党郡潞县的县令，后来迁任涿县县令。离职后有人想写信给他，称呼他的官爵，写潞县就漏了涿县，写涿县就漏了潞县，干脆就称呼他为‘潞涿君’。”“潞涿”和“露啄”同音，这是嘲笑刘备嘴上无毛，下巴光光的。刘备没占到便宜，很是生气，但又不好发作，他把这口气忍在了心里。后来他赶跑了刘璋，张裕成为了自己的下属。有一天刘备找了一个借口,把张裕杀了,诸葛亮求情也没用。

世界上没有十全十美的人,随随便便说人家的短处,或揭发别人的隐私,不仅有碍别人的声望,且足以表示你为人的卑鄙。首先你要明白,你所知道关于别人的事情不一定可靠,也许还有另外许多隐衷非你所详悉,你若贸然把你所听到的片面之言宣扬出去,这样非常容易颠倒是非,混淆黑白,传出去就收不回来,事后你明白了全部真相时,你还能更正吗?如医生给人看病,遇到病情较严重而又诊治不及时的病人,就直言道:"你怎么这么瘦哇!脸色也很难看!""你知道你的病已经到了什么地步了吗?哎呀!你是怎么搞的?你这个病为什么不早点来看哪!"这些说法里所包含的消极作用会使病人怎么想呢?作为医生这是治病还是致病呢?相反,如果医生换一种方式说:"幸好你及时来看病,只要你按时吃药,多注意休息,放下思想包袱,相信你很快就会好起来的。"这将给病人很大的鼓舞。又如,当我们去拜访朋友,主人热情地拿出水果、零食招待我们,而我们却直言说:"不吃,不吃,我从来就不喜欢吃零食,再说我刚吃完饭,肚子饱得很,哪还有胃口吃这些东西。"这样不仅让人扫兴,而且还伤了主人的自尊心。我们应该体谅到主人的一片热情和好意,委婉地说:"谢谢,谢谢!多新鲜的水果,多香的糖,只可惜刚吃完饭,没有胃口吃了,太遗憾了!"

尊敬别人,是谈话艺术必须的条件。伤害对方,只不过是逞一时之强,得一时之快,这样对于别人对于自己都没有好处。我们如果不想别人损害自己的尊严,那么也不可损害别人的尊严。如果张裕当年不损害刘备的自尊,也不会导致被杀的下场。

恶语伤人六月寒,对己无益,对人有损。人世间的关系大半是非常复杂的,若不知内幕,就不宜胡说八道。社会上总有那么一些人,专好兴波助浪,把别人的是非编得有声有色,夸大其词地逢人就说,世间不知有多少悲剧由此而生,我们虽然不至于这样,但偶然谈论别人的短处,也许无意中就为别人种下悲剧恶果,而恶果的滋长到什么程度,是我们所难预料的。任何人、任何事都不是十全十美的,我们不可只据片面的观察就妄自批评别人,指责别人,揭发别人。古话说得好,"一滴蜜比一桶毒药捉住的苍蝇还多",图嘴上的一时之快没有任何意义,只能说明自己的修养不够。

不可轻信传言

唐朝时期的赵蕤认为:重用人才是为了提高全社会的文化教育水平,人人都奉公守法,从善如流,有道德有觉悟的人从事领导工作,有才能有经验的人管理各行各业,物质财富和精神财富都丰富了,只有这样才会给全社会带来幸福祥和,举国上下就会感怀这种政治的恩德。等到这种清明政治被败坏以后,好人和坏人往往要结为同党来争权夺利,党同伐异,趋炎附势,狼狈为奸,各自推举圈子里的人,把国家、人民的利益置诸脑后,苦心经营小集团的势力,内外勾结,把私党里的人安插到各个领导岗位上。最后,一旦元凶利用、操纵权柄,窃国篡权,真正有贤德的人就会或被冤杀,或被迫退隐,尚贤政治就走向了它的反面。

不要轻信某些人的推荐,社会上说张三是圣人,李四是天才,你就信以为真,那就坏了。殊不知世俗中人说好说坏都没有个准,老百姓有时很盲从,他们所说的圣人,也许是个地地道道的奸雄,因为社会关系多,众人把他塑造成圣人的样子;他们所说的天才,也许是个骗子,只是私党把他吹捧成天才的样子而已。你如果根据社会舆论，把世俗群众推举的人当做有贤德的人，把世俗群众诋毁的人当做坏人，那么朋党多的人就会上台，朋党少的人就会被排挤。于是结党营私、蒙蔽群众的人就会利用时机，打击、陷害真正有本事的人，最终天下大乱。

那该怎么做才能任用到真正的贤能之人呢？

文武百官，职权要分明。国王要出以公心，按职务、按国事的需要提拔人才，实事求是，不讲人情，选拔优秀人才，考核他的政绩、才能。只有这样才能获得真正的人才。

正如古人所说：把私人的利益放在第一位，领导人就会被蒙蔽；争名于朝、夺利于市就会伤天害理，出卖朋友；急功近利、好大喜功就要损害国家、人民的利益，破坏领导者的形象，从而丧失威信。

游说要出奇制胜

战国时期的鬼谷子认为：对人加以说服就是所谓的游说；要想说服人，就要帮助人。带有粉饰性的说辞，都是谎言；所谓不真实的谎言，既有好处也有坏处。所谓进退应对，必须有伶俐的外交口才；所谓伶俐的外交口才，品质上是一种轻浮的言辞。所谓形成信义，就是与人肝胆相照；所谓要对人肝胆相照，是为了验明真伪。所谓难以启齿的话，多半都是不同意见；所谓有不同意见，就是诱导对方说出心中机密的话。说奸佞的话的人，由于会谄媚而变成忠；说阿谀话的人，由于会吹嘘而变成智；说平庸话的人，由于能果决就变成勇；说忧愁话的人，由于善衡量就变成信；说冷静话的人，由于惯于逆反而变成胜。为实现自己的意图来钻别人欲望空子的就是谄媚；用很多美丽辞藻来夸张的就是吹嘘，精选谋略而献策的就是揽权；即使舍弃也无疑虑的就是果决；自己不对而责备他人罪过的就是背叛。

鬼谷子像，图出自《东周列国志》。

口是用来宣布或封锁情报的器官。耳目是心的辅佐，是用来侦察奸邪的器官。所以说："只要心、眼、耳三者协调呼应，就会走向有利的道路。"所以虽然有烦琐的语言也不纷乱，虽然有翱翔的怪物也不迷惑，虽然有变化多端的骗局也不危险，关键是因为能够抓准要点、掌握规律。对瞎子，不可以拿五色给他们看；同理，对聋子不可以拿五音给他们听。因此不可以去的地方，是那里没有什么情报可泄露；同理，不可以来的原因，是因为这里没有什么情报可得到。

行不通的事情就不必去从事。有句话说:“嘴可以吃东西,不可以发言。”因为说话容易犯忌,这就是所谓“祸从口出”。

按照常理,只要自己把话说出来都希望有人听,只要自己把事情做出来都希望能成功。所以聪明人,不用自己的短处,而用愚鲁人的长处;不用自己的笨处,而用愚鲁人的巧处,因此自己永远遇不到困难。当说到对方的长处时,就要发挥对方的长处;当说到对方的短处时,就要回避对方的短处。所以甲虫的防卫,必须用坚硬的甲壳;螫虫敢于行动,必须依靠有毒的螫针。可见动物也知道用它们的长处,进言的人就要知道用他该用的游说术。

外交言辞有五种:病言、怨言、忧言、怒言和喜言。所谓病言,就是由于气力不足所说的没精神的话;所谓怨言,就是由于伤心所说的无主见的话;所谓忧言,就是由于闭塞所说的不能宣泄的话;所谓怒言,就是由于妄动所说的不能控制的话;所谓喜言,就是由于散漫所说的没有重点的话。以上这五种外交言辞,精练之后才可以使用,便利之后才可以推行。所以跟智者说话时,要渊博;跟拙者说话时,要详辩;跟辩者说话时,要简单;跟贵者说话时,要有气势;跟富者说话时,要高雅;跟贫者说话时,要利害;跟贱者说话时,要谦敬;跟勇者说话时,要果敢;跟过者说话时,要敏锐。所有这些都是待人接物之术,然而很多人却背道而驰。因此,跟聪明的人说话就要用这些来加以阐明,跟不聪明的人说话就要用这些来进行教诲,事实上要做到这一点很难。因此,说话时有很多方法,做事时也有很多变化,可见即使整天在谈论,也不要忽视说话的方法,如此事情也就不会混乱。虽然整天在变,也不至于迷失做人原则,所以一个聪明人最重视的就是不胡作非为。耳朵好才能听话明白,通晓事理才能周到地思考问题,出奇制胜才可以去游说。

不可无故受恩于人

清朝时期的张之洞解悟《菜根谭》时认为:吃人家半碗,被人家使唤。受人恩惠,就会受制于人。贫贱时少攀缘,他日少一掣肘;患难时少一请乞,他日少一疚心。

不要随便接受别人的财物或款待。无故而受恩于人,人情债难偿。诚如俗谚所云:“无功受禄,寝食不安。”

接受别人施舍的人常因得人恩惠而对施主低声下气,向人施舍的人常因有恩于人而自觉高人一等从而狂妄自大。

男子汉受人恩惠必须以自己的报偿能力为限度,不能轻易受恩于人。受恩须报答,人情债难还。

多受宠爱但缺少道德,身居高位但才能低下,受厚礼而身无大功,这三种处境可谓最危险。

宁人负我,我不负人

明朝时期的庞尚鹏认为:与人相处要注意心平气和。人家不是有意冒犯的,可以用道理去排解,别人有忘记礼节的,可以用感情去宽恕。如果子弟仆人与别人发生冲突,就应该反躬自责。宁人负我,我不负人。那些怒气冲冲、护短以求一时之胜的人,必将招来祸害。如果因对方蛮横不讲理而使自己感到十分难堪,这时就应当想一想古人的遭遇,他们遇到比这还要过分的事时,仍然能够以雅量来包容,你就为什么不可以包容呢?这样想自然就消气了。

与人相处,谦逊诚实最重要。同别人一起做事勿要躲避劳苦,同别人一起吃饭勿要尽挑好吃的,同别人一起走路勿要尽择好路走,同别人一起寝睡勿要抢占床席。宁可自己吃亏,也不要让别人吃自己的亏。别人有恩于我,应当终生不忘;别人与我结怨,应当随时忘掉。见到别人的优点,要向大家称赞不已;听到别人的过失,要绝口不对他人说。有人向你说某人非常感激你,你应该说:"他有恩于我,我无恩于他。"那么感恩的人听了,越发感激。有人向你说起某人恼恨你并说你的坏话,你应该说:"我和他平时最要好,他岂有恨我说我坏话的道理?"那么恼恨你的人听了,他的怨恨马上就会消解。别人比你强的,应该仰慕敬重,不可骄傲嫉妒;别人不如你,应该谦逊对待,不可瞧不起。与别人交往,时间长了,就会更加亲密。按照这些准则去立身处世,不管做什么总会受人欢迎。

与人相处,必须有宽容别人的雅量,颜回受到冒犯丝毫不计较,孟轲每天多次自我反省,像这样平心静气,一点也不受影响,才是真正有容人之量。如果一句话不如意,一件事不称心,就勃然大怒,这是那些没有素质的匹夫之辈的表现。韩信受胯下之辱,张良在桥头给人穿鞋,这是英雄忍辱负重以成大业的举止。曹静修曾说:"娄师德的'唾面自干'的鬼话最是害人,何不在别人未向脸上吐唾沫之前春风满面呢?"要学会做什么都要别人更先一步。

谋事在人,成事在天

明朝时期的吕坤认为:大势所在,就算是圣人也不能违抗。大势所在时,无论怎样毁灭它,不一定能得到破坏;大势已去时,即使尽力挽回,它也未必能挽回得了。然而圣贤之人也常与大势做对抗,不肯心甘情愿地服从,所以说谋事在人成事在天。

庸人看不起老人,但圣贤君王却对老人尊崇有加;世上的人唾弃愚昧,而圣人君子却有所采纳;世上的人以贫穷感到羞耻,而高尚的人却把它看得很坦然;世上的人讨厌淡泊,而智者更愿意品味淡泊;世上的人憎恶冷清,而隐士们却把它视为珍宝;世上人淡泊朴素,而有道德的人却非常推崇它。真可悲啊!和世间的俗人说话都很困难了。世界还是和唐虞时代一般的模样,百姓还是和唐虞时代一样的百姓,而社会的治理却不如古时候,这并非世风的罪过。

终结与开始相接,困顿至极与亨通相接。

三皇时期是一个道德世界,五帝时讲仁义,三王时代讲礼义,春秋时期注重威力,战国时期注重智巧,汉朝以后则是一个势利的世界。

读书人着鲜衣吃美食,言谈轻浮,学说奇怪,终日游玩,虚耗时光,却认为农民工匠劳作粗俗鄙陋;女子擦粉簪花、冶容学态、袖手乐游,却以勤俭节约为羞辱;官员侍从众多,供给丰美,繁文缛节,奔逐世态,却以教养为迂腐。这样的世道风俗可悲也!让人喜欢得要命的是安逸顺泰,让人愁得要命的也是安逸顺泰。处在安逸顺泰中的人昏庸懒惰而又奢侈放肆。安逸顺泰的事容易废弃沉坠,松懈罢怠。安宁顺泰的风气纷华骄蹇。安逸顺泰之前好比逆水行舟,用竹篙划船。安定顺泰的世道好比高竿的顶端，安逸顺泰之后就好比下坡的车子，往下滑而难以阻挡。所以说否极泰来，泰也必至于否。因此，圣人忧虑泰而不忧虑否，否易让人振作，而泰却难以维持久远。

世道衰败了，穷困潦倒的人也都趾高气扬，毫无顾忌，目中无人。子女不知道孝敬父母，媳妇不知道处理舅姑的关系，晚辈不懂得尊敬先生，士卒民众不懂得如何尊重长官，郎署不知道尊重公卿，偏副将和小卒不懂得尊重主帅。目空一切而野心勃勃，把名分与礼义当做耻辱，大肆地凌驾其上。像这样，最终只会导致世道混乱乃至危亡。礼节尺度，是圣人们用来防范别人放肆作乱的规矩。虚情假意的人不会真心实意地敬爱别人，而真正简朴率直的礼节却比不上虚假的礼节。虚伪的礼节尚足以保持体面的外表，而简朴率直的礼节却会导致过分的闲散；虚伪礼节的流传将导致虚伪的行为蔚然成风，简朴直率的礼节却使礼法的尊严扫地。所谓的七贤八达，都达到简朴率直的极限。东晋之所以灭亡就是因为当时的人如牛马一般粗鄙而不懂礼法。世人崇尚散漫率直成风，放荡不羁。

天下的局势，若是突然出现问题，还可以想法子补救，若是渐渐败落的，就没有办法补救了。突然出现的问题来得快，来得快的事大多没有太深的根基；慢慢来的问题根基深厚，根基深的事就难以动摇。对待突然而来的事，处理时在结果上用重力；对待渐渐加深的问题，则在开始时就要用心处置。创造的事物是有限的，但人的欲望却是永远不能满足的，以有限的事物去满足无限的欲望，势必会引发纷争，只有知足常乐则财富才会充足。创造的事物是有一定限度的，但人心却没有止境，以没有止境的东西去动摇有止境的，它的结果必然会导致失败。所以只要每个人都安分守己，那么天下就会太平。

趋言附势，招祸惨速

所谓趋炎附势，是指整日奔走于权门豪宅并依附于有权势者的行为，也就是俗称的“拍马屁”。平常，人们总是将“拍马”与“吹牛”相提并论。

古今中外有良知的自强者，对此，都是不屑与轻蔑，并加以自觉地摒弃。

按照洪应明的认识，君子必以戒趋炎附势作为处世之道的一项关键要素。其一，是因为趋炎附势只会玷污与危害君子的高洁品行，此乃根本之点；其二，趋炎附势所招来的灾祸，很惨，还来得特别得快。

趋炎附势者的出发点，往往是为了取得某些不外名利权势之类利益，或是为了扩展既得利益。因此，他们便有一种典型的“有奶便是娘，给钱便称爹”的小人心态，当他们不仅将趋炎附势当作一项权宜之计，而且还将此当作一种无本万利的投机机巧时，他们的策略就是见风使舵，见便宜就占，树倒则猢狲散，毫无原则可言，毫无是非廉耻的观念，毫无忠诚的信念，所以，在祖国遭外敌侵入时，那些为虎作伥的汉奸，必都是趋炎附势者。

在某些时候，趋炎附势者看似是春风得意、一帆风顺。事实上，他们的力量十分渺小，对事对人毫无真诚可言，自然不会与别人建立起正常、健康的人际关系。而他们与权势者所建立起的人身依附关系，因人事社会的变迁，也不可能无限地、长期地维持下去。荣宠与羞辱共蒂同根，又何必张扬？厌辱虽是常理，何须又一味自降人格地去卖身求荣？

所以,就根本而言,趋炎附势者是失多于得,失也是大于得的。

有正确人生观的人,因上述原因,对趋炎附势者多表不屑,把他们视为社会中的末流。但囿于日常生活所见,一些人则觉得趋炎附势者至少会获得或多或少的利惠收益,感到《菜根谭》所说的“趋炎附势之祸,甚惨也甚速”,不好理解。

那么,下面的两则故事,对于理理解相关的意识,或会有所帮助。

汉朝时,汉文帝有一段时间,不幸染上了脓疱疮,全身多处流着脓血,周围的侍人多难以服侍。唯有善于拍马溜须的邓通最为乖巧,每天都用嘴在汉文帝的身上吸吮脓血,而且为了不污汉文帝的鼻目,邓通总是把脓血直接吸入肚中,使汉文帝感到十分的舒畅。

有一天,汉文帝问邓通:“天下爱我者,数谁也?”

邓通即答:“太子。”

因此,当太子入宫侍候汉文帝时,汉文帝就叫太子学邓通的样,吸吮自己身上的脓血。

太子感到十分恶心,却不得不硬着头皮去做,并终于知道这是因邓通的言行所致,所以,太子就十分憎恨邓通。

后来,太子即位,汉景帝,他马上免去了邓通的官职,接着,又以别的罪名抄了邓通的全部家产,连一根别头发的簪子也没有给他留下。邓通衣食无着,又乞讨无门,最终被饿死。

另一则故事则发生在清朝。

清兵入关后,清朝的官员由两部分人员组成,一是明朝降臣,二是满族大臣,前者蓄发盘髻,后者则是剃发梳辫。每次入朝时,官员们各分两班站立,彼此相安无事,但不久,这一格局即被拍马者打破。

汉景帝像,图出自明·天然撰《历代古人像赞》。

某日,明朝降臣孙之獬一改常貌,剃发梳辫上朝,本想跻身于满族大臣之列,以此来邀宠献媚,却因他是汉人而未被满族大臣们接纳;汉族大臣们又以他形貌装束一如满人,认为他不应位列汉族大臣之中。

孙之獬左右不讨好,恼羞成怒之余,最后便给顺治皇帝上了奏章,认为清朝允许明朝遗民保留原有的装束,只会损害清朝清帝的威仪。

顺治皇帝见奏,大为赞赏,遂发布了“留头不留发,留发不留头”的严厉的剃发令。

天下欲反清复明的志士见此闻此,无人不对孙之獬恨之入骨,不久,山东的一支义兵攻入淄川,杀了孙之獬全家,当时人人拍手称快。

这两则故事所涉及的都是真人

真事，邓通拍马，是获得了汉文帝的欢心，却受到了汉景帝的厌憎，顾此失彼，最终并没有好下场。孙之獬拍马，看似是维护了满族皇帝的权威，却受到了天下人的声讨和义兵的征伐，招来了杀头之祸，是罪有应得。类似因势利而自毙的事例，在中国历史上并不鲜见，可见，《菜根谭》的相应认识，是有历史依据的。

趋炎附势作为一种广布于封建社会的丑陋现象，作为封建社会人身依附关系的一种典型表现，在中国封建社会中屡见不鲜，所以，封建社会中的品洁高行之士，往往只能通过自爱自律来约束自己，却不能从根本上杜绝这种现象。

只有在现代文明社会中，在尊重独立人格的氛围中，趋炎附势才可能失去存在的依据，即通过自我机制的逐步完善，从制度保证和提高人们的道德修养的高度，逐步将趋炎附势从人际关系尤其是上下级关系中清除掉，而代之以健康、正常的人际关系，这是毫无疑问的。

值得注意的是，今天尚有一些人对趋炎附势、吹牛拍马的作为抱有某些模糊的认识乃至是美妙的幻想，极个别的出版物还把吹牛拍马的"艺术"，当成人际交流的"艺术"秘诀来鼓吹。显然，这些已不仅是十分粗鄙、肤浅的认识，而且还散发出十分庸俗的市侩习气，这当然是不可取的。

一个明智的领导是会远离趋炎附势者的，这样也许会使他取得更好的政绩。

宁为鸡头，不为牛尾

明朝时期的程登吉认为：豪杰是能认清当前的形势或事物发展趋势的；不能事先观察细微的先兆变化，算不上圣明贤哲的人。山野村夫连一个字都不认识，虽然是笨人，却总有一点可取之处。除掉丁谓这样的祸害，叫做为民除去了一害；又生一秦是说又增加了一个仇敌。告诫人们不要随便说话，是恐怕隔墙有耳；告诫人们不要轻视敌对势力，是说不要以为秦国无人。帮助恶人干坏事，就好像帮助夏桀做残暴的事；贪心无比，从不满足，就好像已经得到了陇，还希望占领蜀。应当知道器皿中的东西装满了就会倾斜，应当知道物极必反。喜欢搏戏玩耍叫好弄；喜好语言滑稽而略带戏弄叫诙谐。许多毁谤话集中到一个人身上，就好像大街上有老虎一样，说的人多了就会有人相信是真的；许多奸猾的人在一起鼓动，挑拨离间，说坏话的人多了就会使人受伤害，就好像许多蚊子聚在一起，发出的声音可以震天动地。小草长得很茂盛，像贝锦一样美丽，就好像谗人收集人的小错误，到最后形成大错误，造成的伤害同样很大。含沙射影就好像害人的水怪鬼蜮一样，通常在暗地里害人；针砭是用来治病，鸩毒可以杀死人。笑里藏刀是说表面好，而内心阴险，就好像李义府一样容貌温柔，而心头狡猾阴险。李林甫奸诈诡谲，陷害别人，人们说他口蜜腹剑。代替某人做事叫代庖，帮助别人设计叫借箸。

大丈夫做人顶天立地，宁愿做鸡头，也不愿意做牛后，士君子怎么会甘心像雌鸟一样伏在草丛间，一定要像雄鸟一样展翅高飞。不要局促不安，像车辕下的小马驹；不要精神颓废，像替人奔走的牛马。猩猩虽然能说话，但是还离不开兽类；鹦鹉虽然能说话，但是离不开禽类。人只有懂得礼节，才可能避免相鼠的讽刺。如果能够说话而不受礼节束缚，这样就跟禽兽没有差别。

经常奉承你的未必是朋友

南宋时期的袁采认为：如果一个人被别人辱骂而不加以理会，这个人一定是涵养高而容忍了他。我们不能认为这是别人惧怕我们，而进一步去侮辱他。如果总是这样做，人家就有可能起来反击我们，到那时我们恐怕就会吓得说不出话来了。有人和别人争论，而别人不计较，这是别人有他自己的考虑。我们不要认为别人是畏惧我们，而进一步去攻击人家。人家站出来和我们辩论，我们恐怕就会理亏而不能逃避罪责了。

有些人善于当面称颂我的好处，让我喜欢听他说的那些话而不觉得他是在阿谀奉承。这是最奸诈狡黠的小人。他当面奉承我令我高兴，等他回去和别人谈论起来，未必不会暗地嘲笑我被他愚弄了。有些人善于揣摩别人的心意是什么，找出这样的话题进行谈论，引导别人并且迎合别人的心意，使别人高兴他的言论和自己的暗相契合，这也是小人中最奸邪的一种。他揣摩我的心意而果然和我的心意相符合，等他回去和别人谈论起来，又未必不暗地里嘲笑我的心意被他预料到了。即使是大德大贤的人，也心甘情愿受这种小人的欺骗而不醒悟，那就没办法了。

有人话说得极为善良并且得体，不排除也有非议。这就是众人的心思难以一致，众人的口实议论难以整齐划一的结果。品德修养好的君子说话办事，如果能本着自己的良心，参考古代圣贤的遗训，向当代的贤明人士咨询请教，这样做出事来在道理上没有缺陷，对别人纷纷攘攘的议论都可以不必去担忧考虑，也不必去争辩。自古以来的圣贤，当代的宰相，为官一时的太守县令，都不能免于被别人议论，何况一般人居住在乡井之中，同样是平民百姓，就更应该不畏惧别人对自己的议论了，有人轻易地就议论自己，不足为怪，一般来讲，一个人硬把对的说成错的，一定是妒忌别人。或者是平常就和别人有仇怨，这些人说的话怎么可以定为公论呢？我们没必要考虑和辩解这些话。

让对手敞开心之门

战国时期的鬼谷子认为：从古至今，圣人一向是众人的先导。通过观察阴阳两类现象的变化来对事物做出判断，进一步了解事物存在和死亡的途径，计算和预测事物的发展过程，通达人的思想变化规律，揭示事物变化的征兆，从而掌握事物发展变化的关键。事物的变化是无穷无尽的，然而都各有自己的归宿：或者是阴气，或者是阳气；或者是柔弱，或者是刚强；或者是开放，或者是封闭；或者是松弛，或者是紧张。

所以，圣人要始终掌握事物发展变化的关键，度量对方的智慧，测算对方的能力，估计对方的技巧。至于贤良和不肖，智慧和愚蠢，勇敢和怯懦，仁人和信义，都是有差别的。所有这些，可以开始，也可以闭藏；可以前进，也可以后退；可以轻视，也可以敬重。考察对方的有无与虚实，通过对对方嗜好和欲望的分析来判断对方的志向和意志，适当排斥对方所说的话，等对方敞开之后再反驳，以便探查实际情况。最重要的是要得到对方行动的宗旨，让对方先闭藏后开始，从而抓住对方的要害机关，或者开启使之展示，或者闭藏使之封锁。开启而使之展示，是因为情感相同；闭藏而使之封锁，是因为诚意不一样。“可以”和“不可以”，就是要考察清楚对方的计谋，以便探索其中相同和不同的地方。

想要开启，首先就要考虑周详；假如想要闭藏，最重要的就是保密。要让对方开启，是为了掌握对方的情况；所以要让对方闭藏，是为了坚定对方的诚意。所有这些都是为了使对方的实力和计谋暴露出来，以便测出对方的程度和数量。因此，所谓开启，或者是开启之后放出去，或者是开启之后收进来；所谓闭藏，或者是闭藏之后而获取，或者是闭藏之后而放弃。开启和闭藏是万物发展变化的规律。四季的开始和结束都是为了使万物发展变化。不论纵横、反复都必须经过开启和闭藏来实现。

开启和闭藏，是世界运行规律的变化，必须事先详细观察它们的变化。口是心的门户，心是灵魂的主宰。意志、情欲、思虑和智谋都由这个门户出入。

因此，用捭阖来封锁对方，用出入来控制对方。所谓"捭之"，就是开启、言论阳气；所谓"阖之"，就是闭藏、缄默阴气。阳气和阴气两者中和，开闭就会有节度，而阴阳处理也会适当。所以说长生、安乐、富贵、尊荣、显名、嗜好、财货、得意、情欲等，属于阳气，叫做"始"；所以说死亡、忧患、贫贱、羞辱、毁弃、损伤、失意、灾害、刑戮、诛罚等，都是属于阴气，叫做"终"。凡是那些说遵循阳气的人，都叫做"始"，以谈论"善"开始行事；凡是那些说遵循阴气的人，都叫做"终"，以谈论"恶"来停止施展谋略。

关于开启闭藏的规律，都要用阴阳两个方面来试验。因此，给从阳的方面谈论问题的人以崇高的待遇，给从阴的方面谈论问题的人以卑下的待遇。用崇高来求索伟大的，用低下来求索卑小的。可见，没有什么不能出去，没有什么不能进来，没有什么不可以做的。能用这种道理游说人、游说家、游说国、游说天下。所有损益、成就、背叛等，都是运用阴阳来处理事情。阳的方面活动、前进，阴的方面就停止、闭藏；阳气活动出去，阴气就随着进入；阳的方面环绕于终点和开端，阴的方面到了极点就要反归为阳的方面。

以阳气而活动的人，道德就会互相增长；以阴气而安静的人，形势就会互相助长。以阳气来追求阴气，就要用道德来包容；以阴气来接纳阳气，就要用力量来施行。

阴阳互相追求，依循开启和闭藏的规律变化。这就叫做"天地之门户"。

有权势也不能用得精光

清朝时期的曾国藩解悟《菜根谭》时认为：日中则昃，月盈则亏，天有孤虚，地阙东南，没有常是十全十美而一点缺陷也没有的事物。同样，人无完人，《周易》中的"剥"卦，是讲阴盛阳衰，小人得势君子困顿，可这正蕴藏着相对应的"复"卦阳刚重返、生气蓬勃，故而君子认为得到"剥"卦是可喜的。《周易》中的"夬"卦，是讲君子强大小人逃窜，可这也暗藏着相对应的"姤"卦；阴气侵入阳刚，小人卷土重来，所以君子认为得到"夬"卦，也仍然潜伏着危险，千万不能掉以轻心。所以本来是吉祥的，也许由于吝啬可以趋向于不吉祥，本来是不吉祥的，由于改悔又可趋向于吉祥。君子只知道有灾祸，才可以忍受得住缺陷而不盲目去追求过于完美的东西。小人不懂得这个道理，所以时时要追求完美；完美既然得到了，而吝惜和凶险也就跟着来了。众人常有不足，而一人常十全十美，这也是因为老天爷的缘故，难道会如此不公平吗？

天下事怎能尽如人意？自古以来成大业之人，一半是天缘乃合，另一半是勉强

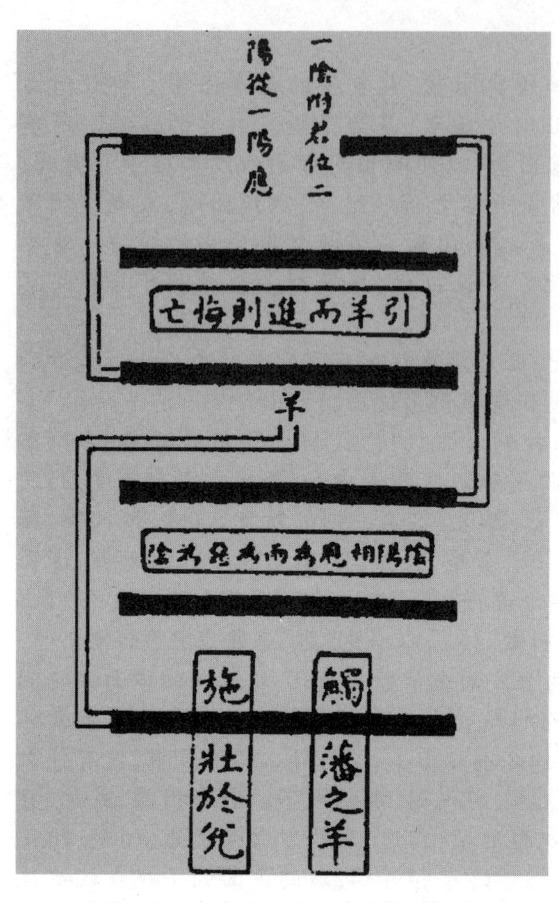

夬诀之图，出自宋·佚名《周易图》，此图描绘了夬卦的卦象及卦义。

迁就。

攻克金陵，也是本朝的大功勋，千古的大功名，这全都是凭借上天旨意做主，人力是不可以决定的，上天对于大功名，吝惜得很，总是要经千百次折磨，艰难动乱之后才能给予。老子曰：“不敢为天下先”，就是说不敢承担天下第一等大功名荣誉的意思。老弟前年刚进围金陵，我数次写信大多是恐惧警戒之辞，也深深知道大名是不能勉强邀求。少荃（李鸿章）自同治二年以来屡建奇功，肃清江苏全境，我辈兄弟名誉声望虽然降低，但是最终不致身败名裂，这就是家门的福分。让军旅疲惫困顿的时间已经很长久了，而朝廷并没有贬斥之词，全局没有其他变故意外，这就是值得庆幸的事。我们只可敬畏上天，认识天命，可不能埋怨上天，归罪别人。我们用以保养身体，祛除疾病的就是靠这个，我们用来维持我家盈满之象，保持通畅、安泰的也是靠这个。

“有福分不能尽情享受，有权势也不能用得精光，”有福而不过分享用，所以总是以俭字为主，少用仆人奴婢，少花银钱，自然就是珍惜福分了；有势不多使，少管闲事，少评判是非，没有人感谢你也没有人怕你，则自然可以长久了。

我经再三思索，不辞职就不能回老家，要回老家就得先辞职，早日里就嫌这样做太急促，成就功业以后引退，则越快越好。

言论忠信，行动笃敬

南宋时期的袁采认为：为人处世，如果总是怀着傲慢、虚伪、嫉妒、怀疑之心，那么这是自讨轻蔑与侮辱。品德高尚的君子是不会自讨轻蔑和侮辱。有傲慢之心的人，自己明明不如人，却喜欢轻薄别人。见到地位低于自己以及有求于己的人，不仅当面不以礼相待，并且在背后讥笑人家。这种人如果能反省一下自身，则可能会惭愧得汗流浃背。虚伪的人，言语十分委婉动听，好像对待别人很厚道，其实他内心里却大相径庭。这种人可能一时之间还被人相信仰慕，可是与他打上两三次交道之后，就“日久见人心了”。最终被人唾弃。怀有嫉妒之心的人常常想把自己置于高出别人的位置，所以听到有赞美别人什么地方好时，就愤愤不平，以为这种赞美是错误的；听到别人有什么地方不如人,有缺陷,就感到欣慰。其实这种行为对别人并无损害,只不过徒增别人对你的怨恨而已。怀有疑心的人,人们只是随口说说的话,他却反反复复地想:“这到底在讥讽我什么事?那又到底在嘲笑我什么事?”与人结怨,往往就是从疑虑开始的。贤明的人听到别人对自己的讥讽嘲笑,毫不理会,如此不是省去了许多烦恼事!

忠诚、有信、厚道、恭敬,这些品德先要自身具备,然后才可能希望别人具有。如果自己在待物接人时,还没有完全达到这些要求,却以此来苛求别人,那么同时别人便也会以此来责怪你了。现在,能自我反省是否做到了待人忠诚、有信、厚道、恭敬的人是很少的,反而要求别人的却比比皆是。其实,即使自己在接人待物时做到了这些,也不必要求别人一定做到。现在有的人能够在接人待物时,做到这些,确实是很不错的。可是他想要别人也都像他一样,有不如意就狠狠地责备人家,这种不容人之结。

言论讲究忠信,行动奉行笃敬,这种原则是圣人教人们如何获得周围的人敬重自己的方法。不外乎在财物方面,不损人利己;在关键时刻,不干妨碍别人而方便自己的事。这就是人们所说的“忠”。一旦许诺给人,即使是一丝一毫的小事,也一定要有结果;一旦定期有约,即使是一时一刻也不能延误,这就是“信”。待人接物热情厚道,内心诚实敦厚,这就是人们所说的“笃”。礼貌谨慎,言辞谦逊,这就是人们所说的“敬”。如果能够做到“言忠信,行笃敬”,不仅能得到乡亲的敬重,就是干任何事都能顺利。然而恭敬待人一事,因为对自己毫无利益冲突,世人还能做到。可是如果不能表里如一,就很容易造成能“敬”而不能“笃”了,君子就会把他称为谄佞小人。乡亲们也不会再敬重他。

圣人说:“不去看那些可能引起欲望的东西,心里就不会感到迷乱。这是省去诸多烦恼的秘诀。一般来说,人见了美食就要咽口水,见美色就会注目凝视,见了钱财就会引起贪求的心思。只有能彻底断绝这些贪欲的根源,对它们视而不见,就不会产生妄想了,没有妄想就不会在这些事情上犯错误了。

现在有人干了坏事,庆幸自己没被人发现,便扬扬自得,心安理得。殊不知别人的耳目可以掩蔽,神的耳目却难逃脱。但凡我们做事,心里认为可以,心里认为正确,别人虽然不知道,神明已经知道了。我们做事,心里认为不可,别人虽然不知道,神明已经知道了。我们的心就是神明,神明就是祸福,自己的心骗不了,神明也骗不了。

闻毁不怒,以德化怨

清朝时期的朱柏庐解悟《菜根谭》时认为:生活中难免会遇到诽谤,听到别人讲自己的坏处就发怒,那么吹捧奉承你的人就会来了。自己的过失长期不能自知,最终就会造成莫大的祸患。君子听到别人讲自己的坏话不会发怒,毁谤与事实不符的,他无须辩解;而毁谤之言事出有因的,非得自己改正才能止住。

君子宁可遭受别人的毁谤而不去毁谤别人;宁可忍受别人的欺负而不去欺负别人;宁愿别人对不起自己,也不使自己对不起别人。受到别人的诽谤,与其竭力争辩,不如暂且容忍;对于别人的欺侮,与其多方防范,不如设法化解。以正直的行为回报别人的怨恨，以正义的言行化解别人的仇恨。

制止诽谤的最好办法是不去争辩，越是争辩，诽谤者就越巧言令色造谣惑众。

倔强不屈，易遭折断；锋芒尖锐，容易钝挫；坚硬刚强，易致破裂。一味倔强刚烈的人最容易招致挫折，我们要学会刚柔相济的处世之道。

终身让路，不枉百步

宋朝时期的欧阳修认为：其实谦让并不会使人有多大的损失，一辈子给别人让路，加起来不会多走一百步的冤枉路；一辈子给别人让田界，加起来不会损失一块地。

名利场中，人向前，我向后，退让一步，缓缓再行，则身无危险，安乐甚多；是非窝里，人用口说，我用耳听，忍耐几分，三思而后说，则事无差错，自然就不会招致祸患。

处世当以强为弱，以退为进，以苦为乐，这是处世的一个极其高明的手段。

处世让一步为高，让步是为得到更大发展和进步，正所谓退一步海阔天空；待人宽一分是福，利人是利己的根基。

君子能忍受一般人所不能忍受的，宽容一般人所不能容忍的，能处身于一般人所难以存身的艰苦环境，也只有这样才可称为君子。

贤明的人懂得遇时而行，适时而止，也只有贤明的人懂得为施展抱负而暂时委屈忍耐。

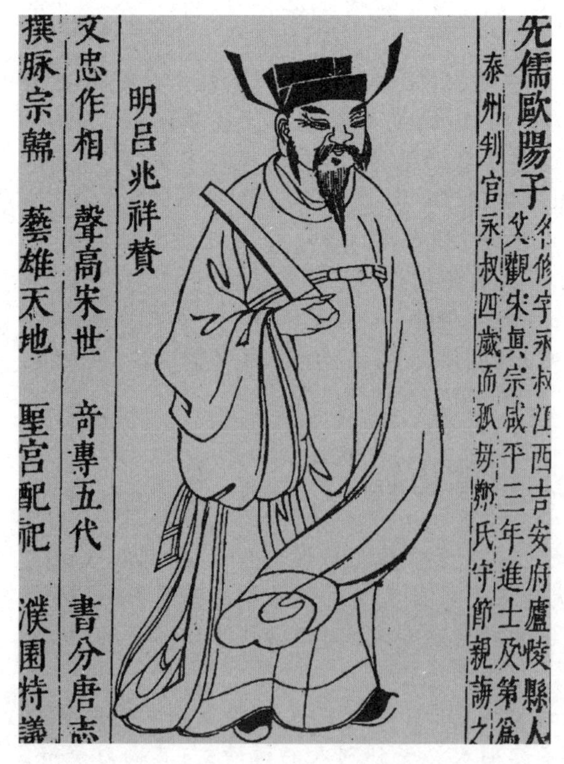

欧阳修像，图出自明·吕维祺《圣贤像赞》。

名誉在屈辱中得到彰显

元朝时期的许名奎认为：世人首要的节操是有独立的见解而不随波逐流，即使不是在文王的时代，有才干的人也能奋发向上。不卑不亢，不作高昂之态。像巨石一样挺立在洪流中，岿然不动。结交气焰炽盛的权贵之家，我担心早上如炭一样炽热而晚上就像冰一样寒冷；借助公侯援引，我担心他高兴时与我亲近而发怒时就视同仇人。东汉傅燮不听从赵延讨好的开导，东汉韩棱不随众人向窦宪呼万岁；南朝宋喜淑不依附刘湛，南朝王僧虔不屈从受皇帝宠信的阮佃夫；北魏李昕不因汝南王亲自动手搬床而和他们一起做失礼的事情，北齐李浍不向有权势的太守崔谋提供鹿角，这样的例子不胜枚举。

其实穷困或通达在于时机，得或失在于命运；依附人则为邪，奉行道则为正。修身而上天不赐予，这就是所谓的命运；奉道而没人理解，这是天命。宁愿如松柏那样正直耸拔，不能像女萝那样依附他物。女萝失去了依托就立不起来，松柏在霜雪中却傲然挺拔。

仕途的升迁，就像台阶那样一级一级地升高。攀引跨越，不必过于急躁。有远大见识的人，退隐而至恬淡无争的境界。朝廷官府征召他做官，第一次委任，他辞掉，第二次委任，他仍然推辞，还要等待第三次。热心名利地位的人，不能忍受贫寒；向灶献殷勤的人，不能忍受谗言的诱惑；跳墙去幽会的人，是因为不能忍受男女间的情欲；翻墙盗窃的人，是因为不能忍受贪财的物欲。爵位称作天爵，俸禄称作天禄。可以继续做就继续做，可以马上离职就马上离职。用车装载着黄金锦绣，为权力地位奔波。吃的粮食比玉贵，烧的薪柴比桂木贵，随顺着鬼而见到神。就像做了一场虚幻的南柯梦，即便这样对事情也无任何补益？

不能忍受别人冒犯的人，发起怒来不会顾及别人；不能忍受别人压抑的人，怨愤时不会考虑自身。受到一点挫折就好像在大庭广众之下受到侮辱，就怒发冲冠，像这样的称不上壮士，不能忍受挫折，不是损人就是害己，不如忍耐性情从旁慢慢观察胜败。名誉在屈辱中得到彰显，德量从隐忍中增大。黥布仗恃意气，以为会拜他为汉将，当汉王坐在床上洗脚召见他时，他气得要自杀，召见后受到的礼遇出乎意料，又大喜过望。黥布最后未能以功名终其身，当时就已经见出他的度量了。

君子认为：窃居高位，混取俸禄，是耻辱；根据情况而行动，可以出仕才出仕。墨子不进入名叫朝歌的城邑，有志之士不喝温泉里的泉水。佩戴着君王分送的玉，享受君王赐予的爵位，将会获得荣耀，然而，鸟尚且选择树木栖息，何况是人，逢萌把官帽挂在洛阳城门上离开，陶潜在彭泽解去官印归隐，权皋装死以逃避安禄山的举荐，费贻用漆涂身来躲避公孙述的征召。手里拿着玉石，却去换一张想要的羊皮。小所屈而大有所获，不知羞耻的人内心深处却有羞愧。

一个人成就了功业就抽身隐退，其实是符合自然规律的。只知道进取而不知道隐退，这就是《易经》“乾卦”中所说的“亢”火中能验证寒暑交替的征候，处在鼎盛时要觉悟羊撞藩篱进退两难的灾咎。天时人事同一枢机，进取隐退道理相同，应当隐退而不退，就会招致灾祸。

设帐洛阳城外为疏广、疏受送行，二人被称为贤大夫；狡兔死走狗烹，到那时再嗟叹后悔，来不及呀！

英布见汉王刘邦图

能观人言行才是大智慧

战国时期的吕不韦认为:修养自身如同治理国家。现在许多人共同耕种一块土地,速度很慢,是因为有办法藏匿自己的力气;而每人各耕一亩地,速度就快,是因为个人无法藏匿自己的力气。君主也有田地,如果臣子同君主同耕一块土地,那么臣子就有可能藏匿他们的私力,而君主得受累。

做善人难,而任用善人的事就容易。为什么呢?人同骏马一齐跑,那人一定超不过骏马;而坐在车上驾驭骏马,那骏马就超不过人了。君主喜欢处理官吏职权范围内的事,就如同人与骏马一同奔跑,肯定在很大程度上赶不上。君主也有他所坐的车,只要他不离开这车子,那么众多的善人就会竭心尽力了,阿谀奉承、邪恶奸巧的人就没法藏匿他们的奸私了,刚强廉洁、正直淳朴的人就会竞相策鞭飞跑起来了。君主的车,是用来载物的,明察了载物的道理,那么四方边远之地就可以拥有了。不懂载物的道理,仗恃自己的能力,矜夸自己的智力,教令下得多而又师心自用,各级官吏就会害怕、骚动,尊卑上下不成体统,各种邪恶一起产生,权威分散转移,不能够善终,不能够施教,终致国家灭亡啊!

王良驾马得出的经验是,明察驾马的要领,抓住马的缰绳,从而四匹马没有敢不用尽力气的。有能力的君主用来控制臣子的办法中,也有"缰绳"。那"缰绳"是怎样的呢?辨正名称,明察职位,这就是治理臣子的"缰绳"。根据实际明辨以求得真实情况;听取言辞后弄明白它的类别,不让它悖逆淆乱。名称有许多不切合实际的地方,事情也有许多会造成不正当的影响,所以君主不可不明辨君臣上下的名分。不明辨君臣的名分,就会发生堵塞。而堵塞的责任不在于臣子,而在于君主。尧、舜的臣子不全仁义,禹、汤的臣子不全忠诚,但他们能称王天下,是因为他们掌握了驾驭臣子的要领;桀、纣的臣子不全鄙陋,幽、厉的臣子不全邪僻,但他们国败身亡,是因为他们没有抓住驾驭臣子的要领。

如果想要牛却喊马的名字,想要马却喊牛的名字,就必然得不到想要的东西。如果因此就生气发怒,主管的人就一定会批评怨恨他,牛马一定被扰乱了。各级官吏是众多的主管人员,各种事物就是众多的牛马。不辨正他们的名称,不区分他们的职责,却多次施用刑罚手段,只会造成祸患。名义上说一个人聪慧通达,实际却是愚蠢糊涂;赞誉一个人高尚贤明,实际却是卑怯低下;表扬一个人品德高洁,但随即就显露出贪污受贿;委任一个人执掌公法,做事却是贪赃枉法;因一个人勇敢才任用他,但他实际却胆小怯懦。这五种情况,都是把牛当做马,把马当成牛,都是名分不正啊!名分不正,那么君主就忧愁劳苦,各级官吏就混乱乖逆了。国家灭亡,荣誉、爵位之名被损害。想要白,反过来更黑了;想得到,却越发得不到了,大概是这个道理吧!

所以,要治国,当务之急是辨正名分。名分辨正了,君主就不忧愁劳苦了;不忧愁劳苦,眼耳就可免受烦忧了。询问却不下指示,陈述意见却不夸耀自己,事情做成却不居功。不使静止的东西运动,不使运动的东西静止。依照法规利用外物,不为外物所制约,不肯被外物役使,清静而公正,精神传播到天地四方,功德照耀到四海之外,思想永远显现,美名永远流传,这就叫做无形。

所以,得道的人忘我,这就非常得人心,知道万物之理就忘了显露聪明,就得到了大的智慧，难道不是万物之理吗？非常有智慧的人不察外物，能虚静就明白清楚了，难道不是明白吗？非常明智的人不做小事，整治万物使它们成长就是做事。难道不是伟大吗？得道清静的人什么也不会，保全了天性就无所不会了，难道不是全会吗？所以着眼于保全天性就要去除才能，着眼于整治万物就要去除事务，着眼于大的智慧就要去除察验，所懂得的道理就很微妙了。像这样，就能顺应于性，意气就可以在寂静广阔的宇宙中遨游，形体就可以在自然的境界中安然自适。包容万物却不去主宰，恩泽覆盖天下却没人知道他姓甚名谁，这样，即使不完全具备上述条件，也可以说是喜好这些了。

祸福都是人招致的

战国时期的吕不韦认为：帝王之业将要兴盛时，天都先在人间呈现祥瑞。黄帝的时候，天现出大蚯蚓大蝼蛄，黄帝说“土气胜”。土气胜，所以颜色崇尚黄色，事情就表现在土上。到了禹的时候，天现出草木到秋末冬初都不凋零的现象，禹说这是“木气胜”。木气胜，所以颜色崇尚青，事情就表现在木上。到汤的时候，天现出金刃游浮在水中，汤说“金气胜”。金气胜，颜色崇尚白，事情就表现在金上。到文王的时候，天先出现火，红乌鸦口衔丹书聚集在周国的社庙，文王说“火气胜”。火气胜，颜色就崇尚红，事情就表现在火上。代替火的必定是水，天将表现出“水气胜”来，水气胜，所以颜色崇尚黑，事情就表现在水上。如果水气到了而不知道，天数已齐备，如果不响应，就会迁徙到土德了。

天的行为有时限，它不会改变四时去助农业生产，同类相召，同气相合，同声相应。击宫声就会宫声相应和，击角声就有角声相共鸣。平地注水，先浸润湿地。堆柴点火，干燥的先着。山中云气像草莽，水中云气像鱼鳞，天旱时云气犹如烟火，下雨时云气像水波，都没有不像它所要产生出来给人看的东西，如同龙总带着雨，影子总追随着形体一样，军队所到之处，一定会荆棘丛生，祸福的产生众人认为是命，并不知道它是气类召合的缘故。

黄帝像，图出自明·天然撰《历代古人像赞》。

黄帝曾说过“广袤无垠，顺应了天的威德，没有不恭敬的；与天地初始时同气息，没有不协调的”。所以说，气相同比义相同好，义相同比力相同好，力相同比居住在一起好，居住在一起比名义相同好。与天同元气的称帝，与人同仁义的称王，与人同武力的称霸，勤劳的人与物共同生活在世上所得的就菲薄了。灭亡了的，只有同之名而无同之实。智慧越粗疏，和别物相同之处就越粗疏；智慧越精微，相同之处就越精微。所以凡是用心不可以不精微，精微是五帝三皇成功的原因。成就相齐类别相同都可相合，所以，尧做善事而众多善人都聚拢；桀做坏事，众多坏人就趋奉他。《商箴》中说："天降灾布祥，都有它的标志。"所以说，祸福都是人招致的。所以，国乱不只是乱而已，还定会招致敌人趁乱而来。只是内乱不一定会灭亡，招致敌寇来入侵就没法保全国家了。

到春天草木就生长，到秋天草木就凋零。生与落是天气造成的，不是草木自身就会这个样子。所以导致某种现象的条件有了，事没有不发生的；条件不具备，事就没法发生。古人弄明白了产生某种结果的条件，所以事情没有不可以被利用的。

赏罚的权柄，就是帝王用来指使人的条件。在赏罚上如果用义做条件，那忠信、亲爱的道德就得到发扬，越发扬就越成长，最后形成了风气，人民对此也如同本性一样安适，这就是教化而成的。教化成了之后，即使有重赏严威也不能改变难以禁止。所以，善于教化的，不用赏罚，教化的好风气就能形成，形成后赏罚都不能禁止。如果赏罚用得不当，也会教化成一种坏风气，奸伪贼乱贪戾的道德兴起，长久兴起而不加以止息，人民的仇恨习已成性。戎夷胡貉巴越的人民就这样。虽然有重赏严罚也不能禁止。郢都的人用两块木板筑墙，吴起改变这种办法遭到郢民的抱怨。用赏罚来改变它使人民得到安乐；氐羌的人民，被人抓去做俘虏，他们不担心被关押，却担心死了不被焚烧，这都是成了习惯的邪行。所以应该审慎赏罚的条件。

先前，晋文王将和楚人在城濮作战，召咎犯询问道："楚兵多而我少，怎么办？"咎犯答道："我听说有繁复礼节的君王，不厌文采；经常打仗的君王，不厌狡诈。您欺诈敌人就够了。"文公把咎犯的话告诉雍季，雍季说："把池塘淘干抓鱼，能抓不到鱼吗？可第二年就没有鱼了。点火烧荒种田，能没有收获吗？可第二年就没有野兽出没了。欺诈作伪的办法，虽然今天马马虎虎过得去，但以后不可能再用，没有人会再相信，这不是个好办法啊！"文公用了咎犯的主张，在城濮打败了楚军，回朝后却给了雍季上等的奖赏。左右之人劝谏说："城濮之战的功劳，在于咎犯的谋略，您用了他的主张却奖赏在后，大概不可以吧！"文公说："雍季的意见，对百世都有好处，而咎犯的主张，却是

晋楚城濮之战图

一时有用处,怎么能把一时用处放在对百世有利的意见前面呢?”孔子听后说:“面对困难使用狡诈的计谋,足可使敌人退却,回去后尊崇贤人,就可用来报答德行,文公虽然不能一直都以德行来修养自身,也足以称霸了。”

赏赐重人民就会随之变化,人民发生变化教化就成功了。如果教化成狡诈,那么教化虽然成功也会被毁坏,即使即将胜利了也会失败。天下胜利的人多了,称霸的却只有五个。文王是其中之一,知道胜利是怎样形成的。取胜了却不知个所以然。秦国战胜西戎而称了霸,在淆却大败于晋。楚国与诸夏打仗都获胜,却在柏举败给了吴国,这就是胜却不知为什么胜的缘故。武王却知道胜利由于信义,所以一举胜了殷纣而称王天下。如果一个国家充满了狡诈,国家不会安定,灾殃就不仅仅是外患了。

诚实易被人接受

清朝时期的王庭奎解悟《菜根谭》时认为:精诚所至,金石为开。

意指人的真心实意倾注到的地方,金石也会裂开。比喻以真诚待人处事,就可以化解猜疑、消除成见。

对人诚恳守信用,即使别人原先不信任你的,也会转为信任你;对人虚伪不讲信用,即使别人原先信任你的,也会转为不信任。诚实守信是待人处世之本,更是一种美德。

以诚待人,关系疏远的会变得密切;真诚待人,情义会长留别人心中;为人虚伪,终究会因败露而被人鄙弃。以实在的言语、实际的行动和诚实的心灵待人,人们自然会信服你。

坦率说出真实的想法,按照道义提出公正的见解。开诚布公往往是消除误会、化解矛盾、求同存异的有效方式。

没有比诚恳更好的待人接物的方法了,真诚可以行之于天下。做人应当表里如一。对人怀有二心,一个朋友也得不到;对人专一,可以赢得众多朋友。做一件弄虚作假的事,就会丧失你一贯诚实的信誉。

求乐的人生观,才是自然的人生观、真实的人生观。我们应该顺应自然,在真实中求得人生的光明,切不可陷入勉强、虚伪的境界,错把真实的人生归于幻灭。

最糊涂的莫过于明知故犯

明朝时期的吕坤认为:如果没有快乐只有痛苦,就算是父子之间也不会很好地相处,有欢乐没有痛苦,即使是与戎狄相处也能相亲相爱,何况是普通百姓呢?

有的人听到谈论别人的过失与缺点,就很高兴,见到别人规劝自己的过错,既极力遮掩,又假装痛心疾首地痛恨这个缺点;听到别人称赞自己,就非常欢喜,听到别人称赞他人善良,就加以掩盖、隐藏,并极力寻找别人的缺点。这种人永远不可能成为君子。

突然碰上的灾难,愚蠢的人只会惊诧;缓缓而来的灾难,聪明的人也会有所忽略。如果愚蠢的人碰到聪明的人都会忽视的那种缓慢而至的灾祸。

若谈论到人情,总是往冷漠、淡薄的方面去设想;若谈到人心,总是往险恶的方面去猜测,这是过于自私和刻薄的想法,也只有小人才会这样。古人指责别人总是从对方的过错之中去找寻没有过错的理由,这是忠厚善良的心地与品德高尚的表现,做学问的人只要多思考,这种主张是有其独特的道理的。

最糊涂的莫过于明知故犯,最愚蠢的莫过于耍小聪明,最可耻的莫过于卖身求荣,最卑微的莫过于好大喜功。

两个人互相诋毁,不到家破人亡不罢休,其实,只需要低头认一个错,一切都会有好转;双方都自以为是,不到反唇相讥的地步绝不罢休,其实,只要温和地称赞对方一下,就会给自己带来无限的欢乐和欣慰。

将好名声全揽到自己的身上,将恶名声全推到别人的身上,这是庸人的通病。其实,这两种行为的结果都是把坏名声揽到了自己身上,与其这样,还不如把好名声让给别人,把过错留给自身。

人们都讨厌喜爱暴露自己缺点的人,爱瓜分别人美名的人更令人可恶,更何况占有别人的美名盗取别人的美名的人呢?我们应当戒除这种行为。

恪守礼义的人,如今的人却认为他们倨傲自大,而那些擅长阿谀奉承的奸佞小人,如今的人却认为他们谦恭有礼。全世界那些有名望的王公贵族和达官贵人都自称是儒门雅士。他们这些人也迷惑不解,互相指责而不知醒悟,可悲也。

世上有三条获取利益的大道会让人心术不正,还有四条关键的路径会损坏人的气质,身处这中间而心术和气质都没有变坏的人,就可以称得上操守坚定。君主的大门,是士大夫所走的利禄的大道;公府的门,是普通官吏获取利禄的大道;市场的门,是商贾们谋利的大道。翰林、吏部、道台、省,这些机构都是通往利禄的重地。有道德品质的人处在这种关口,处处都能保持真我。

国家的法令纲纪不可用以徇私情,天下的名分送不得人情,圣贤所讲的道理不可用以徇私情。用上面提到的方面去讨好别人,那都是枉费心机,君子对此应该慎重对待。

大小贵贱,交相为情

战国时期的吕不韦认为:舜想号令古今不成,却已经足以成为帝王了。禹想称帝没能成,已经足以纠正异方的恶俗了。商汤想继承禹的成就而没成,已经足以使四表之荒臣服了。武王没赶上商汤,已经足以称王四海之内了。五霸想继承三王功业而没行,已经足以成为诸侯的首领了。孔丘、墨翟想在当世推行大道没做到,已经足以给自己留下圣贤的显赫名声了。《夏书》中说:"天子的德适用很广,达到神、武、文的境界。"所以务必努力做事,做事要从大义出发。

地大就有常祥、不庭、岐母、群抵、天翟、不周等山,山大就有虎豹熊罴蜈蚣等兽虫,水大就有蛟龙鼋鼍大鱼等。《商书》中说:"五代以上久远的宗庙,可以看到怪异现象,万人的首领,就可以出奇谋。"孔中没有大泽大湖,井中没有大鱼大虾,新栽的树林没有高大的林木,凡是谋划事物的成功,都是产生于微细周详处。

季子说:"燕子麻雀争着友好地相处于一檐之下,子母相哺育,相互快乐,自以为安全了。烟囱破了,火烧到了栋梁,燕子麻雀脸色不变,因为它们不知道这祸患会涉及自己,做人臣的能避免燕雀那种浅智的太少了。为人臣的,升官发财,父子兄弟共同勾结在一起，相互很快乐，但危害了国家，他们离危险近了，而始终不自知，与燕雀的智力毫无差别。所以说：‘天下大乱，国就乱；一国乱，就没有安定的家；一家乱，就没有地方可以安身。’说的就是这种情况。所以局部的安定也一定要靠大局的安定，大局的安定也一定要靠局部的安定。小大贵贱，都相互关联相互依赖，然后才能共享快乐。”

使低贱和局部安定在于以大局为贵。举例说，薄疑用为王之术来劝说卫嗣君，杜赫用使天下安定的办法来游说周昭文君，以及匡章诘难惠子而使齐王得以称王。

《二十一史通俗演义》版画之汤武征诛图

曾经有机会学习黄帝用来教诲颛顼的：天在上，地在下，你能效法它，你就能拥有天下。听说古时的清平世界，就是效法天地而来。《十二纪》记载着治乱存亡的道理，所以就知道长寿夭亡吉祥凶祸。上有天可考察，下有地可验证，中间有人可观察，这样就使是与非可以与不可以都无可遁逃了。天讲顺利，顺利就可维持生命；地讲坚固，坚固就能安宁；人讲诚信，诚信就能服人。运行的是天数，要遵循规律，克服私欲。有私欲，看就会使人眼瞎，听就会使人耳聋，思虑就会使人意乱。这三件都由于私欲施行智巧而不出于公心所致。有智巧却不出于公心，那福气就日渐衰竭，灾害就日渐兴起。

智勇权财不足恃

洪应明在《菜根谭》中议世论人，一般是超越具体的人物与史实，而上升到处世的普遍原则上。唯在极少数的语句中，他才结合有代表性的人物而论及相应的结论，上列五则语句中的前两则，就属此类。这使我们得以结合相应的人物事例来阐述道理。

杨修是东汉末年的文学家，是曹操的秘书，他天资聪颖，才思敏捷。

据传，有一天，曹操和杨修骑马路过曹娥碑前，看到碑上刻有八个字——“黄绢、幼妇、外孙、齑臼”，杨修马上知道了这八个字的谜底，而曹操一时还不得其解。所以，他就嘱咐杨修不要将答案说出来，让他再想想，骑马走出三十里路后，曹操才省悟过来，两人一对答案，原来这八个字隐含着对曹娥碑的称誉：“绝妙好辞”。后来，此事令曹操不胜慨叹：“我的才智比杨修相差了整整三十里啊！”

杨修还善解曹操所出的谜语。

钟繇像，图出自清·顾沅《古圣贤像传略》。钟繇，字元常，三国魏书法家。

一次，曹操将一盒写有“一合酥”三字的酥糖交给大臣们，大家面面相觑，不明其意，正巧杨修进来看见盒子上的字，拿起酥糖就吃了一口，并向众大臣说：“丞相所写的‘一合酥’，就是一人一口酥嘛。”

另一次，曹操在新修的相国府门前写了一个“活”字后，二话没说就走了。工匠们不解其意，请教于杨修。杨修听说，马上命工匠将新修的府门拆掉重建。因为“门”里添个“活”字，就是“阔”字，原来，曹操是嫌府门太大，太引人注目了。

类似的事例还有，它们使心胸狭窄的曹操更加嫉妒杨修的才华与才能，终致借故杀死了杨修，杨修死时才三十四岁。

韦诞与钟繇两人，是三国时期魏国的著名书法家。

某天，钟繇在韦诞的家中，看见了韦诞早年求得并珍藏的东汉大书法家蔡邕的真迹，即苦苦哀求索取，韦诞坚决不与，钟繇气得捶胸吐血。后经曹操以五灵丹相救，才得以康复。

韦诞死时，依然十分钟爱蔡邕的书法，留下遗嘱，将其当作自己的陪葬品。此事被钟繇侦知，就派人盗伐韦诞之墓，终使蔡邕书法得以重见天日，嘉惠后人，而韦诞也因此而至死不得安宁。

当然，这只是一个传说。据历史学家考证，钟繇卒于魏太和四年即公元230年，韦诞卒于魏嘉平五年即公元253年，故先死的钟繇盗后死的韦诞墓，以求蔡邕的书法真迹之事，非真实的信史。

韩信作为刘邦麾下的头号战将，勇冠三军，不论是带兵方法或是军事谋略，都有远非刘邦所可企及之处，对此，刘邦与韩信都是心知肚明的。

问题出自韩信，他对此毫不谦逊。有一次，刘邦问韩信：“在你看来，我能带多少兵？”韩信答：“不超过十万。”刘邦又问：“那么你呢？”直肠直肚的韩信就答：“我是越多越好。”虽说这留下了“韩信将兵，多多益善”的千古美淡，但类似的言论及一些名位的要求（后面将有论及），却使功高震主的韩信逐渐成为了刘邦的心腹之患，最终被擒遭杀。

陆机是西晋的文学家，出生于吴国的高级士族家庭。

吴国被西晋剿灭之后，他与其弟陆云退居故里，闭门勤读十年，兄弟两人来到晋都洛阳，以他们的文才为当时的权贵所推崇，以至有“伐吴之役，利获二俊”之说。陆机趁此而热衷于仕途，依附权贵，后卷入著名的“八王之乱”，为成都王率兵攻伐长沙王，战败而归，被夙怨者进谗言，诬告他久怀不轨之志，终被成都王杀死，并夷灭三族。

霍光是西汉的重臣，受汉武帝遗诏，辅佐年幼的汉昭帝，昭帝死后，他迎立昌邑王刘贺为国君，因刘贺荒淫无度，即位二十七天后即遭废。最后霍光再迎立刘询为汉宣帝。

史载，汉宣帝即位时，在去拜祭祖庙的路上，霍光同车陪乘，汉宣帝十分畏惧，浑身不自在。后因霍光有事离去，由另一位将军代替霍光陪乘，汉宣帝才有了少许安全感。在霍光死后不久，他的妻子儿女即全遭诛杀。《汉书》记载，当时的市井街头流行着这样一种说法："声威权威能镇住皇帝者，当然不可容留，霍氏家族的灭门之祸，正是始于霍光陪同宣帝乘车一事啊。"

石崇是西晋文学家，他任荆州刺史时，曾纵容部下拦路抢劫客商，劫得了很多财物，成为当时的巨富，并因此而生活奢侈，连晋武帝的舅舅王恺也望尘莫及。

石崇与王恺曾多次比富：

王恺命家人用米酒洗锅。石崇就命家人以白蜡来当柴烧。

王恺为了带妻妾出外游玩，所经之路，就命人用紫色的丝布来围成一条有四十里长的临时"胡同"，让老百姓能闻其声而不可见其人。石崇听说后，则命仆人用五彩锦缎围成了另一条足有五十里长的"胡同"。

……

在比富的路上，王恺老是输给石崇后，唯有向晋武帝求援，晋武帝就将国库中收藏的唯一一件由外国进贡的二尺多高的珊瑚树，赐给了王恺，想为自己的舅舅争回一次光。

殊不知，石崇见到这棵珊瑚树后，故意将其打烂，然后令仆人抬出了六七株高三至四尺、更为富丽的珊瑚树，要赔给王恺，此举令后者目瞪口呆。可见，石崇的私人财富，比国库还多。

最终，又正是财富美色，使石崇及其全家老小尽遭灭门之灾。史载，临刑前的石崇在刑场上叹道："这回，那些下贱者可以占得我家的财富利益了。"见他至死不忘的依然是财富，旁边就有人回敬他说："你知道过多的财富可招致祸患，为何不将这些财富早些分给百姓呢？"石崇顿时哑口无言。

以上所列的悲剧，是由封建社会的臣子与君王的人身依附关系所决定的。

霍光像，图出自清·顾沅辑《古圣贤像传略》。

在这些人之中,韩信可称为西汉的开国元勋,杰出的军队将帅;霍光则是一个有作为的政治家,他辅政时所采取的一系列政策,在客观上,有助于西汉社会政治上的稳定和生产力的发展;韦诞则是一位著名的书法家;杨修、陆机和石崇都是在自己的时代里久负盛名的文学家。他们或他们的家人罪不当死,但历史事实却与此相反。如此看来,在当时的社会背景下,他们锋芒毕露、争强好胜、缺乏谦逊和不会秘己之美的种种处事方式及表现,导致悲剧。他们才华盖世,权势在握,然而在处世方面缺了一条韬光养晦的心弦。

在洪应明看来,只张“五分”(二分之一)帆却平安地行驶着的船,只注“五分”水却稳妥地保持着平衡的容器,对于个人如何更好地处世、如何保持包括上下级在内的各种人际关系的平衡,是一项很好的启示。具体到个人如何对待爽口之味和快心之事,同样是应该不失分寸而又力求稳妥的,这也就是能人在处世时,能绕避祸患的“五分法”。人要把握自己,之所以要“饮酒莫教成酩酊”,是为了防止酒醉之后的失态,防止在某些不相应的场合讲出不应讲的话语来;之所以要“看花慎勿至离披”,是为了防止在身处灯红酒绿、花团锦簇的繁华世界时,出现心醉神迷的状况,以至丧失意志。

这些可谓是经验之谈。否则,聪明人也难免聪明反被聪明误,难免不出现《红楼梦》描写王熙凤的那种结局:“机关算尽太聪明,反算了卿卿性命!”

可见,智勇权财不足自恃、不足自耀,也不足自夸。也正因此,君子处世就要严守操履,为人须不露锋芒,那些看似是人与人之间的一般言行答对,能否处理得稳妥些、圆熟些和周到些,往往就决定着事情的成败、人的生死,也就是“善用者生机,不善用者杀机”。人与人不同,不同的处世,自然有不同的结局。

刚强终不胜柔弱,偏执岂能及圆融

生活中我们不难看到这样的景象:

其一,在一些老年人的口腔内,牙齿已经被虫蛀菌噬得不堪入目乃至是全部脱落了,唯有三寸不烂之舌依然存在,在日常谈吐与饮食吞咽中,起到不可或缺的作用。

其二,古老住宅的一些门板已终朽坏,即使如此,很少有人听说和见过这些门户的转轴,被害虫蛀蚀而受到损坏的。

这种现象在洪应明看来世间的柔弱之物,最终可战胜刚强之物。人们在行事处世中,抱偏见执著之法,必比不上持圆满融通之法。

这个道理初看起来,确是不易理解。为了更好地说明处世智慧中的这种贵柔意识,不妨去看看两千多年前中国伟大的思想家老子是如何看待刚柔的关系的。

老子认为,活人的身体是柔弱的,死人的身体则是僵硬的;草木活着时,它们是柔软脆弱的,死掉后,它们就变得干硬枯槁了……可见,刚强之物属于死亡的范围,柔弱之物则属于生存的范围。放大言之,军队过分强大,反而不能取胜;强壮的树木长成了,就会遭到砍伐。

老子还认为,水,作为天下最柔弱之物,在攻坚克强的方面,却没有其他事物可以战胜它,可见,弱能够胜强,柔能够胜刚,强弱对比,强大的居于下风,柔弱的反而处在上面。

接着,可以再看看运用贵柔意识的一些具体的历史事例。

战国时期，掌握了晋国大权的四家大夫——智伯瑶、赵襄子、魏桓子和韩康子之间发生了矛盾。

智家自恃势力强大，胁迫其他三家各交出方圆一百里的土地及其户口。虽非心甘情愿，魏、韩两家还是勉强按要求交出了土地及其户口，唯赵家以维护先人的祖业为由，拒绝交出属于自己的这一部分势力范围。

于是智家就胁迫魏、韩两家，一起发兵攻打赵家。赵襄子率领兵马坚守在晋阳城内，因城内粮草武器充足，又获得老百姓的支持，三家兵马将晋阳围困了两年多，也没有能把晋阳攻下来。

后来，智伯瑶让士兵将晋水改道，直冲晋阳城，将大半个晋阳城池淹没了，但晋阳城内的军民，依然不肯投降。

《东周列国志》版画之智伯决水灌晋阳图

看见城破在即，得意忘形的智伯瑶，无意中说出了在日后必要时，同样要用水来攻打魏、韩两家。此语令魏桓子和韩康子如坐针毡，不寒而栗，唇亡齿寒的现实，终于促使魏、韩两家反戈一击，联合被围困在晋阳城内的赵家兵马，将晋水引入智家的营寨，向智家的兵马发起了猛烈的反攻，杀了智伯瑶，将智家的全部财产、土地和户口，按三家各一等份平分了。

日后，这三家的后代废了形同虚设的晋国国君，形成了韩、赵、魏三国，这就是历史上所记载的“三家分晋”。

这个故事，至少从两个方面说明了柔弱胜刚强的道理。

一方面，智伯瑶的失败，不仅是军事与政治上的失败，更是处世的失败，他以恃强欺弱始，以自取灭亡终；另一方面，是智伯瑶最先想到了用无坚不摧的水来围攻顽强抵抗的赵家军兵，殊不知，这个方法被后来联合起来的赵、韩、魏三家借了过去，柔弱的水，也就成为三家最后战胜智伯瑶的不可或缺的法宝。

以柔克刚中的柔弱一方，当然不仅限于水。事实上，当事者的信念、人格与道德力量，当事者的临危不惧和凛然气度，等等，皆可成为它的组成部分。

禅宗历史上，曾有一个得道的禅师，在晚上睡觉时，虽觉知了入室偷盗的小偷，却不吭不哈。

当小偷自以为得手并准备开溜时，却听到黑暗中缓缓传来了禅师的声音：“你出去时，请把门关好，以防强盗进来。”

一句出乎常理的话语，令小偷大惊失色，并受到了感化，终于改邪归正。

另外一个故事则是说，心学大师王阳明的一个门人，某天夜间，在房内捉得了一贼。他就对贼讲了一番良知的道理。

盗贼大笑，问他："请告诉我，我的良知在哪里？"

当时是热天，他叫贼脱光了上身的衣服。接着，他又说："还太热了，你为什么不把裤子也脱掉？"

贼犹豫了，迟疑道："这，好像不太好吧。"

他就向贼大喝了一声："这，就是你的良知！"

故事中并没有说到通过这次谈话，那个贼是否发生了顿悟。但是它和前一故事一样，用的都是禅宗与心学的教人觉悟法，均说明了人人皆有良知，良知是个人本心的表现。就本性而言，人人都是圣人。心学有"满街都是圣人"的著名命题，说的就是人人皆有作超凡入圣的潜能。

类似的故事与意识，并不仅是东方世界与东方思想家的专利。法国作家雨果在《悲惨世界》这部世界文学名著中，就曾描写了因偷一片面包而被监禁了十九年的冉阿让出狱后不久，又偷了主教米里哀的银器。当冉阿让被警察抓住后，是主教为他开脱了罪名，还另外奉送了一对银烛台给他。从此以后，冉阿让立志脱胎换骨，开始为民谋利，兴办福利事业……

因此，智深仁厚者巧妙地促使误入歧途的强暴者心悦口服地回归到正道，是以柔克刚思想的另一项不容忽视的内容。

理解了贵柔的人生意识，据此再去反观日常生活中的那些受意志驱使的雌雄之争，不难发现，许多事原是不值作雌雄之争的。在洪应明看来，人生十分短促，似燧石相碰而撞击出的火花；人生的舞台十分狭窄，似局限在蜗牛角上……此生此地，老作那些无谓的雌雄之争，只会浪费生命。

再面对作为历史与自然的种种景象：狐安眠在败颓的砌石中，兔奔走在已经荒废的舞台，那尽是当年歌舞升平、莺歌燕舞的繁华地；寒露冻冷黄花，烟雨凄迷衰草，这都是古代曾兵马云集、大动干戈的古战场，人已逝，事已如风云飘过，场景却依稀旧貌，那么，盛与衰，何者为常？强与弱，现今安在？念及到此，令人难免心灰。

所以，洪应明对下棋者执著于胜负，也颇不以为然，因为这会造成心理上的负担。至于别的无谓的雌雄之争，不仅浪费生命，还可能埋下日后恩恩怨怨的祸根。

结合现实的某些极端例子来看，就更容易理解。如甲青年因不慎踩了乙青年的脚，双方为此鸡毛蒜皮的小事而引致口角之争，谁也不让谁，谁也不愿处于下风，最终发展成了白刀子进、红刀子出的结局，害了别人，也毁了自己。

至于身负重任者，就更不应为一己之私而作拟分出雌雄的意气之争。

观之古今，在大自然中，蜥蜴曾是恐龙的同类，恐龙早就灭亡了，蜥蜴却存活下来。主要是因为恐龙体积过于庞大，不便保护自己，而又所食甚多；蜥蜴则小巧灵活，虽然纤弱，却便于隐藏自己，从而得以持久生存。

观之古今，不少强悍的人，动辄立下雄心壮志，热血沸腾，非要干出一番大事业不可，可惜，不是热情难以持久，就是稍遇挫折便一蹶不振。相反，那些处于弱势的人，凡事不逞能，凡事忍让，没有豪言壮语，心境平和宽容，能抛除私心杂念，不受外人干扰，做事能够持之以恒，即使受到打击，也不会万念俱灰。因为心境平和，所以不论是身处顺境或逆境，都能处之泰然，一时虽然跑不快，但能坚持到终点，笑到最后。

所以，人生观有了贵柔的意识，并不代表软弱；有了守雌的意愿，并不是无能。因为贵柔守雌的意识，综合了韧劲、忍让、耐性和智慧，这也正是人世间最伟大的母爱所具有的真切内涵。当贵柔的意识、守雌的意愿，与“天行健，君子自强不息”(《易·乾》)的自强意识结合起来时，就构成了中国人典型的完美人格，并最终体现在尽人事而不言天命的人生历程中。

百战百胜，不如一忍

清朝时期的王庭奎解悟《菜根谭》时认为：百战百胜，不如一忍。虽胜必取怨，忍则无后患。

“忍字头上一把刀”，比喻不忍一时之愤就会招灾惹祸，行事不三思，终究会后悔；做人能做到事事忍耐，自然就没有忧患。

忍痛易而忍痒难，忍哭易而忍笑难，忍愁苦易而忍欢娱难，忍贫贱易而忍富贵难，忍威武易而忍柔媚难，忍怒骂易而忍嬉笑难。唯难忍也，是所贵乎忍之也。

在小事情上，能忍耐就尽量忍耐，不然小事也可能变成大问题。有的人就是由于无法克制一时情绪，做出导致终身懊恼的事情。因此，事关重大时，一定要冷静自制。

居家的道理，最重要的是善于忍让。但知道忍让而不知道如何忍让，其失误还要多。一般来说，忍让有藏蓄的意思，别人侵犯我，我藏而不露，含蓄地对待，这样可坚持一二次。但积少成多，就不可能再含蓄对待了，原有的性情就会爆发，而且会一发不可收拾。与其这样忍让，还不如当初随事而和解。或者说这是他没有好好考虑造成的，或者说这是他无知造成的，不要记在心上。这样一来，每天虽有十几次侵犯我，也不至于动怒，这样才显示出忍让的好效果。

小不忍则乱大谋。春秋末年，越王勾践如不能忍耐在吴国喂马之苦，尝粪之耻，怎么有机会东山再起，从而击败吴王夫差，成为春秋末期的霸主呢！

汉朝的韩信，年轻时无以谋生，有时靠洗衣妇赏饭吃。淮阴街市上的一个少年屠夫侮辱他，逼他从裤裆下爬过去。凭韩信的本事，完全可以一剑刺死这个少年无赖。可在衣食无着、事业无成的境况下，他忍了，当着满街人的面，从那恶少的胯下钻了过去。而后来韩信却能辅助刘邦灭掉项羽，最终成为历史上著名的常胜将军。倘若当时不忍，为一时之气，图一时痛快，一剑杀死恶少，中国历史就将改写，“萧何月下追韩信”的美谈就无从谈起了。

要想安身立命于世，有所成就，人在屋檐下，不得不低头。时机不利时，低下头，委屈一下就会转危为安。只要不是甘为人奴，暂时的忍耐，暂时的屈服，往往可成为成就大事者的一种进取策略。这样，才能做到诸葛亮所倡导的：大丈夫困窘难堪的时候忍得辱、负得重，屈居人下而不负青云之志；得志获势的时候不癫狂、不忘形，抓住时机施展才华。

藏才隐智，任重致远

鹰立如睡，虎行似病，这是它们攫鸟噬人的手段，故君子要聪明不露，才华不逞，才有肩鸿任巨的力量。在对手面前，尽量把自己的锋芒敛蔽，表面上百依百顺，装出一副为奴为婢的卑躬，使对方不起疑心，一旦时机成熟，即一举如闪电般地把对手结果了。这是韬晦的心术。

三国的司马懿深藏不露，藏才隐智，最终把持了曹家天下。

公元201年，司马懿二十刚出头，血气方刚，犹如初生牛犊不怕虎般朝气蓬勃。而这时曹操已击败了北方最强大的敌手袁绍，统一了中国北部，挟天子而令诸侯。曹操对司马懿早有所闻，决定聘请为官。但司马懿见汉朝衰微，曹氏专权，不愿屈节事之，推辞说身患瘫疾，不能起身。曹操生来机警多疑，马上意识到这个青年必是借故推托，而不应聘正是对他的大不敬，十分恼怒。于是马上派人扮作刺客，穿墙越屋来到司马懿的寝室，手挥寒光闪闪的利剑，刺向司马懿。警觉的司马懿觉知刺客到来，立即悟到这是曹操之意，于是将计就计，装着瘫痪在床的样子，毅然放弃了一切逃生、反抗和自卫的努力，安卧不动，任刺客所为。刺客见状认定真是瘫疾无疑，收起利剑后离开。

尽管曹氏诡诈无比，但还是没有狡诈过司马懿，被这位青年蒙混过去。这一招使他不仅逃避了聘征，而且逃避了不受聘将受到的迫害。这一招，需要有在仓促间对刺客来意的准确判断和当机立断的决策，又需要临危不惧、置生死于度外的果敢，真是惊险无比，常人难为。

司马懿躲过这场试探后，非常谨慎而有节制地行事，但最终还是被奸诈而多疑的曹操察觉了，又请他为文学官，还厉声交代使者说："司马懿若仍迟疑不从，就抓起来。"善于审时度势的司马懿判定，若再拒绝，定遭杀身之祸，只能就职。况且此时曹氏专权已成定局，逐鹿中原已稳操胜券。

司马懿像，图出自《图像三国志》。

但曹操对司马懿"内忌而外宽，猜忌多权变"。他听说司马懿有"狼顾相"，为了验证，便不露声色地与其前行，又出其不意地令他向后看，司马懿"面正向后而身不动"，被验证果然有"狼顾相"。据说狼惧怕被袭击，走动时不时回头，人若反顾有异相，若狼的举动，谓之为"狼顾"。司马懿的"狼顾相"就是他为人机警而富于智谋、雄豪豁达、野心很强的表现。

加之曹操又梦到"三马共食一槽"，槽与曹同音，这是预示着司马氏将篡夺曹氏权柄。曹操忧心忡忡地对儿子曹丕说："司马懿不是一个甘为臣下的人，将来必定要坏你的事。"意欲除掉他，免得子孙对付不了。但曹丕与司马懿私交甚好，早已经离不开他了,不仅不听父亲劝告,还多方面加以袒护,使司马懿免于一死。

司马懿敏锐地感觉到曹操对他有所猜忌,于是马上采取对策。即表现对权势地位无所用心,而"勤于吏职夜以忘寝,至于刍牧之间,悉皆临履"。完全一副胸无大志、目光短浅的样子。曹操这才安下心来,取消了对他的怀疑和警惕。以至于被这位年轻人放的烟幕所迷惑,再一次上当。

司马懿生于弱肉强食的时代,立身于相互倾轧的朝廷,因而使他的警觉和疑忌发展到如狼之顾的奇特程度。在曹操死后,他的显赫地位巩固之后,仍无丝毫松懈。当他征辽东灭公孙渊凯旋回来时,有兵不胜寒冷,祈求襦衣,他不答应,对人说:"襦衣是国家的,我做臣子的,不能拿国家的东西赏与别人,换取感激。"他十分注意避嫌,以至于宁愿士兵受冻也不自作主张发冬衣。他在晚年,功望日盛恭谦愈甚。他经常告诫子弟:"道家忌盈满,四时有推移。我家有如此权势,只有损之也许可以免祸。"这种谦卑的言行,正是他"狼顾"般警觉的又一体现。

曹操死后,曹丕嗣位为丞相、魏王,封司马懿为河津亭侯,转丞相长史。公元237年,魏国辽东太守公孙渊发兵叛魏,并自称燕王。公元238年正月,司马懿受诏率师伐辽。魏军很快就拿下襄平,斩了公孙渊。接着司马懿班师回朝。正在途中,三日内,连接五封诏书。等司马懿赶回京城,魏明帝早已奄奄一息,魏明帝拉着司马懿的手,将年仅8岁的太子曹芳托付于他。司马懿痛哭流涕,受遗命与大将军曹爽共同辅政,即日明帝去世。

曹爽是曹魏宗室,外露骄横,内含怯懦,华而不实,这就给司马懿造成了机会。

两位辅政大臣,司马懿德高望重,曹爽则年轻浮躁。二人不断发生矛盾,曹爽对司马懿非常忌恨。为了加强自己的实力,曹爽多次提拔自己的亲信担任京城重要官职,而这些人大多是京城名流,外表风度翩翩,但不具有实际的政治才能。向来政治家引纳名流,主要是提高自己的声誉,而不是让他们真正参政。曹爽却不懂此道,结果只能是加快了自己的灭亡。

这些人意识到司马懿的才干和资历远非他们可比,便想尽方法排挤他,于是由曹爽奏告小皇帝,说司马懿德高望重,官位却在自己之下,甚感不安,应将他升为大司马。朝臣聚议,以为前几位大司马都死在任上,不太吉利,最后定为太傅。然后曹爽借口太傅位高,命尚书省凡事须先禀告自己,大权遂为其专。

当初,曹爽急于安插亲信掌握京城兵权,司马懿则率兵同东吴打了几仗,名声大噪。

曹爽日益骄横自大,司马懿却深自抑制,始终保持谦恭的态度。他平时经常教导自己的儿子,凡事都要谦虚退让,就像容器一样,只有永远保持虚空,才能不断接受挑战。从表面上看,曹爽的势力是在扩张,其实内中却潜伏着很深的危机。

到了正始八年(247年),曹爽已经基本控制了朝政,京城的禁军,基本上掌握在他的手中。于是曹爽就很少与司马懿商量朝中大事,偶尔司马懿发表些意见,他也根本不听。对此,司马懿似乎并不计较,依然是谦恭的态度。此后不久,他的风瘫病复发了,便回家静养,不再管事。这一病就是一年。

当时,司马懿年近古稀,在旁人看来,早已是风中之烛。所以曹爽对他的卧病并没有多少疑心,反而觉得这个原以为厉害的对手,也不过如此。不过,曹爽总算细心,他的心腹李胜出任荆州刺史时,他还特地让李胜去向司马懿辞行,观察一下司马懿的

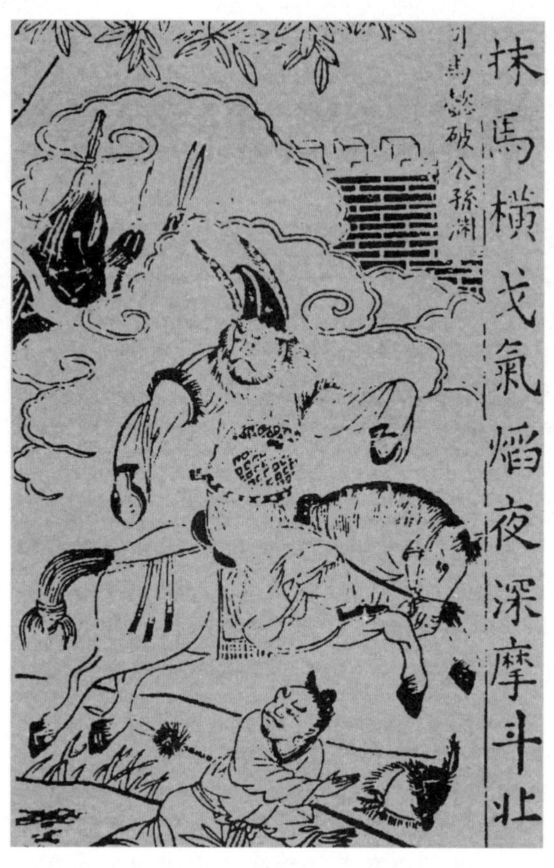

《三国志通俗演义》版画之司马懿破公孙渊图

病情。

李胜来到司马懿府上，被带入内室。司马懿见他进来，叫两个婢女在两旁扶着，才站得起身来，表示礼貌，一边接过一个婢女拿来的外衣，不料手哆哆嗦嗦，衣服又掉在地上。随后坐下，用手指了指嘴，表示要喝水，婢女就端来一碗稀粥。他接过粥送到嘴边，慢慢地喝，只见滴滴答答的汤水往下落，弄得胸口斑斑点点。李胜看得心里难过，不觉流下眼泪。司马懿话都说不清了，他断断续续地说："我年老了，精神恍惚，听不清你的话。你为回州刺史，正是建立功勋的机会，今天与你相别，日后再无相见之日，我那两个儿子，还请你日后多加照看……"

李胜回到曹爽那里，将司马懿的情形一一禀告，最后说："司马公没有多少日子可活了，不足为虑。"这一来，曹爽算是彻底放心了，于是从此再也不加防备。

嘉平元年(249年)正月，皇帝曹芳出城祭高平陵(明帝陵墓)，曹爽兄弟也跟随前往，只带了少量的卫兵。他们出城不久，在曹爽府中留守的部将严世忽听得街上有大队人马急速奔走的声音，心中惊疑，立即登楼观望，只见司马懿坐在马上，带着一支军队向皇宫奔去，虽是白发飘飘，却是精神矍铄，毫无丝毫病态！严世知道事情不妙，拿起弓箭对准了司马懿就要射出。边上一人拉住他的手，劝阻道："还不知是怎么回事，切莫胡来。"反复三次，司马懿已经远去。

当军队开到皇宫前，列成阵势，司马懿匆匆入宫，谒见皇太后郭氏，奏告曹爽有不臣之心，将危害国家，请太后下诏废掉曹氏兄弟。郭太后对国家大事素无所知，又处在司马懿的威逼下，也只好叫人写了一道诏书。与此同时，司马懿的儿子司马师、司马昭兄弟带领军队和平时暗中蓄养的敢死之士，已经占领了京城中各处要害，关起了城门。城中的禁卫军，虽说一向归曹爽兄弟指挥，数量也大得多，但群龙无首，再加上司马懿的地位和声望，谁敢动一动？司马懿包围皇宫，取得诏书之后，又马上分派两名大臣持节(代表皇家权威的信物)赶往原属曹爽、曹羲指挥的禁卫军中，夺过了兵权。曹爽多年经营的硕果，弹指间便化为乌有。

司马懿的兵变，看起来似乎只是一个偶然机会，其实是经过长期准备的致命一击。他在曹芳即位后的好几年中，不跟曹爽争权，却多次率军出征，保持了自己在朝廷的威望，一旦事变就足以威慑群臣众将，使之不敢轻易倒向曹爽。另一方面，他长期的谦恭退让，则助长了曹爽的骄傲自大，使之放松戒备。至于司马懿的装病，不但造成了可乘之机，更重要的是保存了司马懿所统领的一支军队。可见看起来纯属偶然的机会，实际是必定要到来的。

曹爽兄弟及其同党一律处死，他们的家族，无论男女老少，包括已出嫁多年的女子，全部连坐被杀。忍耐、谦让，一旦得手，决不迟疑，斩草除根，不留后患，这才是真正的司马懿。当时被杀的，有许多著名文人，所以当时世人有“天下名士减半”之叹。

司马懿诈病赚曹爽图

对司马懿来说，除去曹爽，是第一步。他一开杀戒，便血流成河，震天动地。从此，司马家牢牢掌握了政权。司马懿在四年后死去，其子司马师、司马昭相继执政。他们同父亲一样，谦虚恭谨，心狠手辣，先后废掉并杀死曹家三个皇帝，杀了一批又一批反对派。到司马昭之子司马炎(晋武帝)手里，最终改朝换代。